薄膜化合物太阳能电池

Thin Film Compound Solar Cells

主　编　韩俊峰
副主编　赵　明　廖　成　刘　江

北京理工大学出版社
BEIJING INSTITUTE OF TECHNOLOGY PRESS

内 容 简 介

本书以作者自己的科研成果为基础,总结归纳了近十多年来主要的科研文献,重点介绍了几种主要的薄膜化合物太阳能电池的发展历史、结构和功能、缺点和改进,期望给读者一个简明的关于薄膜电池的认识,使得他们能够迅速进入相关领域开展研究工作。

本书适用于从事光伏行业的研究生、科研工作者以及光伏领域的研发人员等。

图书在版编目(CIP)数据

薄膜化合物太阳能电池 / 韩俊峰主编 . —北京:北京理工大学出版社,2017.9
ISBN 978 - 7 - 5682 - 4853 - 2

Ⅰ.①薄…　Ⅱ.①韩…　Ⅲ.①薄膜 - 化合物 - 太阳能电池 - 研究　Ⅳ.①TM914.4

中国版本图书馆 CIP 数据核字(2017)第 229189 号

出版发行 / 北京理工大学出版社有限责任公司

社　　址 / 北京市海淀区中关村南大街 5 号

邮　　编 / 100081

电　　话 / (010)68914775(总编室)
　　　　　　(010)82562903(教材售后服务热线)
　　　　　　(010)68948351(其他图书服务热线)

网　　址 / http://www.bitpress.com.cn

经　　销 / 全国各地新华书店

印　　刷 / 三河市华骏印务包装有限公司

开　　本 / 787 毫米 × 1092 毫米　1/16

印　　张 / 15.75

字　　数 / 363 千字

版　　次 / 2017 年 9 月第 1 版　2017 年 9 月第 1 次印刷

定　　价 / 62.00 元

责任编辑 / 梁铜华

文案编辑 / 郭贵娟

责任校对 / 周瑞红

责任印制 / 王美丽

作者简介

韩俊峰（1984— ），男，安徽淮北人，北京大学工学博士，现任北京理工大学副教授。曾在德国 TU Darmstadt 大学材料系和法国科学院材料研究所开展碲化镉薄膜太阳能电池方面的研究工作。目前主要从事光伏薄膜材料生长、薄膜内部微观结构观测、光伏电池界面分析、器件宏观性能表征等方面的应用基础研究工作，主持和参与国家自然基金、科技部重点项目等科研项目 5 项。共发表 SCI 论文 40 余篇。

赵明（1979— ），女，内蒙古自治区牙克石市人，日本京都大学工学博士，曾在日本原子力研究开发机构高崎量子研究所和日本东北大学金属材料研究所核材料物性研究部门工作，现任清华大学材料学院副研究员。主要从事铜铟镓硒（CIGS）、铜锌锡硫（CZTS）等薄膜太阳能电池相关的材料成分优化、器件物理解析等方向的研究工作。

廖成（1984—　），男，四川泸州人，北京大学工学博士，现就职于中国工程物理研究院，任副研究员。主要从事新能源材料的设计与合成、光伏器件的制备与表征、新型功能薄膜材料的绿色制备工艺等研究。主持国家自然科学基金、装备预先研究等科研项目 5 项，在国内外学术期刊发表论文 30 余篇，获得国家发明专利 20 余项。

刘江（1986—　），男，湖南衡阳人，清华大学工学博士，现为中国工程物理研究院副研究员，从事薄膜光伏研究近十年。博士期间，师从清华大学庄大明教授，主要开展 CIGS 薄膜的产业化应用技术研究，近年来主要从事钙钛矿薄膜的制备与光伏应用、新型光电器件与物理等研究工作，目前已发表 SCI 论文 20 余篇。

前　言

为了降低光伏电池的成本、开发多样化的用途，将材料和组件薄膜化是一种重要的发展趋势。马丁·格林教授曾预言，未来光伏电池除了优异的性能外，对于环保性、高丰度和薄膜化都提出了更高的要求。近年来，随着光伏电池的快速发展，基于化合物材料的薄膜太阳能电池的研究和应用都取得了长足的进步，逐渐成为相对独立并且不断壮大的研究学科。

笔者从 2005 年开始从事薄膜太阳能电池的研究，当时手边相关的研究型入门书籍并不多，尤其是和薄膜太阳能电池相关的几乎没有，仅有少量的外文书籍中的部分章节涉及相关内容。而国内出版的多是偏重基础知识的工具书，出版年代也都比较久远，不能满足"跟上时代"的需求。因此，只有大量的阅读文献，才能从零散的知识中获取研究经验，这对于一个初学者来说的确是一件不容易的事情。鉴于此，笔者邀请了一些在薄膜太阳能电池研究领域有丰富经验的研究人员，共同编写了一本介绍薄膜太阳能电池的书。一方面是对这些年的一线研究经验做一个总结；另一方面有利于从事薄膜太阳能电池相关工作的研究生、科技工作者或工程技术人员能够较为快速地完成从专业基础知识学习到领域前沿研究的转变。全书分为六章，主要内容和分工如下：第一章绪论主要介绍太阳能电池的基本原理和分类（韩俊峰）；从第二章到第五章依次介绍了碲化镉薄膜太阳能电池（韩俊峰）、铜铟镓硒薄膜太阳能电池（赵明）、铜锌锡硫薄膜太阳能电池（廖成）和钙钛矿薄膜太阳能电池（刘江）；第六章是对薄膜太阳能电池未来发展的展望（韩俊峰）。本书适合物理、材料和化学专业本科高年级学生，以及刚进入该研究领域的初级研究人员阅读。希望本书能够为读者提供一个新颖、全面的视角。

北京大学赵巍教授、清华大学庄大明教授对本书几位作者的研究工作给予了很多指导和帮助，北京理工大学出版社对本书的出版给予了大力的协助，自然科学基金项目（51502015、51502152、11704425 和 61674174）、国家重点研发计划（2016YFB6700700）、北京市科技计划课题（Z171100000317002）和北京理工大学校基金项目对本书的成书给予了经济支持，在此表示感谢。

因作者水平有限，本书中错误和认识不足之处在所难免，希望广大读者批评指正。

编　者

目　　录

第一章
绪　论

1.1　引言

　　传统燃料能源（如煤、石油和天然气）日益消耗殆尽，同时对环境的危害也日益突出，2009 年，人类在哥本哈根大会上再次宣布了节能减排的决心和计划。可再生能源现已成为全世界瞩目的焦点，其推广利用已成为改变能源结构和维持长远发展的重要手段。可再生能源主要包括水能、风能、太阳能、地热能、生物能、潮汐能等。其中，太阳能以其独有的优势成为人们关注的重点。首先，地球上拥有丰富的太阳能资源，取之不尽、用之不竭。太阳辐射到达地面的功率为 80 000 TW[①]，每秒辐射到地球的能量相当于 500 万 t 标准煤释放的能量[1]；其次，太阳能基本无污染，从整个产业来看，太阳能行业的污染主要来自于材料的提炼和产品的制造过程，其在使用过程中可以做到零污染；最后，太阳能的使用地域限制很小，即使在深山、荒漠、海岛等仍然可以使用，对于解决不发达地区能源问题具有很大优势。

　　太阳能的利用方式主要为热电转换、光电转换以及光热转换－热电转换。其中，热电转换主要是用太阳光集热管加热水或者油等媒介，将光能转换为热能，目前主要用于太阳能热水器等；光电转换是通过半导体器件，将太阳能直接转变为电能，对用电器直接供电，或者通过逆变器转换成交流电，输送到电网。目前光电转换的主要产品包括单晶硅电池、多晶硅电池、薄膜化合物电池、Ⅲ－Ⅴ族电池等；光热转换－热电转换是通过大型的聚光装置先将光能转变为热能，再将热能转变为电能，目前有小型的热电转换电站采用这种方法。

　　太阳能的利用虽然历史悠久，但是直到近些年才真正进入人们的视野，开始大规模应用。目前，太阳能利用还存在很多问题：第一，太阳能自身不是一个稳定连续的能源，它受时间和天气的影响，提供的电力会存在很大波动，需要巨大的储能设备或者和其他能源互补才能供人们正常使用；第二，太阳能能量并不集中，标准的地面太阳能量密度为 1 000 W/m²，如果使用的太阳能电池转换效率为 10%，则大概需要 10 km² 的区域铺满电池

---

① 1 TW = 1 × 10¹² W。

板，其发电功率才能相当于一个百万千瓦级的火电站，而由于一天的太阳辐照变化很大，所以需要更大的面积才能提供与火电厂相当的电力；第三，太阳能发电的成本还没有降低到完全可以和其他发电方式自由竞争的阶段，尽管与前几年相比较，目前的发电成本约为每度电 0.67 元，但是考虑到其他发电方式的成本（风力发电的成本约为每度电 0.45 元，火力发电的成本约为每度电 0.4 元，水力发电的成本则更低），光伏发电的发展在现行状况下还是需要政府和电网的补贴和支持的[2]。

世界经济的发展，使得人类对能源消耗的需求越来越大。各国对太阳能发电投入了很大的热情，尤其是近几年矿石燃料价格的剧烈变化，致使很多国家推出扶持政策来支持光伏产业的发展。2000 年德国颁布了可再生能源法，2004 年又提出修正案，使得德国的光伏产品安装市场连续多年占到全球市场第一名。美国从 2005 年开始通过能源政策法以上网补贴的形式大力支持可再生能源。西欧其他国家，包括英国、法国、西班牙、意大利、希腊等，以及澳大利亚、巴西、印度等国家纷纷出台政策支持可再生能源。截止到 2015 年，全球光伏装机总量达到 230 GW[3]。

中国对可再生能源的支持力度正在逐年加大，包括光伏、热电转换、风能、水能等。2006 年起中国正式开始实施可再生能源法，明确规定了政府和社会在可再生能源开发利用的责任和义务，确立了一系列制度和措施，包括中长期总量目标和发展规划，鼓励可再生能源产业发展和技术开发，支持可再生能源并网并实行政府补贴政策。在政府的强力支持下，2015年，我国晶硅年产量达到 18 万 t，光伏组件产量达到 43 GW①，光伏新增装机 16.6 GW，累计全国装机总量超过 40 GW[4]。中国已经成为世界上最大的光伏组件出口国和光伏发电安装市场。2015 年底，国家能源局起草并编制了《可再生能源发展"十三五"规划》，初步明确"十三五"时期的光伏装机总量达到 150 GW。作为对照，截至 2015 年年底，中国火力发电装机总量达到 1 000 GW。可以说，光伏发电在未来面临着巨大的发展机遇。

■ 1.2 太阳能电池的基本原理

1.2.1 太阳光谱

太阳光谱的一些基本概念和定义

太阳可以等效认为是一个表面温度为 5 800 K（开尔文）的黑体。我们将太阳照射到地球表面大气层外围的光谱曲线定义为 AM0。由于日地距离相对变化量很小，所以其数值基本恒定，辐照功率密度为 1 367 W/m²，太阳辐射光谱的主要波长范围为 0.15~4 μm，能量主要分布在可见光区域和红外区域，占总能量的 93%，见表 1-1[5]。由于大气层的吸收，照射到地球表面的太阳能量因为穿透大气的厚度不一样而不同。一般标准光谱为 AM1.5，指阳光以 45°角入射大气层后的光功率密度，其值为 840 W/m²。

---

① 1 GW = 1 × 10⁹ W。

表 1-1 大气外层太阳光谱分布

光线类别	波长/μm	照射强度/（W·m⁻²）	比例/%
紫外线	<0.39	95.69	7
可见光	0.39~0.77	683.50	50
红外线	>0.77	587.81	43
合计		1 367.00	100

标准黑体辐射，AM0、AM1.5 光谱曲线见图 1-1[6]。

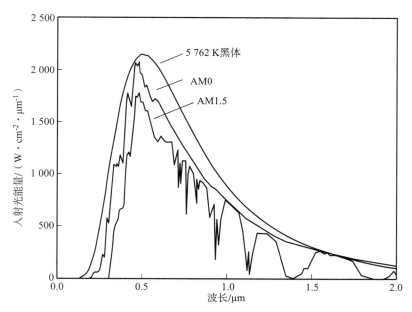

图 1-1　标准黑体辐射，AM0、AM1.5 光谱曲线

1.2.2　太阳能电池的理论转换效率

1. 从热力学角度考虑太阳能电池的极限转换效率

如果不考虑太阳能电池的具体结构，那么我们可以从热力学和黑体辐射的角度来考虑对照射到地球上的太阳光能量的利用效率。我们将光能变成有用功的过程分为两步：第一步，吸收太阳光并将其转化为热能；第二步，通过一个理想的卡诺热机，将热能转化为输出功。

首先，太阳可以认为是一个理想的黑体辐射热源，$T_{sun}=5\,800\ \text{K}$。我们使用一个吸收体来吸收太阳光，假设吸收体为一个黑体，且能够吸收到达其表面的太阳光，则按照黑体辐射定律，其吸收的能量流密度为：

$$J_{E,abs} = \sigma \times T_{sun}^4 \times \frac{\Omega_{abs}}{4\pi} \qquad (1-1)$$

式中，$J_{E,abs}$ 为太阳辐射到吸收体的能流密度；σ 为黑体辐射常数；$\sigma \times T_{sun}^4$ 为太阳辐射的能量流密度；Ω_{abs} 为从吸收体看太阳的发射角。

另一方面，由于吸收体的温度为 T_{abs}，因此根据黑体辐射定律，吸收体也会向外辐射能量，其能流密度为：

$$J_{E,emit} = \sigma \times T_{abs}^4 \times \frac{\Omega_{emit}}{4\pi} \qquad (1-2)$$

式中，$J_{E,emit}$ 为吸收体辐射的能流密度；Ω_{emit} 为从吸收体向外辐射的发射角。

此时，吸收效率为吸收体吸收的能量减去吸收体辐射出去的能量（即净吸收能量），与太阳辐射过来的能量的比值，即：

$$\eta_1 = \frac{J_{E,abs} - J_{E,emit}}{J_{E,abs}} = 1 - \frac{J_{E,emit}}{J_{E,abs}} = 1 - \frac{\Omega_{emit} \times T_{abs}^4}{\Omega_{abs} \times T_{sun}^4} \qquad (1-3)$$

通过对光路的几何设计，极限情况是，吸收体辐射出去的能量要么重新回到它自身，要么回到太阳。此时，我们可以说 $\Omega_{emit} = \Omega_{abs}$，且将会得到 η_1 的极大值。那么，光的吸收效率可以简化表述为：

$$\eta_1 = 1 - \frac{T_{abs}^4}{T_{sun}^4} \qquad (1-4)$$

然后，设想一个卡诺热机在吸收体和外界环境之间循环做功，并计算卡诺热机的转换效率。地球的环境温度为 $T_{earth} = 300 \text{ K}$，可以作为一个冷源，一个卡诺热机在吸收体和地球之间往复工作，由热力学第二定律，可以计算出理想卡诺热机的转换效率，即：

$$\eta_2 = 1 - \frac{T_{earth}}{T_{abs}} \qquad (1-5)$$

因此，从辐射的太阳光到输出有用功，总的转换效率为：

$$\eta = \eta_1 \times \eta_2 = \left(1 - \frac{T_{abs}^4}{T_{sun}^4}\right) \times \left(1 - \frac{T_{earth}}{T_{abs}}\right) \qquad (1-6)$$

已知太阳温度和地球温度，唯一的变量是吸收体的温度，通过对式（1-6）求极值，可以得到将太阳光转化为有用功的最大转换效率为 85%，此时 $T_{abs} = 2\,478 \text{ K}$。通过这个分析也可以看到，若想提高太阳能的利用效率，则需要想方设法使吸收体达到最优的温度以及使用接近理想的卡诺热机。

2. 单结半导体太阳能电池的极限转换效率

对于半导体材料制备的光伏电池，我们要如何来弄清楚它的转换效率极值呢？

如果知道确定的太阳光谱，即可得到光子数密度随频率的分布 $n(\omega)$ [$n(\omega)d\omega$ 表示在 $d\omega$ 范围内频率为 ω 的光子数]，那么我们就可以计算入射的太阳光能量：

$$E_{sun} = \int_0^{+\infty} n(\omega) \times \hbar\omega d\omega \qquad (1-7)$$

式中，$\hbar$ 为普朗克常数除以 2π；ω 为单个光子能量。

在半导体中，假设一个光子激发一个电子。以单结半导体器件为例，半导体材料自身存在一定带隙，对于能量高于其带隙的光子，吸收一个光子将激发产生一个高能电子，且激发的高能电子会很快弛豫到导带底（其拥有的能量约等于带隙），而其多于半导体禁带宽度的能量最终都以热的形式耗散掉了；对于能量低于其带隙的光子，半导体材料将无法吸收利用。因为只有大于半导体带宽的光子才能被吸收利用，所以半导体吸收的光产生的电子

数为:

$$N_e = \int_{E_g}^{+\infty} n(\omega)\,\mathrm{d}\omega \tag{1-8}$$

如果考虑光生电子在半导体材料中的热弛豫,那么光生电子能量最终都会变为 E_g。此时,我们可以得到光电转换效率的公式为:

$$\eta = \frac{E_g \times N_e}{E_{sun}} = \frac{E_g \times \int_{E_g}^{+\infty} n(\omega)\,\mathrm{d}\omega}{\int_0^{+\infty} n(\omega) \times \hbar\omega\,\mathrm{d}\omega} \tag{1-9}$$

从式(1-9)的计算可以看到,如果半导体禁带太宽,则半导体将会因为无法吸收光而漏掉很多低能量的光子;如果禁带太窄,则激发的高能电子的大部分能量都在导带中弛豫并转化为热,这也浪费了很多能量。据此,我们可以知道存在一个最优的带宽值。依据照射到地表的太阳光谱,计算出电池的理论最优带宽值为 1.5 eV,理论上的光电转换效率最高为 30%[6]。

上述过程简化了光电转换过程中的能量流动,我们将其进一步细化,以了解真正制约电池效率的因素。为此,我们将整个过程细分为 4 步,并研究每一步的转换效率。

第一步,太阳光照射到半导体上,如果不考虑反射和透射,那么只有光子能量大于半导体禁带宽度,才能被吸收。此时,吸收体吸的能量表达为:

$$E_{abs} = \int_{E_g}^{+\infty} n(\omega) \times \hbar\omega\,\mathrm{d}\omega \tag{1-10}$$

入射太阳光谱的总能量为:

$$E_{sun} = \int_0^{+\infty} n(\omega) \times \hbar\omega\,\mathrm{d}\omega \tag{1-11}$$

将式(1-10)与式(1-11)相比,可以得到半导体的吸收效率(即效率1)为:

$$\eta_1 = \frac{E_{abs}}{E_{sun}} = \frac{\int_{E_g}^{+\infty} n(\omega) \times \hbar\omega\,\mathrm{d}\omega}{\int_0^{+\infty} n(\omega) \times \hbar\omega\,\mathrm{d}\omega} \tag{1-12}$$

式(1-12)中,分子和分母的差别在于积分下限不同,分子表示能量大于禁带宽度的光子才能被吸收。

第二步,如果光子能量大于半导体禁带宽度,那么激发的电子就会远离导带底。然后,经过一个很快的热弛豫过程,电子又会回到导带底,但这样就会损失一部分能量。此时,原来所有电子的能量可以表述为:

$$E_{abs} = \int_{E_g}^{+\infty} n(\omega) \times \hbar\omega\,\mathrm{d}\omega \tag{1-13}$$

而半导体吸收的光产生的电子数为:

$$N_e = \int_{E_g}^{+\infty} n(\omega)\,\mathrm{d}\omega \tag{1-14}$$

如果考虑所有电子通过热弛豫到达导带底,那么电子的能量为 E_g,这个过程的效率(即效率2)可以表述为:

$$\eta_2 = \frac{E_g \times N_e}{E_{abs}} = \frac{E_g \times \int_{E_g}^{+\infty} n(\omega) \mathrm{d}\omega}{\int_{E_g}^{+\infty} n(\omega) \times \hbar\omega\mathrm{d}\omega} \tag{1-15}$$

前两步的分析提醒我们,要寻找有合适的带宽的材料。

第三步,光生载流子能形成电流,是因为光激发改变了不同材料的电子化学势,或者说化学势差提供了电流流动的动力。化学势差除了与材料带宽有关以外,还与光生载流子浓度有关。在半导体理论中,当半导体处于非平衡状态时,一般定义一个电子费米赝势(电子准费米能级)和一个空穴费米赝势(空穴准费米能级),来分别描述非平衡的电子数密度分布和空穴数密度分布,如式(1-16)和式(1-17)所示。

$$n_e = N_c \times \exp\left(-\frac{\varepsilon_c - \varepsilon_e}{kT}\right) \tag{1-16}$$

$$n_h = N_v \times \exp\left(-\frac{\varepsilon_h - \varepsilon_v}{kT}\right) \tag{1-17}$$

式中,n_e 为非平衡态电子数目;N_c 为导带底态密度;ε_c 为导带底能量位置;ε_e 为电子费米赝势能量位置;类似地,n_h 为非平衡态空穴数目;N_v 为价带顶态密度;ε_v 为价带顶能量位置;ε_h 为空穴费米赝势能量位置。

非平衡状态下的电子和空穴,其化学势是不同的,定义 μ_e 为电子的化学势,μ_h 为空穴的化学势,即可得化学势差(即电子和空穴费米赝势的差值)为:

$$\mu_e - \mu_h = \varepsilon_e - \varepsilon_h < E_g \tag{1-18}$$

电子和空穴的化学势差直接决定了太阳能电池对外输出时的电压值的上限,即电池最大输出电压值 V_{oc} 要满足:

$$V_{oc} \leqslant \mu_e - \mu_h \tag{1-19}$$

由上述分析可知,化学势差一般小于材料带隙宽度,即输出电流的最大势差小于带隙宽度值,这样就在第二步的基础上又损失一部分能量。定义此过程的效率(即效率3)为:

$$\eta_3 = \frac{\mu_e - \mu_h}{e \times E_g} \tag{1-20}$$

这里需要说明的是,如果增大光强,则可以增大电子和空穴载流子浓度。根据上述表达式,可以发现电子的准费米面将更加接近导带,而空穴的准费米面将更加接近价带,从而可知,增加两者的化学势差值,也就增加了电池开路电压的上限。因此,往往聚光电池比普通电池拥有更高的开路电压(相同的电池片)。如果仔细考察 N_c,则会发现这个值与导带的有效质量和温度都是正相关的。也就是说,导带有效质量越大,或者环境温度越高,N_c 都会越大,这样对于一定的光强,电子和空穴准费米能级的差值将会变小,电池的转换效率也很可能会降低。因此,寻找导带有效质量小的半导体,并且工作温度不要太高,都会有利于提高电池转换效率。

第四步,对于一个向外电路提供电源的电池来说,输出功率的最大上限是所有光电子以最大电压输出。所有光电子合计形成的电流定义为短路电流 I_{SC},理想情况下它只受到入射光的光谱分布和半导体带宽的限制。最大输出电压定义为开路电压 V_{oc}。事实上,当电池输

出电压处于 V_{OC} 时，输出电流为 0；而当电压为 0 时，才能达到最大输出电流 I_{SC} 。故一个半导体器件，即使在理想状况下，也不可能以 V_{OC} 的势能水平将所有光电子送到外电路。因此，存在一个最大的功率输出。在这个最大输出功率状态下，电池向外电路输出的电压定义为 V_{maxp} ，向外电路输出的电流定义为 I_{maxp} 。此时，定义效率 4 为：

$$\eta_4 = \frac{V_{maxp} \times I_{maxp}}{V_{OC} \times I_{SC}} \qquad (1-21)$$

式中，$I_{SC} = \int_{E_g}^{+\infty} n(\omega) d\omega$ 。在光伏领域，称效率 4 为填充因子。

总的光电转换效率是这 4 个效率的乘积，即：

$$\eta = \eta_1 \times \eta_2 \times \eta_3 \times \eta_4 \qquad (1-22)$$

综合这 4 步，可以看到，效率 1 和效率 2 取决于材料的带宽，带宽越大，能吸收的光的能量范围越小，但在光电子热弛豫过程中损失的能量也相对较少。效率 1 和效率 2 是互相制约的，因此有一个最优的带宽值。效率 3 受限于化学势差，对于固定带宽的材料，能够激发的载流子数目越多，电子和空穴的费米赝势差别越大，其化学势差就会越大，上限是材料带宽。因此，一种方法是增加光强，这样直接增加激发的载流子数目，聚光电池就是这样应用的一个例子；另一种方法就是减少材料体复合速率，延长光生载流子寿命，这样等效地维持了较高的非平衡载流子浓度水平，使之在同等光照的条件下拥有更高的输出电压。效率 4 主要受到电池的内阻（如等效电路中的串联电阻和并联电阻）、半导体 pn 结界面复合速率、电池等效电路中二极管品质因子等因素的影响。减少界面复合、降低等效电路中串联电阻、提高并联电阻和减少漏电流都可以有效地提高效率 4。

通过这些步骤的分析，我们可以得到一系列优化电池设计的指导原则。比如，选择合适带宽材料的半导体作为电池的吸收层、减少体复合和界面复合、优化材料的掺杂水平和电池器件外电路的设计以保证较小的串联电阻、减少结区旁路电流通道以增加并联电阻等。

事实上，上面的分析过程依然和实际过程有差别，下面我们继续补充相关的细节讨论。

首先，考虑效率 1 时，我们认为所有能量大于带宽的光子都被 100% 吸收，但实际并非如此，相当一部分光被反射出去了（一般在 10% 左右）。将增透减反射膜（光学薄膜）覆盖在电池表面，同时设计工艺制作流程使表面粗糙化（如制绒技术），一般可以将反射率降低到 5% 以下。透射进入电池的光，能量不同，吸收系数也不同，特别是接近带宽的光子，吸收系数明显降低，如果电池的厚度不够，那么这些长波长的光将会透射过去而较少被吸收，一般电池的设计，都采用足够厚的吸收层材料，以保证吸收大于 99% 的入射光。对于已吸收的光，我们在估算效率 1 时，认为其是一个光子激发一个电子。根据量子力学中的费米黄金定则可知，由于辐射跃迁和非辐射跃迁过程同时存在，因此这样的激发效率达不到 100%，即一个光子一般不足以激发一个电子，因为其受制于材料内部非辐射跃迁的强度。

考虑效率 3 和 4，我们在上文中的假设是：所有能量的光生电子空穴都被 100% 分离并应用于外电路。这样的结果表现为：短路电流是由光激发的所有的电子汇聚而成，开路电压直接等于化学势差。实际上由于光生电子空穴会在吸收层材料内部迁移过程中重新复合，或者在半导体结区处发生界面复合，非平衡电子空穴的实际浓度要小于初始激发的浓度，因此实际的开路电压一般要小于效率 3 中式（1-20）所指的化学势差，而短路电流也要小于上述公式所计算的值。在半导体 pn 结电池中，一般设计制备的吸收层材料，其载流子迁移长度要大于吸收层厚度，目的是减少材料体内的光生载流子复合概率。另外，通过改变 p 区和 n 区的掺杂水平，或是采用异质结，通过提高结区自建势的强度，可减少异质结区导带势垒高度，从而提高电子空穴分离速度。因为只有光生载流子被有效分离，才能充分利用化学势差所转换的光能。同时，这样也从一个方面减少了电子空穴的复合，从而提高了效率3。从这个意义上来说，太阳能电池主要是这样一个器件，它能够有效分离具有化学势差的光生电子空穴对。但是，pn 结并不是唯一的或者必需的结构，我们会在染料敏化和量子点电池中，看到一些其他的电子空穴分离机制。

1.2.3 典型的太阳能电池结构

固体半导体太阳能电池一般由 p 型材料和 n 型材料组成，如图 1-2 所示。接触区载流子相互扩散，p 型材料中的空穴扩散到 n 型层，在 n 型层形成正电荷积累；n 型材料中的电子扩散到 p 型层，在 p 型层形成负电荷积累。这样就形成一个材料内部的电场，称之为自建场 φ，自建场的方向由 n 型层指向 p 型层，场的电势大小和结两侧的费米面相对位置有关。一般来说，自建势的大小等于 p 型层和 n 型层费米面相对位置的差值，如式（1-23）和图 1-3 所示。

$$\phi = E_{F_n} - E_{F_p} \tag{1-23}$$

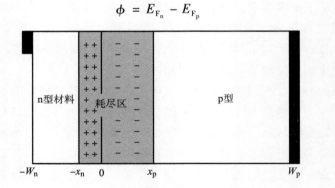

图 1-2 半导体 pn 结结构示意图

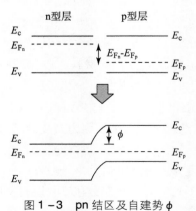

图 1-3 pn 结区及自建势 φ

自建电场的存在，可以将光生电子和空穴有效地分离。光生电子被自建电场驱动进入 n 型区，光生空穴则进入 p 型区。如果外电路断路，则光生电子和空穴都会积聚在结区两端，并在结区两端建立起光生电动势。由于 p 型区积累的是光生空穴，带正电，因此势能高，对外路而言，p 型区就是电池正极，相应地，n 型区为电池负极。如果外电路短路，则可以形成光电流，光电流的方向与空穴流向一致，与电子相反。因此，在电池内部电流从 n 型区流向 p 型区，在外电路电流由 p 型区流向 n 型区，这也说明了 p 型区为正，n 型区为负。自建电场越强，分离效率越高，相应的光生电势也就会越高，或者光电流越大。

一般有一个误区，即认为半导体结区自建势决定了光电池开路电压的上限，但实际并非如此。前面我们已经分析过，决定光电池开路电压上限的是吸收层材料光生电子和空穴的费米赝势的差值，自建电场只是起到有效分离电荷的作用。也就是说，在确定吸收层材料的前提下，自建电场越大，分离效率越高，则开路电压越接近于其上限值。那么如何提高自建电势呢？一般是提高 n 型层和 p 型层的载流子浓度，这样就使得其费米面的差值增大，自建电势增大。下面我们会具体分析在同质结和异质结中，如何来实现此目的。

1. 同质结

如果 p 型层和 n 型层都是由同一种材料构成的，则称之为同质结，这种结在单晶硅和多晶硅电池中比较常见。同质结中，n 型层的导带和 p 型层的导带平滑相连，同样地，价带也是如此。一般情况下，我们会选取 p 型层作为光的吸收层，由于光生载流子主要在 p 型层中产生，因此，p 型层一般较厚；而便于多吸收光，n 型层较薄，尽量透过光。

为了使 p 型层中产生的电子空穴对能够尽可能多地扩散到结区，并被自建电场分离，我们希望自建电场尽可能大一些，并且向 p 型层内部扩展。结区中，导带和价带的弯曲程度反映了自建势的大小，它受制于构成同质结的两个材料的费米面差值，即：

$$V_D = E_{F_n} - E_{F_p} \tag{1-24}$$

式中，V_D 为自建势大小；E_{F_n} 为 n 型层费米面；E_{F_p} 为 p 型层费米面。为了尽可能增大结区自建势，需要增大两边的掺杂水平，提高费米能级的差距。

半导体 pn 结结区宽度主要受制于 p 型区和 n 型区的掺杂浓度，如式（1-25）所示：

$$d = \left(\frac{2\varepsilon\varepsilon_0 V_D}{eN^*} \right)^{1/2} \tag{1-25}$$

式中，d 为 pn 结区宽度；ε 为材料相对介电常数；ε_0 为真空介电常数；V_D 为自建势；$N^* = \frac{N_D N_A}{N_D + N_A}$；$N_D$ 为 n 区正电荷密度；N_A 为 p 区负电荷密度。由于 pn 结两侧电荷守恒，故可以得到两侧结区的宽度关系，即：

$$eN_D d_n = eN_A d_p \tag{1-26}$$

由式（1-26）可知，掺杂浓度小的一侧，结区较宽。从另一个角度说，掺杂浓度越大，意味着缺陷越多，可能的复合也越多，半导体材料的载流子寿命就越会受到限制。因此，吸收层掺杂浓度应该控制在一个合适的范围。为了扩大结区在 p 型区一侧的延伸宽度，同时保持 p 型区少数载流子的寿命，需要增大 n 型区的掺杂浓度，并保持 p 型区一定的掺杂水平。这样就可以得到一个较优的 p 型区耗尽层宽度，从而有利于收集光生载流子。

根据上述分析，我们可以了解到同质结中需要关注的主要是合适的载流子掺杂水平。

2. 异质结

如果 n 型层和 p 型层是由不同材料构成的，那么我们称之为异质结，这在薄膜电池中较为常见。主吸收层还是选取 p 型层。n 型层的作用有两个：第一，与 p 型层形成 pn 结；第二，允许尽可能多的光透过。因此，n 型层一般采用禁带宽度较大的材料，故费米面位置也较高，载流子掺杂浓度也较大（一般大于 10^{18} cm^{-3}），厚度也较小（一般只有 50～100 nm）。p 型层作为吸收层材料，带宽一般在 1.5 eV 附近，即前面我们计算的最佳带宽值附近。p 型层载流子浓度较小（一般小于 10^{17} cm^{-3}），根据式（1-25）和式（1-26）计算可得，结区主要在 p 型区，厚度一般达到 500～1 000 nm。为了尽可能吸收光，p 型区厚度也会较厚（一般在 1～5 μm）。能带弯曲如图 1-4 所示。和同质结一样，自建势的大小可以表示为 $V_D = E_{F_n} - E_{F_p}$。相比于同质结，异质结的好处主要是有更广泛的选择范围，来实现最佳的配置，比如通过选择宽带隙的 n 型层，使其能透过更多的可见光进入 p 型区。有许多半导体，容易形成 p 型掺杂，但是可能比较难实现 n 型掺杂，或者在制备 pn 结时，同种材料的不同掺杂之间容易互相扩散，使得结区被破坏。这些情况，都使得异质结作为首选方式。

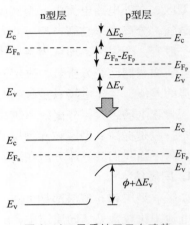

图 1-4 异质结区及自建势

和同质结不同的是，异质结两侧导带和价带并不连续，需要考虑导带和价带的匹配问题，同时也会产生一些新的物质和一些新的器件。有三种类型的异质结能带结构：第一种如图 1-5（a）所示，n 型层的导带底比 p 型层的高，n 型层的价带顶比 p 型层的低。这样的结构，会在导带部分形成一个导带不连续的情形，我们称之为"Band Off"，而第一种类型的"Band Off"，我们称之为 Spike 型。这种"Band Off"会阻碍光生电子从 p 型层进入 n 型层。结果，"Band Off"越大，对电池越不利；第二种类型如图 1-5（b）所示，n 型层的导带底比 p 型层的低，且 n 型层的价带顶比 p 型层的低。这种导带形成不连续的"Band Off"，我们称之为 Cliff 型。这种情况下，虽然光生电子容易从 p 型层进入 n 型层，但是它带来一个新的问题，即 n 型层的导带会在界面处诱导 p 型层禁带中形成一个中间能级，如图 1-5（b）所示，光生电子空穴会通过这个中间能级快速复合（SRH 复合），而界面处复合的增加，会大大降低电池的转换效率。因此，第二种类型的"Band Off"比第一种影响更大。故我们在选取材料做光伏电池异质结的时候，应该尽量避免形成第二类异质结；第三种类型如图 1-5（c）所示，n 型层的导带底比 p 型层的价带顶还低。这种情况主要应用于隧穿二极管，几乎不会用在光伏电池领域。所以，光伏电池中，一般最常见的异质结是第一种。

从上面的分析中我们可以知道，太阳光照射到电池上，穿过 n 型区，主要被 p 型材料吸收，并在 p 型区激发产生高能量的电子空穴对；之后光生的空穴和电子扩散到结区，被结区的自建电场分离，使得空穴积聚在结区的 p 型层，电子积累在结区的 n 型层；此时，如果不连接外电路，则可以测得光生电动势；如果 n 型材料和 p 型材料均有接触电极和外电路连接，则积累在结区两侧的光生载流子就会被导入外电路，形成电流，从而输出电功率。这就

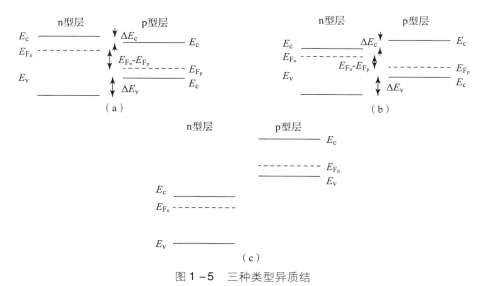

图 1-5　三种类型异质结

（a）Spike 型异质结；（b）Cliff 型异质结；（c）Ⅲ型异质结

是光伏电池的工作原理。这里，也可以看到为什么采用 p 型层作为主吸收层，因为光电流的主要流动来源于光生电子从 p 型区进入 n 型区，而在半导体材料中，一般电子的有效质量较小，迁移率要大于空穴，因此有利于电荷分离和转移，有利于光电转换。假如采用 n 型层作为主吸收层，则光电流的主要流动来源于光生空穴从 n 型区进入 p 型区，而空穴的迁移率低，会大大影响电池效率。另外一个原因，按照上面的分析，结区主要落在主吸收层，对于以 p 型层为主的电池，n 型层需要一个高掺杂的材料，同时考虑到入射光要尽可能多的照射到结区附近，所以 n 型层要透光性好，这就要求它要非常薄，并且是宽带隙材料（至少要大于 2 eV）。高掺杂的宽带隙 n 型材料一般还是比较容易实现的，比如 CdS、ZnS、ZnMgO 等，后面会具体介绍。但是反过来，要做一个宽带隙高掺杂的 p 型材料，就非常难了。目前并没有太合适的材料可供选择。

　　将太阳能电池简化抽象出来可以看出，其由三个功能区组成：一个是产生光生载流子的区域，即半导体 p 型区材料；一个是激发的电子和空穴实现分离的区域，即半导体 pn 结；第三个就是电荷导出区域，即 n 型材料的电接触层和 p 型材料的电接触层。如图 1-6 所示，是半导体太阳能电池工作原理图，在本章的后面，将重点介绍几种具体的太阳能电池结构。

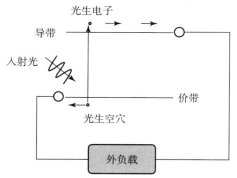

图 1-6　太阳能电池工作原理

1.2.4 太阳能电池的等效电路

理想的太阳能电池包含一个电流源和一个并联的整流二极管，如图 1-7[7] 所示。

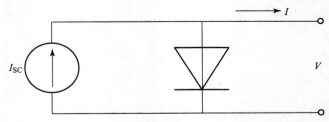

图 1-7 理想太阳能电池等效电路

相应的伏安特性可以用 Shockley 太阳能电池方程来描述，即：

$$I = I_{SC} - I_0 \times \exp\left(\frac{qV}{KT} - 1\right) \tag{1-27}$$

式中，K 为玻耳兹曼常数；T 为热力学温度；q 为电子电荷；V 为电池两端电压；I 为流出电池进入外电路的电流值；I_{SC} 为二极管反向饱和电流；I_{SC} 为光生电流。理想情况下，短路电流等于光生电流，此时，开路电压为：

$$V_{OC} = \frac{KT}{q}\ln\left(\frac{I_{SC}}{I_0}\right) \tag{1-28}$$

太阳能电池的输出功率可以表示为：

$$P_{out} = I \times V = \left[I_{SC} - I_0 \times \exp\left(\frac{qV}{kT} - 1\right)\right] \times V \tag{1-29}$$

可以预见，太阳能电池的输出功率存在一个极大值 P_{max}，输出最大功率时的电池电压和电流分别定义为 V_{mp} 和 I_{mp}，以此定义填充因子为：

$$FF\% = \frac{V_{mp} \times I_{mp}}{V_{OC} \times I_{SC}} \tag{1-30}$$

此定义式等同于前文讨论过的效率4。

太阳能电池的转换效率定义为：

$$\eta = \frac{P_{max}}{P_{in}} \tag{1-31}$$

式中，P_{in} 为照射到电池表面的太阳光功率。影响转换效率的过程因素在前文已讨论过。

实际的太阳能电池，其等效电路如图 1-8 所示[7]：

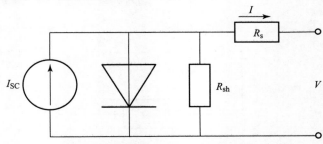

图 1-8 实际太阳能电池等效电路

由于半导体 pn 结不可能是完美的结构，耗尽区的缺陷造成的复合电流无法避免，因而二极管的理想因子 A 是介于 1 和 2 之间的数值。另外，由于电池前后金属电极接触、栅极电阻以及电池内部不均匀造成的电流旁路等，实际的电池需要加入等效的串联电阻 R_s 和并联电阻 R_{sh}，所以太阳能电池的方程将改写为：

$$I = I_{SC} - I_0 \times \exp\left(\frac{q(V + IR_s)}{AkT} - 1\right) - \frac{V + IR_s}{R_{sh}} \qquad (1-32)$$

二极管理想因子的变化，主要影响的是电池的填充因子；串联电阻的增加，减小了电池光电流的向外输出；并联电阻的增加，则减小了电池的开路电压；此外，串、并联电阻也会影响填充因子。串、并联电阻对电池的影响见图 1-9[6]。

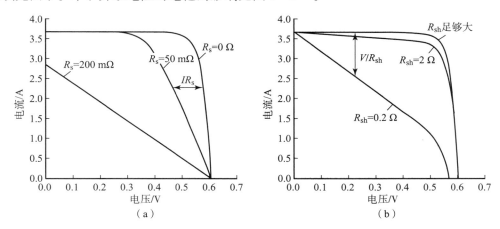

图 1-9　串、并联电阻对电池的总体影响
（a）串联电阻值对电池转换效率的影响；（b）并联电阻值对电池转换效率的影响

太阳能电池的量子效率定义为一个具有一定波长的入射光子在外电路产生电子的数目，即平均一个入射光子能产生的光电子数目。量子效率分别定义有外量子效率（EQE）和内量子效率（IQE），外量子效率考虑全部入射光子，而内量子效率仅考虑入射进入电池内部的光子，不考虑反射部分。内量子效率 IQE(λ) 和入射光波长 λ 的关系为：

$$IQE(\lambda) = \frac{I_{SC}(\lambda)}{eA(1 - R(\lambda))f(\lambda)} \qquad (1-33)$$

式中，$f(\lambda)$ 为入射到电池上 λ 波长的光子通量；$R(\lambda)$ 为表面反射系数；e 为电子电量；A 为电池表面积。以波长 λ 为横坐标，量子效率 QE 为纵坐标的曲线称为光谱响应曲线。光谱响应曲线反映太阳能电池对光谱吸收和转换的敏感程度。对于半导体太阳能电池来说，由于其具有一定的能隙，能量低于能隙的光子，几乎无法被电池吸收利用，所以通常光谱响应曲线在能隙对应的波长有一个截断。对于能量更低的波长范围来说，其电池的量子效率曲线趋近于零。

1.3　太阳能电池的分类

太阳能电池按照目前通行的划分，可以分为硅系列太阳能电池、薄膜类太阳能电池和新概念太阳能电池。其中，硅系列太阳能电池包括单晶硅太阳能电池、多晶硅太阳能电池和非晶硅太阳能电池等；薄膜类太阳能电池主要包括铜铟镓硒薄膜太阳能电池、碲化镉薄膜太阳能电池、铜锌锡硫薄膜太阳能电池等；新概念太阳能电池则种类繁多，早期的有染料敏化太阳能电池、有机太阳能电池，后来有量子阱太阳能、量子点太阳能电池，中间带隙太阳能电池等，近几年研究比较热门的有钙钛矿电池。本章将简单介绍各个电池的基本情况，薄膜类电池的详细介绍见后续章节。

1.3.1 硅系太阳能电池

硅系太阳能电池主要分为单晶硅太阳能电池、多晶硅太阳能电池和硅薄膜太阳能电池，其产业主体结构见图 1 – 10[2]。

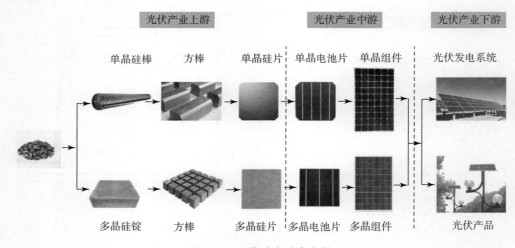

图 1 – 10　晶硅电池产业链

单晶硅太阳能电池是硅系太阳能电池中转换效率最高、技术最成熟的一类电池。其优异的性能是建立在高质量的单晶硅材料和成熟的加工处理工艺基础上的。6 个 9 以上纯度的多晶硅材料经过熔炉拉制成硅锭，然后切成硅片用于制作电池。在电池制作中，一般需要采用表面织构、发射区钝化、分区掺杂、背场接触等技术。目前的硅片尺寸主要为 12.5 cm × 12.5 cm，但由于拉制单晶技术的提高，已经有厂家能够生产 20 cm × 20 cm 以上尺寸的单晶硅太阳能电池。虽然更大尺寸的单晶硅太阳能电池可以降低成本，但是也会带来转换效率的降低和运输安装复杂程度的增加。目前实验室中单晶硅太阳能电池的最高转换效率可达到 25.6%；而商业产品最高转换效率可达到 23.8%，一般在 14% ~ 17% 的水平[7]。

单晶硅太阳能电池高的转换效率和成熟的工艺，使得它在工业生产中占据主导地位，尽管硅材料本身的价格近些年来下降很快，但是由于整个电池制备工艺复杂且耗能巨大，产业链较长，所以电池的制造成本依旧较高。降低造价的一个重要方法就是减少硅材料的使用，统一上下游产业布局等。目前主流产品的硅片厚度在 120 ~ 150 μm。一方面，要改进切割工艺，减少切割造成的损失，以得到更薄的硅片；另一方面，由于硅对光的吸收系数较低，且表面反射系数很高，故需改善表面织构获得更好的陷光结构，才能得到更高的效率，从而减少材料的使用。

多晶硅太阳能电池，其使用的硅片来自于熔铸的多晶硅锭，这种方法比提拉单晶硅锭工艺简单，且材料纯度要求也较低，利用率高，电能消耗较省。所以，采用多晶硅锭，可以制备出适于规模化生产的大尺寸方形硅锭，并在工艺和材料方面都降低电池的造价。目前实验室中多晶硅太阳能电池的最高转换效率可达到 21.3%，工业化生产中最高转换效率可达到 19.5%，略低于单晶硅太阳能电池。其性能主要受制于材料晶界和杂质。通过吸杂、钝化和背场技术可以提高多晶硅太阳能电池的转换效率[7]。

硅薄膜太阳能电池既有晶硅太阳能电池高效、稳定、无毒和资源丰富等优势，又有一般薄膜太阳能电池工艺简单、材料节省、成本较低的优点，因此成为近些年研究的热点[8]。相对于传统硅太阳能电池，硅薄膜太阳能电池的厚度普遍低于 10 μm，且一般沉积或附着在如透明导电玻璃等衬底上。由于厚度较小，故此类电池必须具有好的陷光结构，使光在硅表面与衬底界面来回反射，使有效光学厚度达到实际厚度的几倍，才能达到和传统电池同样的光吸收[9]。等离子体织构可以有效改善表面光学性能。实验室硅薄膜太阳能电池最高的转换效率可达到 10.5%[7]。微晶硅薄膜太阳能电池，其厚度一般只有 1~2 μm。目前还有研究组发展纳米硅电池，光吸收效果可能会更好[10]。

非晶硅薄膜太阳能电池以非晶硅薄膜为吸收层材料。在透明导电玻璃基板上使用等离子体增强化学气相沉积（PECVD）的方法依次沉积 p 型、i 型、n 型三层非晶硅薄膜[11]。因为非晶硅薄膜厚度不到 1 μm，大大降低了材料的使用，且易于大面积生产，所以成为硅系太阳能电池的一个重要方向[12]。目前非晶硅太阳能电池转换效率为 10.2%，工业化效率为 5%[7]。应用材料、欧瑞康等公司提供非晶硅太阳能电池的整套生产线，如图 1-11 所示。但非晶硅太阳能电池转换效率较低，寿命较短，这些因素是限制其大规模发展的一个瓶颈，目前非晶硅太阳能电池的技术可能逐渐被非晶微晶等叠层太阳能电池技术所取代[13]。

图 1-11　非晶硅太阳能电池生产线示意

1.3.2　Ⅲ-Ⅴ族半导体太阳能电池

太阳能电池历来是各类航天器的主要动力（图 1-12），20 世纪 60 年代，科学家发现砷化镓（GaAs）太阳能电池具有良好的温度稳定性和抗辐射性，从而其被大规模应用于空间领域。随着技术的进步，利用金属有机气相外延的方法（MOCVD）制备的砷化镓基和其他

Ⅲ－Ⅴ族化合物半导体太阳能电池，成为空间系统的能源主力[14,15]。

图 1－12 太阳能电池在空间领域中的应用

砷化镓是Ⅲ－Ⅴ族直接带隙半导体，带宽 1.45 eV，是太阳能利用的最优带宽值。吸收系数达到 10^4 cm^{-1}，其抗辐射性能好于硅材料，且比单晶硅有更高的理论转换效率。一般的砷化镓基太阳能电池采用 AlGaAs/GaAs 异质结结构，阳光透过宽带隙的 AlGaAs 被 GaAs 吸收，使得电池在短波长范围更加灵敏。由于组成异质结的材料晶格参数相近，使得 AlGaAs/GaAs 的界面具有低密度的表面态，从而减小了界面复合，增大了光生载流子的有效积累和传输[16]。目前的砷化镓晶体单结太阳能电池的最高效率为 28.8%，多晶单结太阳能电池为 18.4%[7]。为了获得更高的转换效率，对双结和多结太阳能电池进行了深入研究，并且已经用于工业生产。利用 MOCVD 的方法，可以在硅或者锗基片上生长单晶层[17]。锗和砷化镓材料具有良好的晶格匹配，可以实现高质量的砷化镓外延生长。锗衬底可以减薄到 100～150 μm，机械强度比砷化镓优异，价格也较低。常见的结构有 GaInP/GaAs/Ge，其转换效率为 34.5%，而 GaInP/GaInAs/Ge 太阳能电池在 500 倍聚光条件下可以达到 46% 的转换效率[7]。三结的Ⅲ－Ⅴ族太阳能电池结构为 GaInP/GaAs/GaInAs，其转换效率可以达到 37.9%。砷化镓材料，通过掺铟可以降低带宽，掺铝可以提高带宽，掺磷也可以提高带宽[18]。因此，合理设计元素的比例，调节能带结构，制备出多结太阳能电池，可以得到更好的太阳能电池。近来，依靠 MOCVD 等方法，人们对太阳能电池提出了基于超晶格和多量子阱的新Ⅲ－Ⅴ族低维异质结构，使得电池可以吸收更长的波长，并且保持高的输出电压，从而有希望得到更接近理论极限的太阳能电池[19]。

1.3.3 薄膜化合物类太阳能电池

薄膜化合物类太阳能电池主要包括碲化镉薄膜太阳能电池、铜铟镓硒薄膜太阳能电池、铜锌硒硫薄膜太阳能电池等。它们的最高效率可以达到 22%，并且部分已经能够实现产业化，在光伏市场上占有重要的一席，目前较为成功的是美国 First Solar 公司生产的碲化镉薄膜太阳能电池。然而，技术成熟度不够、制造成本较高、生产元素稀缺等因素，限制了它们的大规模量产。在本书的后续章节，将会对此类电池做详细描述。最近几年研究较为热门的钙钛矿太阳能电池，部分类似于薄膜化合物类太阳能电池，也会在本书中做介绍，供读者参考。

1.3.4 染料敏化与有机太阳能电池

染料敏化太阳能电池是一种光电化学太阳能电池，不同于普通的半导体电池。它的光电转换关键材料是染料分子。目前这种电池实验室最高转换效率为 11.9%[7]。

光电化学太阳能电池，一般由一个光电极，一个氧化还原电极和一个对电极组成，其中，性能稳定的光电极是电池的关键。氧化物半导体一般较为稳定可靠，但是，一般的氧化物能带较宽，例如 TiO_2、ZnO、SnO_2 等，无法吸收太阳光中的可见光部分，因此，需使用有机染料分子，使之附着在半导体表面，才可以吸收可见光，并将激发的电子注入半导体的导带。为了提高光电转换效率，一方面，要尽可能增大半导体的表面积，这样可以吸收大量的染料分子；另一方面，还要合成吸收范围更宽的新型染料分子。目前主要使用的半导体材料为 TiO_2，其可以制备出多孔结构的薄膜，表面积很大；使用的染料分子，一般是含 Ru 的复合分子，可以吸收 $400 \sim 900$ nm 范围的光子，也有研究组采用其他新型染料分子[20]。

早期的研究使用 ZnO 做光电极，配合一些有机染料，光量子效率很低，光的吸收范围比较窄。20 世纪 70 年代末，采用 TiO_2 单晶衬底，配合含 Ru 的复合分子，转换效率得到很大提升。Gratzel 与其合作者采用纳米晶 TiO_2 薄膜来代替单晶衬底，使得电极的表面积大大增加，并使得转换效率达到 7% ~ 10%。此外，还有一些其他手段，例如，改进染料分子，使得其对光的吸收范围增加；使用含碘的氧化还原电极等。通过这些手段，目前最高的转换效率可达到 11.9%[21]。

染料敏化太阳能电池的优点是，转换效率可以达到 10%，高于目前市场上较热门的非晶硅太阳能电池。同时，染料敏化太阳能电池的制造方法简单，材料也很便宜，所以造价低廉。唯一受限制的元素可能是染料中的 Ru。新的更加廉价的有机染料正在开发中。由于染料可以有各种颜色，所以它在发挥发电作用的同时，还可以起到美化建筑物的作用，使得建筑光伏一体化的实现有了更强劲的推动力。此外，所有材料不涉及有毒和重金属，所以是比较环保的。但是染料敏化太阳能电池使用电解液，这在使用和运输上都存在液体泄漏的风险，因此固化的染料敏化太阳能电池是这类电池一个重要的研究方向。染料敏化太阳能电池容易降解，故其寿命也是限制其应用的一个方面。但另外，染料敏化太阳能电池非常容易回收和再利用，这在减少成本的同时也提高了材料利用率，保护了环境。

染料敏化太阳能电池的发展方向主要有以下几个方面：第一，寻找更好的光敏电极，目前使用的是 TiO_2，更多的新型的氧化物电极将被开发利用[22]；第二，寻找新型的具有更好光吸收的性能的染料分子，一方面要提高吸收系数，另一方面要使染料的吸收边向更宽的波长范围移动扩展。通过发展有机染料来替代目前通用的金属络合物染料，从而消除稀有金属使用带来的材料限制；第三，采用固化或者半固化的电解质替代电解液，实现染料敏化太阳能电池固化。液态的电解液溶液会蒸发，因此，采用电解液的染料敏化太阳能电池对其封装要求很高，且电池寿命大大减短。固化的染料敏化太阳能电池不仅可以有效地解决上述问题，而且还可以实现染料电池的刻线制备，像其他薄膜太阳能电池一样制成具有内连接的组件。

20 世纪 90 年代以来，随着光电子分子材料的迅速发展，使用有机材料作为太阳能电池吸收层材料成为近年来较热门的一个课题。有机分子材料是一种具有共轭结构的固体，有机小分子晶体或者多晶膜、不定型膜和共轭聚合物膜，都是潜在的光电池吸收材料[23]。

光激发产生具有很强束缚的电荷对，称为激子。激子的输运是通过在局域态之间跳跃实现的，不像半导体，其载流子在能带中传输，所以电荷迁移率很低，从而导致一般的有机太阳能电池光量子效率较低。有机材料的吸收系数很高，可以达到 10^5 cm^{-1}，但是吸收的波段很窄，且它的光学和电子性能具有很高的各向异性，所以合理设计器件结构是提高其转换效率的重要一环。由于激子扩散长度很短，所以采用不同材料形成体异质结，因为不同材料的电子亲和势和电离电位的差会形成静电场，而这个界面可以把激子电荷分开，从而有效地提高量子效率。

有机太阳能电池目前的最高的转换效率可达到 11.2%[7]。改进的方法主要集中在下面几个方面：首先是提高光的采集效率。不仅需要选取合适的材料，而且要设计好陷光结构。有机分子具有各向异性的特点，设计时要考虑这一特性；其次是改进电荷传输。有机固体的本征迁移率低，杂质和缺陷对电荷的俘获效应也限制了电荷的传输。使用无机材料作为电池基板，用于电荷传输，或者开发高迁移率的有机电子材料是此问题的解决方案[24]。同时，加强对有机电池物理本质的理解，也许会找到更加有效的方法来提高电池效率。

有机太阳能电池由于成本低廉、易于沉积、不需要高温、可以沉积在柔性衬底上、具有各种颜色等特点，因此尽管效率不高，但是用途非常广泛，尤其适用于低功耗的用电器。另一方面，由于电池效率较低、化学稳定性较差、对封装要求高、电池寿命较短等缺点，目前还很难大规模产业化[25]。有机太阳能电池从实验室到工业生产还有很长的路要走。

■ 参考资料

[1] 冯垛生. 太阳能发电原理与应用[M]. 北京：人民邮电出版社，2007.

[2] 彭博新能源. http://www. wusuobuneng. cn/archives/author/pengboxinnengyuancaijing.

[3] 中国电力. http://www. chinapower. com. cn/gfhyyw/20160411/18709. html.

[4] 太阳能光伏网. http://solar. ofweek. com/2016 – 02/ART – 260009 – 8420 – 29064342. html.

[5] 沈辉. 太阳能光伏发电技术[M]. 北京：化学工业出版社，2008.

[6] Luque A H S. Handbook of Photovoltaic Science and Engineering，John Wiley & Sons Ltd：Weinheim，2003.

[7] Green M A，Emery K，Hishikawa Y，et al. Solar cell efficiency tables(version 48). Progress in Photovoltaics：Research and Applications，2016；24，905 – 913.

[8] Koida T，Sai H，Kondo M. Application of hydrogen – doped In$_2$O$_3$ transparent conductive oxide to thin – film microcrystalline Si solar cells. Thin Solid Films，2010；518，2930 – 2933.

[9] Krasnov A. Light scattering by textured transparent electrodes for thin – film silicon solar cells. Solar Energy Materials and Solar Cells，2010；94，1648 – 1657.

[10] Malik O，De la Hidalga – W F J，Zúñiga – I C，et al. Efficient ITO – Si solar cells and power modules fabricated with a low temperature technology：Results and perspectives. Journal of

Non – Crystalline Solids,2008:354,2472 – 2477.

[11] Vet B,Zeman M. Comparison of a – SiC:H and a – SiN:H as candidate materials for a p – i interface layer in a – Si:H p – i – n solar cells. Energy Procedia,2010:2,227 – 234.

[12] Wronski C R,Von Roedern B,Kołodziej A. Thin – film Si:H – based solar cells. Vacuum, 2008:82,1145 – 1150.

[13] Chopra K L,Paulson P D,Dutta V. Thin – film solar cells:an overview. Progress in Photovoltaics:Research and Applications,2004:12,69 – 92.

[14] Rong W,Zengliang G,Xinghui Z,et al. 5 – 20MeV proton irradiation effects on GaAs/Ge solar cells for space use. Solar Energy Materials and Solar Cells,2003:77,351 – 357.

[15] Rong W,Yunhong L,Xufang S. Effects of 0.28 – 2.80MeV proton irradiation on GaInP/GaAs/ Ge triple – junction solar cells for space use. Nuclear Instruments and Methods in Physics Research Section B:Beam Interactions with Materials and Atoms,2008:266,745 – 749.

[16] Huijie Z,Wu Y,Jingdong X,et al. A study on the electric properties of single – junction GaAs solar cells under the combined radiation of low – energy protons and electrons. Nuclear Instruments and Methods in Physics Research Section B:Beam Interactions with Materials and Atoms,2008:266,4055 – 4057.

[17] Shimizu Y,Okada Y. Growth of high – quality GaAs/Si films for use in solar cell applications. Journal of Crystal Growth,2004:265,99 – 106.

[18] Kim C Z,Kim H,Song K M,et al. Enhanced efficiency in GaInP/GaAs tandem solar cells using carbon doped GaAs in tunnel junction. Microelectronic Engineering,2010:87,677 – 681.

[19] Cánovas E,Martí A,Luque A,et al. Lateral absorption measurements of InAs/GaAs quantum dots stacks:Potential as intermediate band material for high efficiency solar cells. Energy Procedia,2010:2,27 – 34.

[20] Lee K – M,Hsu C – Y,Chiu W – H,et al. Dye – sensitized solar cells with a micro – porous TiO_2 electrode and gel polymer electrolytes prepared by in situ cross – link reaction. Solar Energy Materials and Solar Cells,2009:93,2003 – 2007.

[21] Grätzel M. Solar Energy Conversion by Dye – Sensitized Photovoltaic Cells. Inorganic Chemistry, 2005:44,6841 – 6851.

[22] Wu W,Li J,Guo F,et al. Photovoltaic performance and long – term stability of quasi – solid – state fluoranthene dyes – sensitized solar cells. Renewable Energy,2010:35,1724 – 1728.

[23] Franke R,Maennig B,Petrich A,et al. Long – term stability of tandem solar cells containing small organic molecules. Solar Energy Materials and Solar Cells,2008:92,732 – 735.

[24] Gong C,Song Q L,Yang H B,et al. Polymer solar cell based on poly(2,6 – bis(3 – alkylthiophen – 2 – yl)dithieno – [3,2 – b;2',3' – d] thiophene). Solar Energy Materials and Solar Cells,2009:93,1928 – 1931.

[25] Reeja – Jayan B,Manthiram A. Influence of polymer – metal interface on the photovoltaic properties and long – term stability of nc – TiO_2 – P_3HT hybrid solar cells. Solar Energy Materials and Solar Cells,2010:94,907 – 914.

第二章
碲化镉薄膜太阳能电池

2.1 碲化镉薄膜太阳能电池的发展历史和现状

碲化镉薄膜太阳能电池是近几年发展最快的一类薄膜化合物太阳能电池，已经成功被商业化生产。目前碲化镉薄膜太阳能电池的实验室最高转换效率可达到 22.1%，由美国 First Solar 公司研发实验室制得；大面积电池组件的转换效率可达到 18.6%，也是由 First Solar 公司研发实验室制得[1]。碲化镉薄膜太阳能电池组件成本已经降低到 0.67 美元/峰瓦，且发电性能稳定、使用寿命超过 20 年，是最有发展前途的薄膜电池组件产品之一。目前碲化镉薄膜太阳能电池的产量在光伏电池领域的占比为 5%，主要由 First Solar 公司提供相关组件。2015 年的数据显示，First Solar 公司提供总计 2.5GW 的碲化镉光伏组件[2]。其他公司包括德国 CTF 公司和中国杭州龙焱公司，目前还没有报道的出货量数据。大学或者研究所主要包括美国可再生能源实验室、美国特拉华大学、美国托莱多大学、美国科罗拉多矿业大学、瑞士苏黎世理工、英国利物浦大学、中国四川大学、中国科技大学、中国科学院电工研究所和北京理工大学等。图 2-1 是由碲化镉薄膜太阳能电池组装成的发电站。

图 2-1 碲化镉薄膜太阳能电池组装成的太阳能发电站[2]

碲化镉单晶材料的研究最早始于 1947 年，已经有 70 年的历史[3]。到 1959 年，研究者对碲化镉的晶体掺杂和电子结构已经有了系统的认识，通过调节镉和碲的原子比例，可以实现 n 型或者 p 型的掺杂。1956 年，Loferski 第一次提出可以用碲化镉作为太阳能电池材料。1959 年，Rappaport 尝试了碲化镉同质 pn 结电池，其转换效率仅有 2%。1979 年法国的 CNRS 组将这一结构的电池的转换效率发展到 7%，后来又到 10.5%。碲化镉晶体同质结的研究基本停留在这个水平。1960 年以后，绝大部分小组把精力集中到碲化镉异质结电池的研究。早期的异质结结构为 n - CdTe/p - Cu$_2$Te，这种结构的太阳能电池的最高转换效率可达到 7%。1977 年，斯坦福大学发展了新的结构，p 型单晶碲化镉基础上生长一层稳定的氧化物薄膜（ITO），转换效率达到 10.5%。1987 年，在上述基础上，增加本征 In$_2$O$_3$ 作为缓冲层，使效率达到了 13.4%。当时还有一个方案是使用 ZnO 作为窗口层，但效率只有 9%。从 60 年代中期开始，Muller 首次报告 n - CdS/p - CdTe 异质结构，其当时的转换效率低于 5%。1977 年，Yamaguchi 使用 CVD 的方法在 As 掺杂的碲化镉单晶表面沉积了 500 nm 的硫化镉，使电池达到了 11.7% 的转换效率。碲化镉薄膜太阳能电池研究始于 1969 年，Adirovich 设计了直到目前为止还使用的反向结构（Superstrate），该结构的效率为 2%。1972 年，Bonnet 和 Rabenhorst 在实验过程中沿用了这个结构并得到了 6% 的转换效率，并且正确地提出了关于改进这种电池结构的意见。80 年代和 90 年代大量的优化改进技术使得这种电池结构的转换效率达到了 15.8%。2001 年，美国可再生能源实验室的吴选之获得了最高转换效率为 16.5% 的碲化镉薄膜太阳能电池，这个纪录保持了 10 年之久[4]。后吴选之教授回到中国创业，创办了杭州龙焱公司，发展碲化镉薄膜太阳能电池组件技术，采用有别于 First Solar 公司的新的镀膜技术并取得了重要进展。2012 年以后，美国 First Solar 公司的研发团队通过持续的优化改进反向结构（Superstrate）和各层薄膜的质量，同时整合 Primestar 公司的碲化镉技术，使得小面积电池和大面积电池组件的转换效率均不断打破纪录，目前碲化镉薄膜太阳能电池最高转换效率为 22.1%，组件最高转换效率为 18.6%。1985 年，R. W. Birkmire 首次提到正向结构（Substrate）的碲化镉薄膜太阳能电池，当时是应用在 CuInSe$_2$ 太阳能电池上作为多结太阳能电池出现的。1999 年，Singh 在钼箔片上制备这种结构的柔性碲化镉太阳能电池，并得到了 5.3% 的转换效率。但是由于缺少合适的背电极材料以及退火工艺，反向结构的碲化镉太阳能电池一直徘徊在较低的转换效率水平。2012 年，美国可再生能源实验室的 Dhere 采用溅射的 Cu$_x$Te 作为背电极材料，在钼箔上获得了转换效率为 10% 的太阳能电池[5]。2013 年，瑞士 ETH 大学 Kranz 采用 Mo/MoO$_x$/Te 结构的背电极，获得了转换效率为 13.6% 的太阳能电池[6]。这些研究，使得柔性的碲化镉太阳能电池实用化的可能性大大增加，从而拓展了碲化镉太阳能电池的应用。

早期的碲化镉太阳能电池组件厂商主要包括美国的 BP Solar，First Solar 以及德国的 Antec 公司。进入 21 世纪，以 First Solar 公司为代表的碲化镉薄膜太阳能电池组件生产才真正进入光伏产业中。2004 年 First Solar 公司已经有小规模的生产线，2007 年，其生产线规模第一次超过百兆瓦，从而迈入了大型光伏组件的生产商序列，也使得碲化镉薄膜太阳能电池的市场份额仅次于晶硅太阳能电池的份额，远远超过其他薄膜电池和有机电池等。目前，First Solar 公司是世界领先的太阳能光伏电池组件制造商之一，生产基地位于美国、马来西亚、印度、法国和德国等地。2009 年，公司产能已超过 1GW 峰值功率。2015 年的统计数据显示 First Solar 公司的出货量已经达到 2.5GW 峰值功率[2]。First Solar 在业内率先实现了每瓦成本低于 1 美元（85 美分），目前，又进一步降低到 67 美分。其他的碲化镉薄膜太阳能电池厂商还包括德国 Calyxo 公司，其拥有 25 MW① 和 60 MW 两条碲化镉薄膜太阳能电池组件的生产线，碲化镉薄膜太阳能电池组件的年产量达到 85 MW，且其平均转换效率约为12.4%，目前已经被中国能源企业——汉能集团收购。Antec Solar Energy AG 成立于 1998 年，是全球知名的碲化镉薄膜太阳能电池组件制造商。公司的主要产品是 ATF 系列，具体包括ATF36（额定功率 36 W）、ATF43（额定功率 43 W）、ATF60（额定功率 60 W）、ATF70（额定功率 70W）等产品，其转换效率分别为 6.0%、6.9%、8.3%、9.7%。该公司的 ATF 系列碲化镉薄膜太阳能电池组件应用面非常广泛，即使在太阳辐射较低的条件下也能达到高发电率，这主要是基于其功率温度系数低（只有 – 0.18/℃），具有卓越的低温和弱光性能。AVA Solar（美国）创建于 2007 年，坐落于美国科罗拉多州。AVA Solar 太阳能电池工艺是在美国国家可再生能源研究实验室（NREL）的支持下由科罗拉多州立大学研制成功的。美国通用电气（GE）公司于 2011 年 4 月兼并了全球知名的碲化镉薄膜太阳能电池组件制造商 Prime Star Solar公司，从而进军碲化镉薄膜太阳能电池产业领域。结合最新的薄膜组件技术，GE 公司的碲化镉薄膜太阳能电池组件由 116 块薄膜太阳能电池串联而成。在 75 V 电压下，GE 公司的碲化镉薄膜太阳能电池组件峰值功率高达 83 W。目前，GE 公司的碲化镉薄膜太阳能电池组件产品主要包括三种类型，即 GE – CdTe78（额定功率 77.5W）、GE – CdTe80（额定功率 80.0 W）、GE – CdTe83（额定功率 82.5 W）。GE 公司上述三种类型产品的额定转换效率分别为 10.8%、11.1% 和 11.5%。目前 GE 公司的碲化镉薄膜太阳能电池组件业务已经和 First Solar 合并。德国 CTF Solar 公司成立于 2007 年，是一家专门从事碲化镉薄膜光伏电池组件生产线研发的公司，拥有碲化镉薄膜太阳能电池组件生产线核心技术和相关专利。该公司主要技术团队人员来自拥有碲化镉原创技术的德国 Antec Solar 公司。2011 年 10 月 11 日，中国建材国际工程集团正式收购德国 CTF Solar 公司，并在德国德雷斯顿和中国成都、蚌埠等地设立研发和生产基地。美国 Abound Solar 公司于 2007 年成立，依靠生产低成本的碲化镉薄膜太阳能电池起家，总部位于美国科罗拉多州。2012 年 7 月，美国 Abound Solar 公司申请破产保护。

本章 2.2 节主要介绍碲化镉薄膜太阳能电池的结构，各个层的性质、制备方法和优缺点；在 2.3 节介绍组件的一些知识以及组件和电池的区别；在 2.4 节讨论组件退化的机制；在 2.5 节讨论碲化镉薄膜太阳能电池的优缺点以及对未来发展的展望。其中，2.2 节涉及碲化镉薄膜太阳能电池每一层的细节，篇幅会比较长，也是本章的重点内容。

2.2 碲化镉薄膜太阳能电池的结构

标准的碲化镉薄膜太阳能电池为反向结构，如图 2 – 2 所示。基板采用高透过率的低钠玻璃，玻璃上镀有透明导电薄膜，一般厚度为 200 ~ 500 nm，其作用：一方面是容许光从本层薄膜透过进入电池；另一方面作为电池的负极，将光生电流导出。早期的产品，采用 ITO作为导电薄膜，因为它具有性能稳定、电阻低和透光性好等特点。但是其缺点是价格较为昂

① 1 MW = 1 × 10^6 W。

贵，另外它无法控制 Na 从玻璃向电池扩散，也无法阻止自身中的 In 向电池中扩散。后有研究组将 SnO$_2$ 作为高阻层和杂质隔离层应用于 ITO 和电池薄膜之间，来控制杂质的扩散和提高旁路电阻[7]。目前主流的透明导电薄膜为 SnO$_2$：F，厚度为几百纳米，采用致密的 SnO$_2$ 薄层（厚度约为 50 nm）来阻挡杂质的扩散。这种结构光透过率高（80% ~ 85%）、电阻低（方阻小于 10 Ω）、稳定性好，在电池制备过程中和组件运行过程中，其电学和光学性能都基本不衰退。本书在 2.2.1 节详细介绍透明导带层的性质。透明导电层上方是 n 型硫化镉层，一般厚度为 50 ~ 100 nm，其作用是容许光从此层透过进入主吸收层碲化镉层；同时，其作为 n 型层与 p 型层的碲化镉构成异质结来分离光生电荷。本书在 2.2.2 节详细论述硫化镉的性质和改进方法。硫化镉的上方是 p 型层的主吸收层碲化镉层，一般厚度为 2 ~ 5 μm，其带宽为 1.45 eV，可以吸收波长小于 900 nm 的紫外、可见和近红外光，激发产生光生载流子。本书在 2.2.3 节详细介绍碲化镉的性质。碲化镉与硫化镉构成异质结，将激发的光生载流子实现物理空间的分离，从而实现光能转化为电能。这个界面是整个电池的关键所在，本书在 2.2.4 节中详细介绍。碲化镉的上方为背电极层，一般厚度在 100 ~ 200 nm，主要由高 p 掺杂的半导体和金属构成，其作为电池的正极，负责将光生电流导出。实验上常采用 Au 作为背电极，但工业上考虑 Au 较昂贵，一般采用更为廉价的 Mo 或者 Al 等金属或者合金来作为背电极。如果是电池组件，背电极表面还会铺设上 EVA 胶，与背板玻璃相黏结。本书在 2.2.5 节中详细介绍背电极的性质。

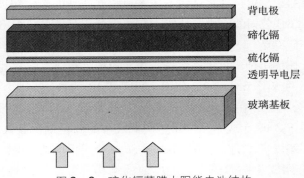

图 2 - 2　碲化镉薄膜太阳能电池结构

如果将沉积顺序反转，采用类似铜铟镓硒薄膜太阳能电池的正向结构[8]，如图 2 - 3 所示，

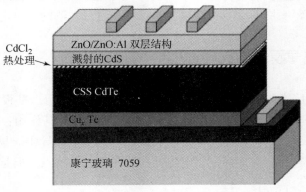

图 2 - 3　碲化镉薄膜太阳能电池的正向结构[8]

那么电池的性能一般会变得比较差。最主要的两个原因：一是在这种结构下不能对包含氧化镉的碲化镉进行有效的热退火处理，从而导致碲化镉晶粒内部缺陷不能有效地减少，CdTe/CdS 异质结界面扩散不能被有效地控制，界面缺陷较多；二是不能很好地获得碲化镉的背接触电极。碲化镉直接与金属接触会导致很高的肖特基势垒，因此一般采用高 p 掺杂的材料作为其过渡层，例如 Cu₂Te、Te、ZnTe、Sb₂Te₃。但是碲化镉沉积一般需要在 500℃ 以上的高温下进行，这种温度会使过渡层向碲化镉内部扩散，破坏了缓冲层，因此不能形成有效的电极接触，并导致了严重的背肖特基势垒，形成极高的串联电阻，从而严重降低了电池的转换效率。Dhere 小组采用一系列方法来解决这两个问题，并将此种结构的电池的转换效率做到了 10%。Duenow 指出氧处理后的硫化镉和碲化镉层将可能有利于制备这种结构的电池[9]。ETH 的小组进一步优化工艺过程，采用 MoOₓ 背电极和新的热处理工艺，将正向结构的碲化镉薄膜太阳能电池做到了 13.6% 的转换效率。但是目前主流的碲化镉薄膜太阳能电池和组件还是采用反向结构。

对于反向结构的薄膜太阳能电池，我们有必要了解它的能带结构，才能认清它的工作原理。Jaegermann 课题组的一系列工作绘制出了碲化镉薄膜太阳能电池的能带结构全图并总结在他的综述文章里[10]。从图 2-4 中我们可以看到这样几个关键信息：第一，碲化镉和硫化镉的异质结，其能带的弯曲主要在碲化镉层，这意味着结区主要分布在碲化镉中，这样有利于收集光生载流子；第二，碲化镉和硫化镉导带基本是连续的，这样有利于光生电子进入 n 区；第三，碲化镉和金属之间有一层缓冲层，使得碲化镉和金属形成的肖特基势垒的宽度显著减小，从而容许电流隧穿通过，形成欧姆接触；第四，硫化镉和 ITO 之间的 SnO₂ 层使得硫化镉的能带向上弯曲，这似乎阻碍了电子进入 ITO 层，但后面我们会分析，这一层的主要作用是阻挡杂质元素从玻璃进入异质结。另外，减少电池的电流旁路，可使得整个电池性能均匀，从而减少因局部短路造成的电池性能降低。

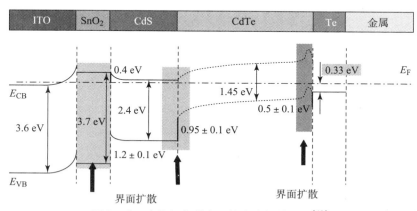

图 2-4 碲化镉薄膜太阳能电池能带结构[10]

下面分别介绍这几层材料的性质、制备方法和对电池性能的影响。

2.2.1 窗口层材料：透明导电薄膜

一般碲化镉薄膜太阳能电池采用的透明导电薄膜需要具有高的光学透过率、低的方块电阻、高温环境下的化学和物理稳定性，一般采用 ITO、FTO、Cd₂SnO₄ 这几种薄膜。考虑到成本因素和环境因素，目前工业界基本上采用 FTO 薄膜作为窗口层材料。FTO 的光学透过率在 80% ~85% 、方块电阻为 10Ω，且物理化学性质非常稳定，不会向碲化镉中进行扩散，还可以有效阻止玻璃中的杂质向薄膜中扩散。高效的碲化镉薄膜太阳能电池需要在透明导电薄膜与硫化镉薄膜之间增加一层本征氧化物半导体薄膜，例如 SnO_2、In_2O_3、Ga_2O_3、Zn_2SnO_4，最常用的是 SnO_2。一般厚度在 50 ~100 nm。高阻致密的氧化物薄膜，可以减少碲化镉与透明导电薄膜直接接触的可能性（这种接触会形成局部电流通路，从而大大减少开路电压和填充因子），提高大面积太阳能电池性能上的均一性，同时，它也可以阻止杂质（如玻璃中的钠等元素）向电池内部扩散而形成复合中心。商业化的透明导电玻璃已经相当成熟，这也为碲化镉薄膜太阳能电池的研究提供了便利，使得研究者可以专心致力于提高碲化镉薄膜的质量和背电极的制备等关键技术。对于追求极限转换效率的研究组来说，商业化的透明导电玻璃显然还是无法满足其需求。

2.2.2 缓冲层材料：硫化镉

1. 硫化镉材料性质概述

硫化镉是目前应用最为广泛的碲化镉薄膜太阳能电池的缓冲层材料。硫化镉属于 Ⅱ – Ⅵ 族化合物半导体，直接带隙，带宽 2.42 eV，其光学吸收峰在 500 nm 附近[11]。硫化镉材料的电子亲和势为 4.2 eV，与碲化镉的亲和势差不多。其 n 型掺杂水平一般为 10^{18} cm^{-3}。硫化镉一般为六方（铅锌矿）结构或立方（闪锌矿）结构，如图 2 – 5 所示。六方结构的硫化镉的晶格常数为 $a = 4.13$ Å①；立方结构的硫化镉的晶格常数为 $c = 5.83$ Å。碲化镉的晶格常数为 $a = 6.48$ Å，碲化镉和硫化镉的晶格失配达到 10%[12]，一般这种情况会导致晶格错位和大量的界面态产生。通过对电池进行后退火处理，可以有效消除界面态。

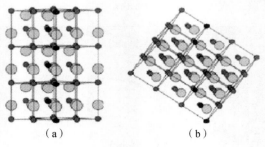

（a） （b）

图 2 –5 硫化镉晶体结构

（a） 六方结构；（b） 立方结构

作为半导体，硫化镉内部的缺陷类型和能级位置，是我们比较关心的问题，它们影响载流子浓度、寿命和迁移率。Ramaiah 分析研究了硫化镉内部的缺陷类型，发现主要有这样几种缺陷（图 2 –6）：（a）硫空位缺陷（距离价带顶 2.175 eV）；（b）硫占位缺陷（距离导带底 2.275 eV）；（c）供体受体复合缺陷（D – A）（2.349 eV）；（d）中性供体复合缺陷（D° – X）（2.455 eV）；（e）镉占位缺陷（距离价带顶 2.012 eV）。

---

① 1 Å = 0.1 nm。

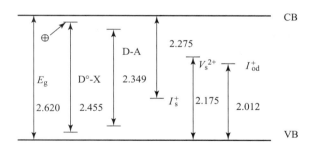

图 2 - 6 硫化镉中缺陷位置

硫化镉作为 n 型半导体，与 p 型碲化镉构成异质结。太阳光穿过硫化镉层，被碲化镉层吸收，激发产生电子空穴对，电子和空穴在 CdTe/CdS 异质结自建电场区被分开，形成光生电流。CdTe/CdS 的界面是电池光电转换的核心。硫化镉性能将影响到异质结界面性能和最终的电池器件的转换效率。其主要表现在以下几个方面：（a）从能带结构的角度来看，硫化镉材料的电子亲和势为 4.2 eV[13]，与碲化镉相同，根据 Anderson 半导体异质结理论模型，异质结导带的不连续值为两个半导体电子亲和势之差，所以硫化镉与碲化镉构成的异质结导带不连续值约为 0 eV。碲化镉带宽为 1.45 eV，由能带图（图 2 - 4）可以看出，两者的价带不连续值为 0.95 eV。而构成异质结的两个半导体能带的不连续值，对器件的性能影响很大。在绪论中讨论过异质结能带的不连续对光伏电池的影响：对于一个异质结，光生空穴会积累在结区的 p 型半导体一侧（碲化镉），而光生电子则会在结区自建势的作用下，漂移通过异质结区，积累到 n 型半导体一侧（硫化镉）。由于硫化镉和碲化镉导带是连续的，因此光生电子可以无障碍地通过异质结区；同时由于两者的价带是不连续的，并且差值很大，光生空穴很难从碲化镉进入硫化镉，这样就实现了光生电子空穴的分离，并抑制了两者的复合。从这个角度来说，硫化镉是碲化镉薄膜太阳能电池非常完美的缓冲层材料。（b）从电学性质的角度来看，硫化镉的 n 型掺杂水平一般为 $10^{17} \sim 10^{18}$ cm^{-3}[14]，作为异质结的 n 型层，为了提高结区在 p 型吸收层一侧的宽度，从而更好地收集光生载流子，根据半导体结模型（对于一个 pn 结来说，掺杂高的半导体，结区宽度窄；掺杂低的半导体，结区宽度宽）可知，我们需要提高硫化镉的 n 型掺杂水平，从而提高碲化镉层中的结区宽度，增加载流子收集的区间。（c）从光学角度来看，一方面，作为窗口层材料，硫化镉要尽可能做得薄，以使更多的光穿过硫化镉层而被吸收层所利用。这是因为硫化镉的带宽在 2.42 eV，主要吸收波长短于 500 nm 的可见光和紫外光，为了增加这部分光的透过率，需要将硫化镉的厚度尽可能减薄。在碲化镉薄膜太阳能电池中，硫化镉的厚度控制在 50 ~ 200 nm[15]；另一方面，硫化镉薄膜要做得致密均匀。硫化镉在制备过程中会在膜内存在针孔和裂纹等，薄膜较厚的时候这些针孔还不足以贯穿整个薄膜，影响较小；但当硫化镉薄到几十纳米时，这些针孔和裂纹很可能会贯穿薄膜上下，导致电流旁路增加、电池并联电阻变小甚至短路的情况，从而严重影响电池的转换效率。

2. 硫化镉薄膜的制备

硫化镉薄膜常见的制备方法有以下几种：化学水浴沉积（Chemical Bath Deposition，CBD）[16]、闭空间升华（Close Space Sublimation，CSS）[17]、气相输运沉积（Vapor Transfer

Deposition，VTD)[18]、磁控溅射（Sputtering)[19]、热蒸发（Evaporation)[20]、金属有机化学气相沉积（Metal Organic Chemical Vapor Deposition，MOCVD)[21]、激光脉冲沉积（Pulsed Laser Deposition，PLD)[22]。

（1）化学水浴沉积。

化学水浴沉积是制备硫化镉以及类似Ⅱ‑Ⅵ族化合物最常见的一种方法。这种方法技术简单、设备要求不高、易于掌握并且成膜品质还非常好，适合各个研究室开展相关光伏和光电的研究。2012年之前，最高转换效率的碲化镉薄膜太阳能电池就是采用化学水浴沉积的方法来制备的硫化镉层[4]。使用这种方法的代表是美国可再生能源实验室，国内主要是中国科技大学的王德亮课题组和北京理工大学的韩俊峰课题组。化学水浴沉积的原理是将含有镉的盐类（如氯化镉、硫酸镉、醋酸镉等）与可以释放硫离子的化学品（如硫脲）混在溶液中，因为硫化镉在水溶液的溶度积很小，约为10^{-29}，硫化镉从溶液中析出，在衬底上生成一层均匀的薄膜。也有人认为镉离子先吸附在衬底表面，然后溶液中的硫离子与其反应，在衬底表面形成连续的薄膜。不管哪种过程，都需要通过控制镉离子和硫离子在溶液中的浓度及溶液温度来控制反应速率，从而控制薄膜的生成厚度和质量。这种方法制备的硫化镉薄膜，具有立方和六方结构的混合相[23]。薄膜均匀致密、厚度可控，且针孔较少，易于制备高转换效率的薄膜太阳能电池。但这种方法的缺点也不少，比如化学水浴沉积的成膜速度较慢，膜内包含的杂质较多，晶粒较小且品质不高，会产生大量含重金属镉的废水等[24]。而大规模产业化生产，要求成品率和环境保护等，这些缺点就会变得非常严重。

实验室中，通常选用氯化镉、硫化镉或醋酸镉作为镉源，提供镉离子[25]。氨具有很强的络合性，四个氨结合一个镉离子得到镉氨离子，故向反应溶液中加入氨水，可使得镉的主要存在形式变成镉氨离子。通过控制氨的浓度、溶液温度，可以控制镉氨离子的分解速度，从而控制反应过程中溶液中镉离子的浓度[26]。采用硫脲作为硫源，硫脲在碱性环境中可以水解并释放硫离子。通过控制pH值和温度，可以控制硫脲分解释放硫离子的速度，控制溶液中硫离子浓度，从而控制反应速率。反应方程式如下：

$$NH_3 + H_2O = NH_4^+ + OH^-$$
$$Cd^{2+} + 4NH_3 = Cd(NH_3)_4^{2+}$$
$$SC(NH_2)_2 + OH^- = CH_2N_2 + H_2O + HS^-$$
$$HS^- + OH^- = S^{2-} + H_2O$$
$$Cd(NH_3)_4^{2+} + S^{2-} = CdS + 4NH_3$$

如果想控制硫化镉薄膜的生长速率和品质，就需要控制溶液中自由的镉离子和硫离子的浓度。通过上面的分析可以看到，要达到这个目的，反应温度、氨水浓度是最关键的两个参数，其次还有镉盐的浓度和硫脲的浓度。

上面讨论的是如何控制溶液中硫化镉的反应速率，下面我们来讨论硫化镉如何在衬底表面成膜。这个过程有两种机制：一种是离子—离子过程[27]；一种是胶体—胶体过程[28]。离子—离子过程，镉离子吸附在衬底表面，与硫离子结合生成硫化镉，并逐渐生长形成连续的硫化镉薄膜；胶体—胶体过程，镉离子与硫离子在溶液中结合生成几十纳米或者更大尺寸的胶体颗粒，这种硫化镉颗粒吸附在衬底表面，形成硫化镉薄膜。离子—离子过程生长的薄膜一般均匀致密、结晶好；而胶体—胶体过程生长的薄膜较为疏松、结晶质量差、成膜速度慢，且会产生大量针孔。因此，抑制胶体—胶体过程，并促进离子—离子过程，是采用化学水浴制备硫化镉薄膜需要解决的关键技术问题。

为了得到更高质量的硫化镉薄膜，可以在化学水浴过程中引入磁力搅拌装置和超声波。磁力搅拌可以使溶液更加均匀，从而得到更为均匀的薄膜。磁力搅拌的速度还会影响薄膜沉积的速率，只是这个影响不是单调变化的，搅拌速度过大，反而会使沉积速率严重降低；向溶液中引入超声波，可以有效减少胶体—胶体过程，得到更加致密的薄膜。化学水浴的装置见图 2–7。一般是将衬底浸泡在反应溶液中，将反应容器放置在水浴锅中保持恒温。反应容器为玻璃或石英反应釜，反应釜有盖，可防止氨在反应过程中大量挥发，从而影响 pH 值的稳定。温度计测量的是水浴锅中的温度，与溶液温度会略有差别，因此一般实验前需要做一个内外温度差的标定。温度计与加热装置相连，可以达到自动控温的目的。水浴锅下为磁力搅拌装置，驱动反应釜中的磁性搅拌子，使溶液更加均匀。为了引入超声波，反应釜的盖子上有直径为 2 cm 的圆孔，一根直径为 1 cm 的石英换能棒穿过圆孔，将超声发生器产生的能量传输到溶液中。

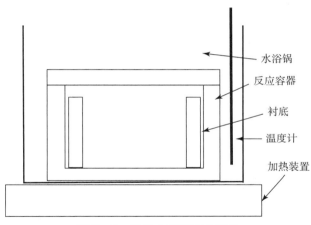

水浴锅
反应容器
衬底
温度计
加热装置

图 2–7 化学水浴装置示意图

标准的水浴镀膜参数为：溶液浓度：镉盐 1.5×10^{-3} mol/L，硫脲 5×10^{-2} mol/L，氨水 0.5 mol/L；反应温度 75℃，反应时间 20 ~ 60 min；磁性搅拌的转速为 20 r/min；超声发生器的能量峰值为 60 W，占空比 50%。但是各个实验室的具体实验条件不同，以上条件都会有差别。一般来说，溶液浓度越大，温度越高，则反应速度越快，但是胶体—胶体过程的比例也会越大。如果温度过高，那么也会影响反应进程，降低反应速度，可能的原因是溶液中的氨水挥发太快，使得溶液中的 pH 值不容易控制。反应温度过低，则反应过程会变得非常慢，并且晶粒也会非常小。60 ~ 80℃ 是最常见的反应温度。

（2）闭空间升华。

闭空间升华法属于真空镀膜，源的温度高于衬底的温度，源表面的硫化镉蒸气压高于衬底表面，硫化镉气相材料会扩散至衬底表面，生长成膜[29]。使用这种方法制备硫化镉薄膜的主要国外代表有德国达姆施塔特工业大学、德国耶拿大学、意大利帕尔玛大学、瑞士苏黎世理工和德国 CTF 电池公司，国内主要是四川大学冯良桓课题组和杭州龙焱公司。闭空间升华法的优点主要有：镀膜速度较快，一般 2 min 即可沉积 150 ~ 200 nm 硫化镉薄膜；杂质极少，化学水浴沉积可能会引入各种杂质元素或者基团，包括 O、C、Cl、（OH）、（CN）、（CO$_3$），而闭空间升华法选用 5 个 9 以上纯度的硫化镉块材作为蒸发源，一般会加热衬底，以去除表面吸附的气体，镀膜过程在真空环境中完成，因此膜中杂质极少；结晶质量较高，由于镀膜过程中衬底也保持较高的温度，有利于薄膜生长和结晶，减少缺陷的形成，因此薄膜晶粒较大，结晶较好。相比于化学水浴沉积的硫化镉薄膜，闭空间升华法的缺点表现为：晶粒较大，生长速度较快，因此薄膜很难做得很薄，一般厚度在 100 nm 以上；不够均匀致密，薄膜的均匀程度严重受制于蒸发源的设计以及蒸发源和衬底间距。例如一般蒸发源只比衬底稍大一些，若蒸发源各处受热不均匀，就会导致其上方的薄膜厚度不同。同时，由于晶粒较大，晶粒边界较为明显，很容易形成贯穿薄膜的针孔，从而形成从 p 型层到透明导电层的漏电路径，尤其是使用此方法制备厚度低于 100 nm 的薄膜时，由于漏电流过大，电池的转换效率严重降低；在工业上应用这种方法时，需要在设备的设计中将源放置在电池基板的下方才能完成镀膜，而基板悬吊在上方会增加技术上的难度，例如如何防止衬底受热向下弯曲变形等问题。同时，这种结构也无法在生产过程中自动填料，必须停机进行装填。

闭空间升华法的实验装置如图 2 - 8 所示：源为石墨材质的方形蒸发源，固定在一个可以移动的钼金属支架上，四周和底部有卤素灯作为加热系统，外围包有用于保温的防辐射屏，热电偶插入石墨壁中以检测源的温度；衬底支架也采用石墨材质，固定在钼金属杆上，可以移动，样品安放在石墨支架上。支架背面为卤素灯加热系统，采用红外测温装置检测衬底温度，另有热电偶插入石墨支架中，辅助监测衬底温度。测温装置与加热装置均连入电脑，采用 PID 方式控制源和衬底的温度。整套装置放置于真空室中，衬底位置不动，源可以水平方向移动，通过移动源的位置，来控制镀膜时间。源与衬底之间有 5 mm 的间隙，一方面源和衬底不会发生接触传热，保证源和衬底具有一定的温度梯度，从而实现薄膜沉积；另一方面也保证源可以自由移动而不会碰触到衬底。镀膜过程中，先将源从衬底下方移开，分别预热源和衬底；在达到设定温度后，移动源至衬底正下方，开始镀膜并计时；在达到设定时间后，将源移开，镀膜结束，关闭加热系统。标准的参数为：源的温度 680℃；衬底温度 520℃；预热 20 min；镀膜时间 2 min；源移动时间 10 s；整个镀膜过程在真空环境中完成，腔室真空为 5×10^{-6} Pa。

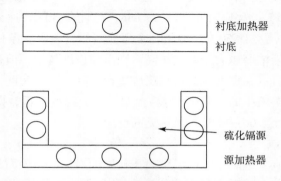

图 2 - 8　闭空间升华法制备硫化镉薄膜的装置示意图

（3）气相输运沉积。

气相输运沉积属于真空镀膜的一种，和闭空间升华法不同的是，它采用载气将气相的碲化镉材料输送到基片上，基片本身也是加热的。这种方法的成膜速度也非常快，约数分钟。晶粒品质也很高，并且杂质也很少。而且它的优点更明显：可以在不影响镀膜的情况下，自动填充原材料；衬底可以采用流水线行走的方式完成镀膜；镀膜更加均匀，其均匀程度主要受制于气路的设计和热场的设计。采用这种方法的代表是美国 First Solar 公司和特拉华大学 IEC 实验室。不过由于 First Solar 公司的专利保护和该公司薄膜太阳能电池的强势表现，很少有课题组有兴趣且有能力开发这项技术并应用于碲化镉薄膜太阳能电池的制备。图 2－9是气相输运沉积的示意图，碲化镉原料装在氮化硼坩埚中，四周使用钽线加热器进行加热，使碲化镉升华成气相被载气带出坩埚，并通过合适的喷嘴进入镀膜区域；基片横躺在加热器上，并被传送滚轮向右传输，左边的加热器为预热区加热，目的是使衬底温度达到设定温度；衬底经过喷嘴时，表面镀上碲化镉薄膜。控制源的温度、载气流量和衬底移动速度，可以控制成膜的厚度。当衬底移动到右侧，右侧的加热器对样品进行后退火处理，使得样品的降温得以控制，从而控制薄膜晶体的品质和薄膜内缺陷的密度。

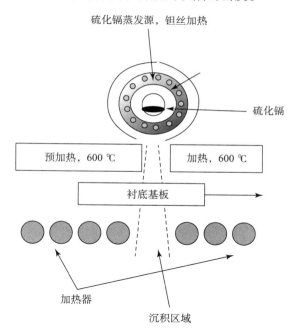

图 2－9 气相输运沉积装置示意图

（4）磁控溅射。

磁控溅射是常见的真空镀膜方法之一，用于制备各种光学薄膜和金属薄膜。这种方法采用电离的气体分子轰击靶材表面，使靶材物质脱离原材料，飞向衬底，并在衬底上成膜生长。加上磁场，可以大大提高气体电离的效率，增加溅射速率，从而增加成膜速度。采用这种方法制备硫化镉薄膜，国外的主要代表是美国托莱多大学，国内的主要是中科院电工所刘向鑫课题组。和物理气相输运以及闭空间升华法不同，磁控溅射的优点主要有这样几个方面：样品表面较为平整和致密，不受制于复杂的热场设计，因此可以制得较薄的硫化镉薄膜；薄膜厚度和溅射速度等容易控制；实现工业化非常容易，因为溅射工业已经非常成熟。不过与前两种真空方法相比较，它也有一些缺点：衬底温度要求不高，一般在 200 ℃，因此晶粒一般也较小；由于本底真空略差于上述的两种方法，且靶材的纯度一般比块材要低，约为 4 个 9 的纯度，所以杂质含量比前两种真空方法要稍高；由于溅射过程受制于靶材能忍受的功率（过大的功率会损伤靶材表面），以及溅射电源的功率（对于陶瓷靶，一般采用射频电源，实验室用的射频电源的功率一般在几百瓦），故一般需要溅射 10～20 min 才能达到 100 nm 的厚度，从而成膜速度比前两种方法都要慢；由于溅射出来的原子团能量较大，溅射形成的硫化镉薄膜往往会有特定的晶格取向，内部应力也较大，缺陷较多，因此一般需要对其做后退火处理。具体的实验条件为：本底真空到达 10^{-3} Pa 以下；衬底温度一般是选择 25～200 ℃；通入高纯 Ar 气，气体流速设为 10～40 sccm①；腔室压强 1～2 Pa；靶基距 5～10 cm；采用射频电源，功率 100～300 W[30]。当然实际的参数因不同课题组而略有差别。

　　其他制备方法包括金属有机化学气相沉积、电化学沉积、热蒸发和激光脉冲沉积等，由于本书篇幅所限，在此就不一一详细介绍了，有兴趣的读者可以去参考相关文献。

　　综合来看，考虑到工业生产的要求（包括可控性、稳定性和成膜质量），气相输运沉积和闭空间升华法得到了工业界的采纳和大力发展。采用真空方法制备硫化镉薄膜，电池可以实现真空室内的连续在线生产，无须取出；且薄膜表面清洁、杂质较少。另外，真空方法成膜速度快、重复性高、易于大面积生产、没有废水处理问题，这些都大大降低了实际运行成本。

3. 硫化镉薄膜的材料学性能表征

　　扫描电子显微镜（Scanning Electronic Microscopy，SEM）常常用来观察材料的微观结构，查看晶粒尺寸。真空方法制备的硫化镉晶粒比较大，因此也容易获得扫描电镜照片。如图 2－10 所示，观察结果显示晶粒主要分布在 100～200 nm。而化学水浴沉积的样品，在扫描电镜下很难看到晶粒大小，只有表面的大颗粒可以被观察到，但那些可能是溶液中胶体—胶体过程产生的颗粒吸附在薄膜表面。原子力显微镜（Atomic Force Microscopy，AFM）常用来分析材料表面粗糙度、晶粒大小等信息。这些信息可以和扫描电镜照片形成互补关系。由于硫

（a）　　　　　　　　　　　　　　　　（b）

图 2－10　硫化镉薄膜扫描电镜照片

（a）闭空间升华法制备硫化镉薄膜；（b）化学水浴法制备硫化镉薄膜

---

① 1 sccm = cm³/min。

化镉材料较薄，故薄膜的粗糙度主要受制于衬底的粗糙度。如果采用平滑的 ITO 薄膜，则粗糙度在 3~5 nm；如果采用粗糙的 FTO 薄膜，则粗糙度在 12~15 nm。如图 2-11 所示，为两种衬底上的硫化镉薄膜的 AFM 照片。

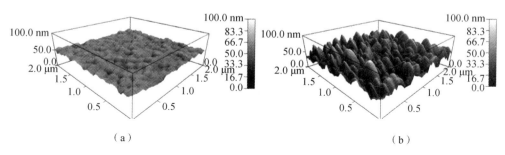

（a）　　　　　　　　　　　　　（b）

图 2-11　硫化镉薄膜 AFM 照片

（a）ITO 衬底制备硫化镉薄膜；（b）FTO 衬底制备硫化镉薄膜

　　如果想看清楚硫化镉薄膜的细节，比如真空方法制备的硫化镉薄膜中，晶粒的晶界是怎么样的，或者化学水浴沉积的硫化镉薄膜，其晶粒到底有多大，那么透射电镜将有可能给出答案。这是一个很强大的微观分析手段，它可以看到很多显微细节，包括晶粒内部的晶格排布、晶界、界面、缺陷的位置和类型等。但是透射电镜样品的制备要求又是很高的，尤其对薄膜样品。它要求厚度小于 50 nm，才有可能观察到细节，而如果想要看到高分辨率的照片，样品的厚度则可能要小于 20 nm。薄膜样品的制备过程相当复杂，且成功率不高。一般需要用三明治结构（如图 2-12 所示）进行机械打磨抛光，当厚度薄到 10 μm 时，再进行离子双束减薄。双束减薄的参数对获得一个成功的样品至关重要，一般需要调节离子束的角度、流强、离子能量值和减薄时间。为了获取最佳的样品，常常要采用大能量的离子束进行初期减薄，然后再采用小能量的离子束进行表面修饰和减

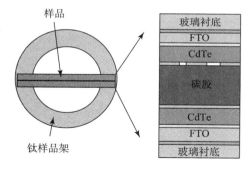

图 2-12　透射电镜样品示意图

薄。从大能量转到小能量的时机要把握好，这需要根据实际情况来调整。减薄的样品要粘贴在支撑环上才能放入透射电镜观察。除此以外，还有一个制备薄膜透射样品的方法，就是使用聚焦离子束刻蚀（Focus Ion Beam，FIB）。FIB 的主要技术难点在于选取刻蚀的能量：能量太小可能刻蚀不动，导致刻蚀的时间太长；能量太大容易损毁样品，或者造成样品成分的偏析。真正好的样品当然是通过磨制得到的，但是如果磨制难度很大，也可以考虑聚焦离子束的方法。FIB 制备的样品可以参考图 2-13。这是一个典型的由 FIB 制出的样品，用扫描电镜观察它的粗略形貌，图中的长条是碲化镉薄膜太阳能电池的横截面，两端比较厚，其中一端黏结在支架上，中间比较薄，厚度约 100 nm。其中左下角黑色区域是一个孔洞，这是聚焦离子束刻蚀出来的，孔洞的附近区域，样品非常薄，约十几纳米，这些区域正是观察效果比较好的区域。

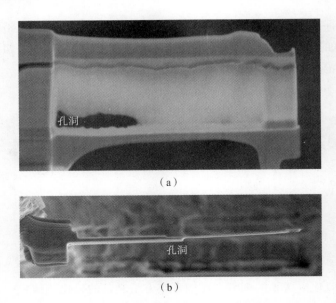

（a）

（b）

图 2-13　FIB 法制备的透射电镜样品

（a）侧视照片；（b）俯视照片

　　如图 2-14 所示，真空制备的硫化镉薄膜，晶粒一般较大，以闭空间升华法制备的硫化镉层为例，透射电镜下，可以看到它是由一个晶粒连一个晶粒直接拼接而成的一层，每个晶粒的尺寸在 50~80 nm。硫化镉晶粒内部的高分辨照片显示，每个晶粒均是比较完整的单晶，缺陷很少。晶粒与晶粒之间的边界也比较锐利。

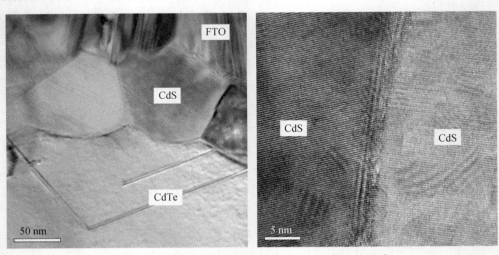

图 2-14　闭空间升华法制备的硫化镉透射电镜照片

　　化学水浴沉积的硫化镉薄膜，晶粒较小，一般在扫描电镜下，仅能看到连续的一层膜，看不清细节。只有在透射电镜下，才能看得到晶粒的大小和分布。如图 2-15 所示，化学水浴沉积的硫化镉薄膜是由 5~10 nm 的晶粒构成的，晶粒间的取向完全随机，但是从更大的尺度来看，它就形成了一个连续致密的薄膜，没有明显的晶粒边界。因此，化学水浴制备的硫化镉薄膜一般比真空方法做得更薄，漏电流也相对更小。

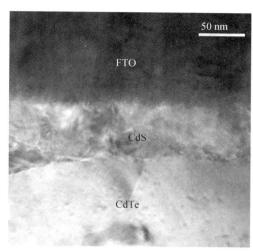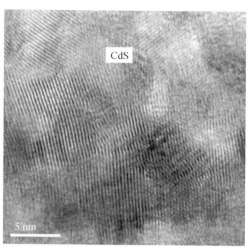

图 2-15　化学水浴法制备的硫化镉透射电镜照片

4. 硫化镉薄膜的后退火处理

高温下，硫化镉的六方结构要比立方结构更加稳定。由于碲化镉薄膜太阳能电池为反向结构（Supersubstrate），制备碲化镉薄膜的衬底温度一般在 500~600℃。因此，硫化镉薄膜本身必然要经历一个高温热处理的过程。研究硫化镉薄膜高温处理后的光电性能，有助于了解 CdTe/CdS 异质结的性能，从而提高碲化镉薄膜太阳能电池的转换效率。

许多课题组研究了不同温度、不同气氛下硫化镉薄膜经过退火处理后，其形貌、结构、光学和电学性质的变化，以及对碲化镉薄膜太阳能电池性能造成的影响。对于硫化镉薄膜的热退火处理，首先考察温度对硫化镉薄膜的影响。实验表明，温度是影响退火较大的因素，不同的温度对重结晶的效果是不一样的[31]。一定的温度可以产生可观测的重结晶效果，而过高的退火温度则可能会对硫化镉薄膜造成破坏。采用标准的化学水浴法制备硫化镉薄膜，在氩气环境中退火（压力保持为一个大气压），退火温度分别为 300℃、400℃和 500℃，退火时间为 30 min。退火后的样品厚度基本保持不变。不同温度下对硫化镉进行退火处理，当温度低于 400℃时，不会对薄膜表面形貌造成明显的影响，硫化镉的结构也基本不发生变化；当温度高于 400℃时，表面会出现晶粒增大、粗糙度变高、硫化镉重结晶等现象，同时，也会伴随着立方结构向六方结构的转变，并且温度越高，这种转变越明显，硫化镉薄膜的结晶质量也越好；对于 400℃以下的退火处理，硫化镉吸收边向长波长方向移动，材料禁带宽度变窄，光学透过率也略有下降；500℃以上的退火，其吸收边保持和退火前一致。XPS 光电子谱分析显示，退火前后硫化镉的内层电子束缚能基本保持不变，这意味着温度的变化并不能改变硫化镉材料费米面的高低。对于最终制成的电池，400℃以下的退火处理，对其的转换效率影响不大；而 500℃以上退火处理的样品，表面存在针孔，故可能会导致电流旁路增加，电池并联电阻减小，结果导致电池的开路电压和填充因子均有明显的降低。因此，一般选取的退火温度都在 400℃左右。

当退火炉内含有氧化或者还原性气体的时候，硫化镉的电学性能会有所改变[32]。采用标准的化学水浴法制备硫化镉薄膜，分别在氧气的气氛下和氢氩（氢占总量的 5%，体积比）的气氛下进行退火处理，退火温度为 400℃，退火时间为 30 min。退火后的样品厚度基本保持不变。硫化镉薄膜在氧化性或还原性气氛下退火处理时，其表面形貌的变化较小。但X 射线衍射（XRD）结果显示退火使得硫化镉薄膜发生了重结晶，其中的立方结构向六方结构转变。硫化镉的光学吸收边向长波长偏移，其带宽值从 2.38 eV 降低到 2.28 eV。X 射线光电子谱分析（XPS）显示在氧气氛和氢氩气氛下退火，二者最大的不同在于薄膜表面费米面的变化，氧气氛下表面氧含量增高，费米面增高，更接近导带，而氢氩气氛下表面氧含量降低，费米面更接近价带。硫化镉费米面的这种变化，导致了薄膜太阳能电池的光电转换性能的明显不同。氧气氛下退火的样品，费米面升高，硫化镉的 n 型载流子浓度增高，导致结区在碲化镉一侧扩大，可以收集更多的光生载流子。另外，费米面的升高也会导致 CdTe/CdS 异质结在结区的能带弯曲增大，自建势增强，从而有利于提高薄膜太阳能电池的开路电压。而经过氢氩退火处理的样品，费米面降低，导致了相反的效果，产生了负面的作用，使得其制成的薄膜太阳能电池的开路电压、短路电流和填充因子都有不同程度的降低。另外硫化镉的 n 型载流子浓度的降低，也会增大硫化镉的电阻率，增大薄膜太阳能电池的串联电阻，这进一步影响了薄膜太阳能电池的短路电流和填充因子，从而影响了薄膜太阳能电池光电转换的输出。

硫化镉薄膜在加热过程中可能会发生一些挥发，导致薄膜中出现各种缺陷，如果在退火过程中引入含有镉或者硫元素的气氛，则对薄膜的重结晶和缺陷的生成可能会有一定的影响[33]。在此，我们采用标准的化学水浴法制备硫化镉薄膜，并在氩气环境中退火（压力保持为一个大气压）。加热炉紧贴样品一侧放有一个石英容器，一种样品退火时石英容器内放一定量的氯化镉，另一种样品退火时石英容器内放一定量的单质硫，退火温度为 400℃，退火时间为 30 min。退火后的样品厚度基本保持不变。采用氯化镉或者硫进行辅助退火，硫化镉发生了较为明显的重结晶现象：晶粒长大，表面变得更加粗糙。如图 2－16 所示，XRD显示硫化镉不仅晶粒品质得到提升，而且其中的立方结构明显地向六方结构转变。但是硫处理的样品出现了较多的针孔。图 2－17 透过率光谱显示，两种样品退火后光学吸收边更加陡峭，薄膜中的缺陷比退火前有所减少。此外，氯化镉处理的样品吸收边向短波长移动，禁带宽度增加。XPS 指出（图 2－18），氯化镉处理的样品，表面含有氧和氯，材料费米面有所

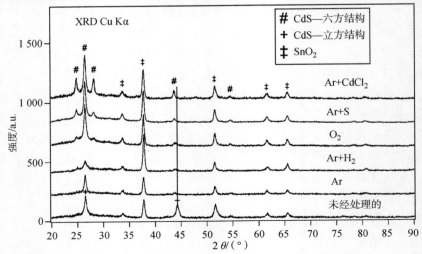

图 2－16　不同退火气氛下，硫化镉薄膜的 XRD

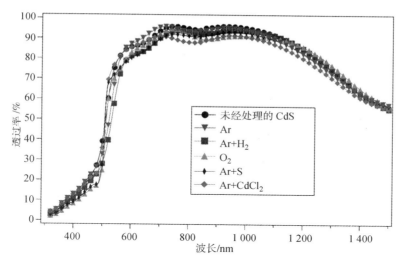

图 2-17 不同退火气氛下，硫化镉薄膜光学透过率

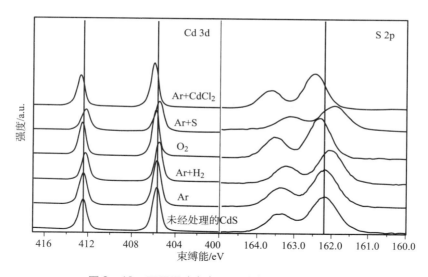

图 2-18 不同退火气氛下，硫化镉薄膜的 XPS

提升，有利于制备高效电池；硫处理的样品，表面检测到较为明显的 O 和 Sn 的信号，这些元素来自于电池衬底层，可能是样品表面有针孔导致的，因为 X 射线激发的光电子可以从针孔中逸出，并被仪器检测到，所以结果中混合了衬底的信号。针孔的存在，使得大部分硫处理的样品出现了短路点，旁路电阻大大减小，导致电池转换效率明显降低。而氯化镉处理的样品，电池转换效率相对于非退火的样品，得到了较为明显的提升，可能的原因是薄膜结晶的改善、透过率的提高、缺陷的减少和费米面的上升等。

5. 硫化镉材料的缺点和改进

硫化镉薄膜是碲化镉薄膜太阳能电池的窗口层材料。高效的碲化镉薄膜太阳能电池均采用硫化镉层[11]。但是硫化镉层有其自身难以克服的缺点，这限制了碲化镉薄膜太阳能电池的转换效率的进一步提高：作为窗口层材料，其禁带宽度应该足够宽，以使更多的短波长的光进入吸收层。300 nm 以下的紫外光，基本被衬底玻璃吸收。硫化镉的禁带宽度为 2.4 eV，吸收了大量 300～500 nm 的光，因此这部分太阳光的能量没有被有效利用。针对以上情况，改进的方法主要有两个：一是尽可能减薄硫化镉层的厚度；二是改用禁带宽度较大的材料作为窗口层[34]。

实验室制备的硫化镉的厚度一般为 50～200 nm，工业生产中一般为 200 nm[18]。将硫化镉层减薄到 80 nm 以下，有利于提升电池短波长范围的光谱响应[35]。但直接减薄硫化镉薄膜，会带来电池填充因子降低甚至电池短路的风险。因为硫化镉薄膜具有一定的粗糙度，晶粒之间可能存在缝隙，制备过程中由于衬底的原因还可能存在贯穿薄膜的针孔。当硫化镉薄膜足够厚的时候，碲化镉无法与衬底的 TCO 层直接接触，短路的可能性较小，硫化镉薄膜镀膜厚度的不均匀性也不会产生明显的作用。如果减薄硫化镉层至 100 nm 以下，则会出现如下几种贯穿短路的可能：（a）硫化镉薄膜表面的起伏（粗糙度）和厚度的不均匀，会使得整个电池的转换效率不均匀，从而降低电池的整体输出性能；（b）局部出现的硫化镉层过薄现象（如针孔、较大的晶隙等），将导致碲化镉层直接与 TCO 层接触，形成短路点，使电流旁路大大增加，降低电池的并联电阻，从而降低电池的开路电压和填充因子；（c）碲化镉薄膜太阳能电池制备中，为了减少 CdTe/CdS 界面失配造成的缺陷以及提高电池性能，需要在碲化镉层制备完成后进行退火处理，退火处理一方面促进了碲和硫的相互扩散，形成 $CdTe_xS_{1-x}$ 层，减少界面失配造成的缺陷，从而减少界面复合造成的电流损失，大大改善电池性能[36]；另一方面，扩散消耗了一部分硫化镉，由于退火过程不均匀（包括温度的不均匀和氯化镉气氛的不均匀），所以硫化镉在局部因为互相扩散而被消耗的情况也不均匀。在硫化镉足够厚的情况下，这种消耗造成的不均匀影响比较小，但是将硫化镉做薄后，局部被消耗殆尽以致出现短路的可能性就大大增加。退火的不均匀造成硫化镉实际有效厚度的不均匀，从而对电池整体性能造成的负面影响也会凸显出来[37]。

所以，减薄硫化镉不是简单地减少它的厚度，而是要建立在制备出致密、均匀、平整的硫化镉薄膜的基础之上。同时，在退火过程中，硫化镉与碲化镉间的扩散也要控制在一个合适的水平，既能消除界面缺陷，又要减少不必要的扩散和硫化镉层的消耗。因此，可以采用下面的两个方案来解决这个问题。

（1）硫化镉复合薄膜层。

闭空间升华方法制备的硫化镉薄膜，结晶质量高，晶相主要是较为稳定的六方结构，真空环境沉积，且衬底温度高，薄膜内部缺陷和杂质较少。但是闭空间升华方法制备的硫化镉晶粒较大，表面较为粗糙，且晶界处的缝隙较多，局部还会出现针孔。因此，一般实验室中闭空间升华方法制备的硫化镉的厚度都在 150 nm 左右。如果硫化镉厚度低于 100 nm，则较容易出现电池短路现象；化学水浴沉积方法制备的硫化镉薄膜，混合了立方结构和六方结构，结晶质量较闭空间升华方法制备的硫化镉差，且内部还有氧等杂质，缺陷较多。但化学水浴沉积方法制备的硫化镉晶粒较小，生长成膜也较为致密，硫化镉的表面较为平整，原子力显微镜测量指出其表面粗糙度主要依赖于衬底的粗糙度。尤其是溶液温度较低的条件下生长的硫化镉薄膜，晶粒更加细小，表面也更加平整。如果想减薄硫化镉薄膜的厚度，以制备高效的碲化镉薄膜太阳能电池，那么可以结合两种方法的优点，设计复合薄膜。以闭空间升华方法制备的硫化镉为基础层，其上覆盖一层化学水浴沉积方法制备的硫化镉层，用于填充底层硫化镉的晶界，使整个薄膜更加致密平整，从而达到减薄硫化镉层的目的，复合结构如图 2 - 19 所示。

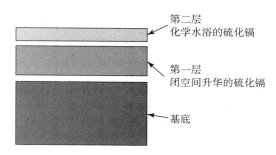

第二层
化学水浴的硫化镉

第一层
闭空间升华的硫化镉

基底

图 2 - 19　硫化镉复合窗口层结构

首先，采用透明导电玻璃作为衬底，闭空间升华方法制备第一层硫化镉薄膜。源的温度为 680℃，衬底温度为 520℃，镀膜时间为 50 s，源移动时间为 10 s，整个镀膜过程在真空环境中完成，腔室气压为 5×10^{-6} Pa。第一层硫化镉厚度为 60 nm。然后，采用化学水浴沉积方法制备第二层硫化镉薄膜。溶液浓度为：醋酸镉 1.5×10^{-3} mol/L，硫脲 5×10^{-2} mol/L，氨水 0.5 mol/L，反应温度 55℃，反应时间 20 min，期间样品一直浸泡在溶液中，磁性搅拌的转速为 20 r/min，超声发生器的能量峰值为 60 W，占空比为 50%。为了对比说明复合层的效果，另外制备标准闭空间升华方法的硫化镉、标准化学水浴沉积方法的硫化镉和简单减薄的单层（闭空间升华方法制备的硫化镉样品），薄的单层的制备方法同复合层样品第一层，即闭空间升华方法沉积 50 s，不再附加第二层。

理论上，直接减薄的硫化镉拥有更高的光学透过率，容许更多的光进入吸收层，其光电转换效率也应最好。但制备出的样品效果却很不理想，开路电压、短路电流和填充因子均大大低于标准方法制备的电池。其可能的原因主要有两个，一是自身不够致密，晶界处存在许多电流旁路，当硫化镉只有 60 nm 时，这些旁路造成的负面影响大大增加，限制了电池的开路电压；二是退火过程中，CdTe/CdS 界面处发生相互扩散，这种扩散因为氯化镉的浓度和温度的不均匀导致硫化镉厚度在空间上有差异，发生扩散越多的地方，硫化镉层越薄，电流旁路越多，整体异质结性能也越差，对于减薄的硫化镉来说，有些地方甚至会出现短路点，造成整体电池性能下降。复合层硫化镉的光学透过率好于标准的硫化镉薄膜，且它自身又比较平整和致密，因此不会像直接减薄的样品那样容易出现短路点。复合层薄膜在减薄硫化镉厚度的同时，保持了薄膜的均匀性和致密性，避免了因自身缺陷和退火造成的旁路增加、并联电阻减小的缺点，有效地提高了电池的转换效率。

（2）ZnS/CdS 复合层。

除了减薄硫化镉的厚度外，另一个方向即是寻找新的替代材料作为窗口层。新的窗口层材料要求其禁带宽度比硫化镉宽，晶格和能带与碲化镉匹配，性能稳定，不会在真空环境下加热分解或向碲化镉中扩散掺杂。最根本的原则是，使用新的窗口层制备的碲化镉薄膜太阳能电池，其转换效率得到了提高。常用的 n 型宽带半导体材料包括：ZnS（3.6 eV）[38]，SnO₂（3.6 eV）[39]，ZnO（3.2 eV）[40]，ZnMgO（3.3 ~ 3.9 eV）[41]，In₂S₃（2.7 eV）[42]，MgCdS（2.6 eV）[43]，ZnCdS（2.4 ~ 3.5 eV）[44]。

　　硫化锌材料的能带宽度为 3.6 eV，可以容许更宽波长范围的光进入碲化镉吸收层。但是硫化锌材料的电子亲和势约为 3.9 eV，碲化镉的电子亲和势约为 4.5 eV，因此硫化锌与碲化镉异质结的导带不连续值约为 0.6 eV，如此高的势垒限制了光电子从 p 型层进入 n 型层。且硫化锌材料 n 型掺杂浓度很低，这会导致异质结能带弯曲不够大，或者说自建势不够大，因此自建场在碲化镉中的宽度也会比较小，从而限制了电池的转换效率。所以硫化锌直接作为窗口层材料并不是非常合适。硫化镉不仅电子亲和势与碲化镉非常相近，导带不连续值较小，而且掺杂也远远高于硫化锌。结合两种材料的优点，用 ZnS/CdS 复合层结构替代硫化镉层，是优化窗口层的方案之一。硫化锌是宽带半导体材料，故可以在保证复合层有效厚度的情况下，减少硫化镉的厚度，从而允许更多的光子进入碲化镉吸收层。硫化锌的使用可以减小碲化镉和窗口层接触界面的缺陷密度，同时可以缓解 pn 结区导带不连续的问题。硫化镉自身容易得到较好的 n 型掺杂，且镉扩散进入硫化锌形成 $Zn_{1-x}Cd_xS$，可以有效增加其作为 n 型半导体的载流子浓度，从而优化电池能带结构，提高光电输出性能。

　　以 FTO 导电玻璃作为衬底，将样品和反应溶液放入反应容器中，加热至 80℃，然后恒温 60 min；溶液浓度为：硫酸锌 7.5×10^{-3} mol/L，硫脲 5×10^{-2} mol/L，氨水 0.25 mol/L，联氨 0.25 mol/L；硫化锌薄膜厚度为 20 nm。以硫化锌薄膜为衬底继续用化学水浴方法生长硫化镉薄膜。反应温度为 75℃；反应时间为 20 min；采用标准反应溶液，溶液浓度为：醋酸镉 1.5×10^{-3} mol/L，硫脲 5×10^{-2} mol/L，氨水 0.5 mol/L；硫化镉薄膜厚度为 60 nm。化学水浴制备好的样品在含有惰性气体的氛围中做退火处理，退火过程中加入氯化镉，以促进重结晶。退火温度为 400℃；退火时间为 30 min。退火前和退火后的复合层做成透射电镜样品去观察（图 2–20），发现硫化锌的厚度约为 20 nm，硫化镉的厚度约为 40 nm。退火处理前，两者的界限还比较清晰；退火处理后，两者之间有相互扩散现象。

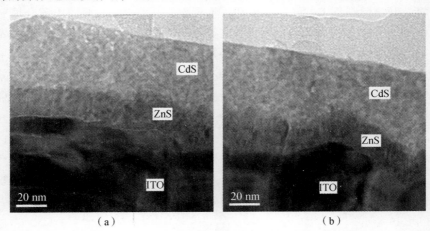

（a）　　　　　　　　　　　（b）

图 2–20　ZnS/CdS 复合层的透射电镜照片

（a）退火前；（b）退火后

　　图 2–21 是 CdTe/CdS 和 ZnS/CdS/CdTe 结构的能带图。对比这两种结构，硫化锌具有较小的电子亲和势，使得硫化锌和硫化镉导带不连续值达到 0.55 eV，从而影响了碲化镉薄膜太阳能电池的光生电子在导带上从碲化镉层向硫化镉层方向的传输。硫化锌层载流子浓度较低，因而费米面也较低，这使得硫化镉层电子流向硫化锌层，其本身载流子浓度降低，这

又导致硫化镉中费米面的位置降低，这点从 X 射线光电子谱中可以看出：硫化镉表面 Cd 3d 电子的能量向低能端偏离。退火处理使得镉扩散至硫化锌中，改善了硫化锌的 n 型掺杂水平，$Zn_{1-x}Cd_xS$ 层对硫化镉层影响减弱，因而复合结构中硫化镉表面电子束缚能比退火前要高。而未退火的 ZnS/CdS 复合层结构的电池开路电压和填充因子明显小于在标准硫化镉基础上制备的电池，因而电池性能也要显著低于后者。XPS 电子能带结构分析指出，硫化锌层较小的电子亲和势，阻碍了异质结电流在导带上的传输。较低的载流子浓度水平，一方面形成较大的串联电阻；另一方面，它降低了硫化镉层的费米面，从而影响到 CdTe/CdS 界面异质结自建势的高度和碲化镉侧耗尽层的宽度，影响了光生载流子的收集。退火处理后镉和锌元素相互扩散，形成 $Zn_{1-x}Cd_xS$/CdS 复合窗口层，一方面容许更多的短波长光子进入碲化镉吸收层，另一方面对 CdTe/CdS 界面的负面影响减小，从而可以得到较好的光电转换效率。

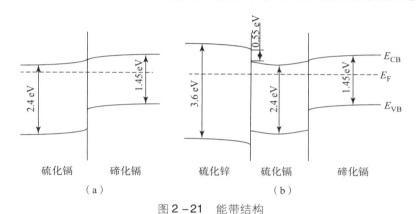

图 2-21　能带结构

(a) CdTe/CdS 界面；(b) ZnS/CdS/CdTe 界面

2.2.3　吸收层材料：碲化镉

1. 碲化镉材料性质概述

碲化镉属于 II-VI 族化合物，直接带隙半导体，带宽 1.5 eV，其晶体结构见图 2-22，

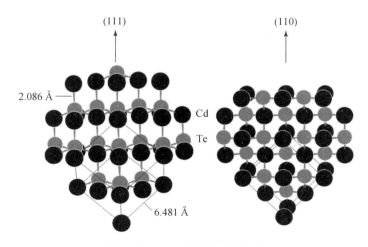

图 2-22　碲化镉材料晶体结构

属于立方晶体，晶格常数 6.481 Å[45]。它有高的吸收系数，$\alpha > 6 \times 10^4$ cm^{-1}，2 μm 厚的碲化镉薄膜可以吸收 99% 能量大于碲化镉带隙的光子。碲化镉电子亲和势为 4.28 eV，导带电子的有效质量为 0.096 m_e，迁移率 500 ~ 1 000 cm^2/(V·s)。价带空穴的有效质量为 0.35 m_e，迁移率 50 ~ 80 cm^2/(V·s)。碲化镉的熔点为 1 365 K，所以一般采用升华的方法来制备此薄膜[46]。碲化镉薄膜太阳能电池的理论转换效率可以达到 28%。碲化镉薄膜具有较好的热稳定性和化学稳定性，因此使用寿命较长。由于其能带宽度处于中间位置，因此适合与其他带宽的半导体结合制备多结太阳能电池。碲化镉太阳能电池为薄膜类电池，因此它也可以沉积在柔性衬底上，制备柔性电池[47]。碲化镉抗辐射能力强，也可用于空间领域[48]。

尽管 1 ~ 2 μm 厚的碲化镉薄膜就足以吸收足够的太阳光用于光电转换，但是一般碲化镉薄膜太阳能电池的吸收层材料厚度可达到 3 ~ 5 μm。以现有的报道的工艺水平，薄膜的减薄会导致薄膜旁路和短路增多，器件性能下降。氯化镉退火处理是制备碲化镉电池中最关键的部分[49]。一般是在含有氯化镉或者含有氯元素的气氛中加入一定氧气对碲化镉层进行热处理，温度为 380 ~ 420℃，时间为 15 ~ 30 min。时间和温度的选择依据碲化镉层的厚度、沉积方法、表面含氧量等因素。热处理可以使碲化镉重结晶，形成更大的晶粒，减少边界效应，减少晶粒内部缺陷。碲化镉的晶格取向也从偏向于（111）方向变成各个方向均匀的形式。退火处理使得电池的各项性能显著增强，并联电阻也显著增加。

碲化镉内部存在大量的本征缺陷和外来缺陷。现将碲化镉中各种缺陷的能级位置总结成图 2-23，以展示其中的深能级缺陷和浅能级缺陷[3]。其中，本征缺陷包括空位缺陷 V_{Cd}、V_{Te}，占位缺陷 Cd_i、Te_i 和替代缺陷 Cd_{Te}，外来杂质导致的缺陷主要是 Cl_{Te}、Cu_i、Na_i、Cu_{Cd}、Na_{Cd}、Sb_{Te} 等。这些缺陷中，我们最常见的是 V_{Cd} – Cl_{Te} 复合缺陷。它是在对碲化镉材料做氯化镉热处理时形成的，在材料内部起到 p 型掺杂的效果。另外一个是铜相关的缺陷，

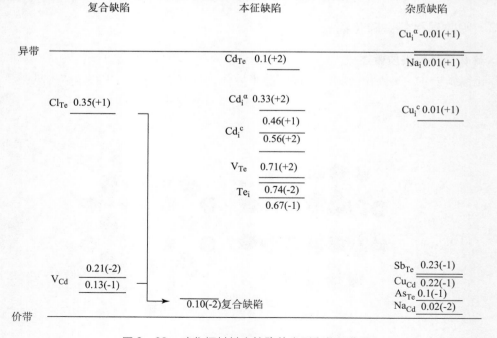

图 2-23　碲化镉材料中缺陷的类型和能级位置

包括 Cu_i、Cu_{Cd}、$Cu_i - V_{Cd}$ 和 $Cu_{Cd} - Cl_{Te}$。Cu_i 是浅能级 n 型缺陷，可以被供体补偿缺陷平衡掉，所以不对电池起什么作用，但是 Cu_{Cd} 和 $Cu_i - V_{Cd}$ 属于深能级缺陷，会导致碲化镉材料内部发生严重的非平衡载流子（Shockley – Read – Hall）复合效应，影响载流子寿命和迁移长度。从缺陷的形成能来看，Cu_{Cd} 的形成能仅有 1.31eV，相比于 V_{Cd}（2.67eV）和 Cu_i（2.19 eV），其属于非常容易形成的缺陷类型。$Cu_{Cd} - Cl_{Te}$ 是浅能级 p 型缺陷，可以对碲化镉实现 p 型掺杂，同时也可以抑制 Cu_{Cd} 和 $Cu_i - V_{Cd}$ 这两种深能级缺陷的影响。因此，从缺陷物理这个角度，我们可以看到其对碲化镉的氯化镉热处理的积极意义。除此以外，V_{Te} 和 Te_i 这些深能级缺陷对电池也是非常有害的，尤其是它们还处于能带的中央，更增加了 Shockley – Read – Hall 复合的概率。而类似 Cd_i 等受体补偿缺陷，会补偿浅能级受体形成的空穴，导致碲化镉材料很难实现高 p 掺杂，因此碲化镉的空穴浓度一般在 10^{14} cm^{-3} 的水平，远小于薄膜太阳能电池中理论计算预测的空穴载流子浓度最优值（$10^{16} \sim 10^{17}$ cm^{-3}）。

在实验中，各个课题组采用不同的方法来探究碲化镉体内的杂质缺陷分布和能级位置。Seymour 使用 DLTS 谱的方法，发现三个深能级缺陷的位置：第一个 0.13 eV，可能是 V_{Cd}；第二个 0.3 eV，可能是 Cu_{Cd}；第三个 0.47 eV，可能是一个本征缺陷[50]。

2. 碲化镉薄膜的制备

碲化镉薄膜一般采用闭空间升华（CSS）、气相输运沉积（VTD）、磁控溅射（Sputtering）、MOCVD、电沉积、印刷法等方法制备。

（1）闭空间升华。

闭空间升华方法属于真空镀膜，源的温度高于衬底的温度，因此源表面的碲化镉蒸气压高于衬底表面的，碲化镉气相材料从源扩散至衬底表面，生长成膜[17]。使用这种方法制备碲化镉薄膜的主要国外代表有德国的达姆施塔特工业大学和 CTF 电池公司，国内的主要是四川大学冯良桓课题组和杭州龙焱公司。闭空间升华方法的优点主要有：镀膜速度较快。一般 2 min 即可沉积 3 ~ 5 μm 厚的碲化镉薄膜；杂质极少。闭空间升华方法选用 5 个 9 以上纯度的碲化镉块材作为蒸发源，且镀膜过程在真空环境中完成，坩埚一般采用致密石墨等高纯材料，因此膜中杂质极少；结晶质量较高。由于镀膜过程中衬底也保持较高的温度，有利于薄膜生长，因此薄膜晶粒较大，结晶较好。但是前文介绍过的制备硫化镉薄膜过程的缺点同样存在于碲化镉薄膜的制备过程，即：晶粒较大，生长速度较快，因此薄膜很难做得更薄，尤其是 1 ~ 2 μm 时，薄膜晶粒间的缝隙明显过大，导致背电极与前电极直接导通；不够均匀和致密。薄膜的均匀程度严重受制于蒸发源的设计、蒸发材料的安放以及蒸发源和衬底间距，同时，由于晶粒较大，晶粒边界较为明显，所以形成漏电流的旁路路径，导致漏电流过大，电池效率严重降低。

闭空间升华方法制备碲化镉薄膜的实验装置如图 2 – 24 所示：源为石墨盒，固定在一个可以移动的钼金属支架上，四周和底部有作为加热装置的卤素灯，外围包有用于保温的防辐射屏，热电偶插入石墨壁中以检测源的温度；由石墨制作的衬底支架固定在钼金属杆上，可以移动，样品安放在石墨支架上。支架背面为卤素灯加热系统，采用红外测温装置检测衬底温度，另有热电偶插入石墨支架中，辅助监测衬底温度。测温装置与加热装置均连入电脑，分别控制源和衬底的温度。整套装置放于真空室中，衬底位置不动，源可以沿水平方向移动，通过移动源的位置，来控制镀膜时间。源与衬底之间有 5 mm 的间隙，一方面源和衬底不会发生接触传热，保证源和衬底的温度不同，以实现薄膜沉积；另一方面也保证源可以自由移动而不会碰触到衬底。镀膜过程中，先将源和衬底移开，分别预热，达到设定温度后，移动源至衬底下方，开始镀膜并计时，达到设定时间后，将源移开，镀膜结束，关闭加热系统。标准的参数为：源的温度 600℃，衬底温度 520℃，镀膜时间 2 min，源移动时间 10 s，整个镀膜过程在真空环境中完成，腔室真空为 5×10^{-6} Pa。碲化镉薄膜厚度为 5 μm。

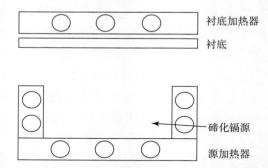

图 2-24 闭空间升华方法制备碲化镉薄膜的装置原理示意图

（2）气相输运沉积。

气相输运沉积属于真空镀膜，和闭空间升华方法不同的是，气相输运沉积采用载气将气相的碲化镉材料输送到基片上，成膜速度非常快，约数分钟。它的优点是：可以在不影响镀膜的情况下，自动填充原材料；衬底可以采用流水线行走的方式以完成镀膜；镀膜更加均匀，其均匀程度主要受制于气路的设计和热场的设计。采用这种方法的代表是美国 First Solar 公司和特拉华大学 IEC。这种方法制备的碲化镉薄膜可以更薄，目前的技术水平可以达到 2～2.5 μm，大大节约了用料，降低了成本，也减少了工艺时间。另外，由于碲化镉薄膜做薄以后，电池的串联电阻明显减少，因此有利于提高电池性能。

（3）磁控溅射。

磁控溅射是常见的真空镀膜方法之一，用于制备各种光学薄膜和金属薄膜。和气相输运沉积以及闭空间升华方法不同，磁控溅射的样品，其衬底温度要求不高，一般在 200℃，因此制得的晶粒也较小，杂质含量比前两种真空方法要稍高。一般需要溅射 30 min 才能达到微米级厚度，比前两种方法都要慢。溅射的碲化镉薄膜内部应力也较大，缺陷较多，因此一般需要对其做后退火处理。它的优点是：镀膜比较均匀，不受制于复杂的热场设计；薄膜本身也比较致密平整，容易获得较薄的碲化镉薄膜，一般可以做到厚 1～2 μm。采用这种方法制备碲化镉薄膜的机构，国外的主要代表是美国托莱多大学，国内主要是中国科学院电工研究所刘向鑫课题组。具体的实验条件一般为：背底真空到达 10^{-3} Pa 以下，衬底温度一般是 25～200 ℃，通入高纯氩气，气体流速设为 10～40 sccm（标准毫升/分钟），腔室压强 1～2 Pa，靶基距 10 cm，功率 100 W。需要说明的是，采用射频溅射的方式制备碲化镉薄膜时，实际的参数会因课题组不同而略有差别。

（4）金属氧化物化学气相沉积。

金属氧化物化学气相沉积，是半导体工业里常用的一个方法。通过精确控制气体流量，可以大面积精确控制半导体薄膜厚度，一般用来生长量子阱结构等。但是由于其运行成本较高，故一般研究所或公司很少采用此方法做碲化镉薄膜太阳能电池，目前报道的主要是英国利物浦大学。他们研制的碲化镉薄膜太阳能电池的转换效率在 10% 左右。

3. 碲化镉的材料学性能表征。

扫描电子显微镜（SEM）常常用来观察材料的微观结构。图 2-25 中的照片采用的是背散射模式，因为碲和镉的原子量都很大，背散射信号比较强，容易观察到晶粒边界，所以容易界定晶粒大小。实验结果显示，晶粒尺寸主要分布在 1~2 μm，也有较大的晶粒，其尺寸能达到 3~4 μm。原子力显微镜（AFM）常用来分析材料的表面粗糙度和晶粒大小等信息，并且其 3D 效果图还可以给出晶粒间隙的大小和深度，而这些信息可以和 SEM 照片形成互补。从碲化镉表面的原子力显微照片（图 2-26）可以看出，碲化镉材料表面较为粗糙，表面粗糙度在 100 nm 这个量级，晶粒尺寸为 1~2 μm，属于多晶薄膜。如果对其做线分析，则可以知道许多位置晶粒间隙的深度为 400~500 nm。这从侧面说明了一个问题：如果碲化镉薄膜做得太薄，就有可能在晶粒间隙形成上下电极直接导通的电流通道，减少电池的旁路电阻，增加漏电流，从而大大降低电池的光电转换效率。

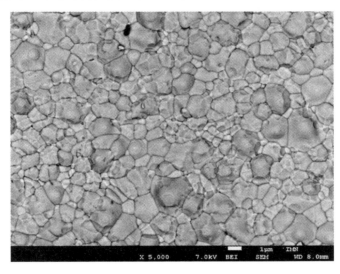

图 2-25　碲化镉表面扫描电镜照片

（a）

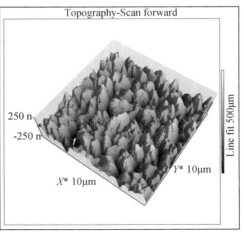

（b）

图 2-26　碲化镉表面 AFM 照片

透射电镜容易看到材料的精细结构。如果样品够薄，且上下无干扰，则可以得到高分辨率的晶格图片。如图 2 - 27 所示，可以看到碲化镉单晶的点阵结构，这种排列是从（111）方向看过去的密堆结构。碲化镉薄膜中，（111）取向的晶粒内部容易产生孪晶结构，透射电镜照片显示整个晶粒存在大量的孪晶，由于孪晶方向沿界面对称，因此在透射电镜下呈现不同的对比度，从而可以看到晶粒上有一根根条带。对碲化镉晶粒做微区电子衍射，可以看到更清楚的现象。完美的碲化镉单晶的衍射斑点间距和晶格倒格矢成正比关系。由衍射斑点可以看到（111）方向的衍射斑纹。如果将衍射区域选定在孪晶位置，则可以得到叠加在一起的两套衍射斑纹，如图 2 - 27 所示。关于孪晶的透射电镜分析，Yan 也给出了许多清晰的图片和模拟分析[51]。

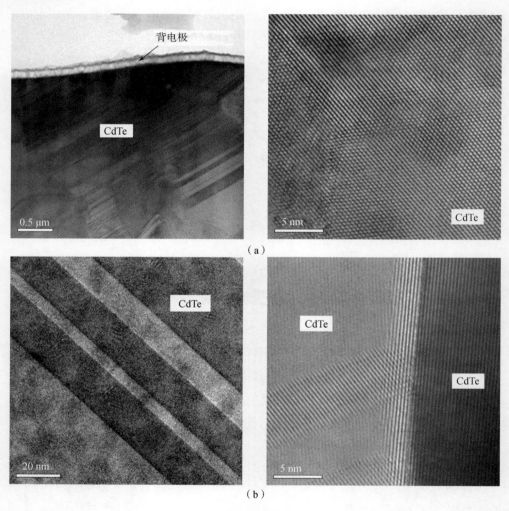

图 2 - 27　碲化镉薄膜透射电镜分析

（a），（b）分别为不同放大倍数的碲化镉薄膜的透射电镜照片

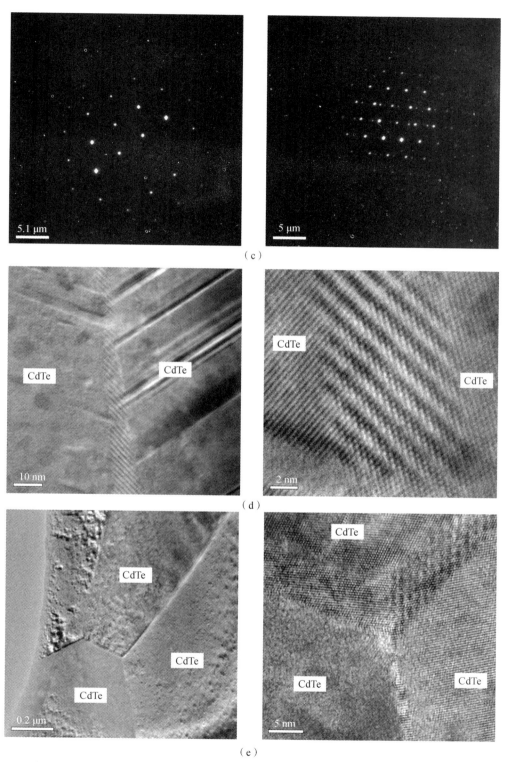

图 2-27　碲化镉薄膜透射电镜分析（续）

（c）碲化镉层的电子衍射；（d），（e）不同放大倍数的碲化镉晶粒边界

　　此外，拉曼光谱是一个常用的技术手段，即通过测试分析晶格的振动模式来分析材料内部的相。但是对于碲化镉来说，存在一定的问题，如图 2-28 所示，当激光的功率稍微偏大时，碲化镉的峰中会出现 Te-Te 的峰，这是碲化镉分解留下的富碲相。即使是 0.1% 的激光功率（总功率为毫瓦级），也无法有效地消除 Te-Te 峰；而如果激光功率继续减小，那么则基本看不到有价值的峰，无法做细致研究。因此尽管原则上碲化镉及其富碲相是有可能从拉曼谱线中区分出来的，但是由于激光对碲化镉的分解作用，我们无法获取有效的测试结果。其他的课题组也遇到过这个问题[52]。

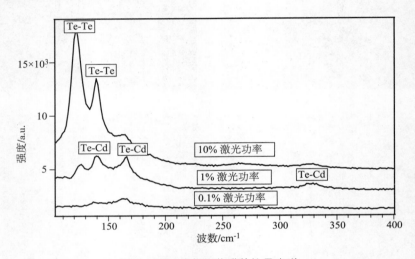

图 2-28　碲化镉薄膜的拉曼光谱

4. 碲化镉多晶薄膜的后退火处理

　　碲化镉和硫化镉之间存在 10% 的晶格失配，这对于异质结电池是非常不利的，晶格失配会导致大量界面态的存在，增加界面区载流子复合，从而降低碲化镉薄膜太阳能电池的转换效率[53]。碲化镉材料的 p 型载流子浓度较低，存在深能级缺陷，少子寿命较短（这里指光生电子寿命），大概在 5 ns[①] 量级，不利于制备高效率的碲化镉薄膜太阳能电池[54]。此外，碲化镉薄膜的晶界处存在大量晶格缺陷，包括位错缺陷、层错缺陷和孪生缺陷等，许多缺陷构成载流子复合中心，进一步限制了电池性能。氯化镉辅助退火处理是制备碲化镉薄膜太阳能电池的关键技术之一，是改善碲化镉电学性能、解决 CdTe/CdS 电池界面晶格失配的有效方法。其具体过程为：先在碲化镉薄膜表面蒸发一层氯化镉，或者均匀地涂抹一层 $CdCl_2$-甲醇溶液，然后将碲化镉在空气中加热处理；或者直接在含有氯化镉的气氛中退火碲化镉样品。氯化镉辅助热退火处理使得界面处碲和硫相互扩散，形成 $CdTe_xS_{1-x}$ 层，从而有效地减少了界面失配造成的缺陷态。Klein 小组通过同步辐射装置上的 X 射线光电子谱，在线原位分析了退火前后界面能带结构的变化，如图 2-29 所示。退火前，界面处的缺陷导致导带不连续；退火以后，碲和硫之间的互扩散，消除了界面缺陷，使得导带从硫化镉连续过渡到碲化镉，从而减小了电子穿过结区时需要逾越的势垒[55]。

---

　　① 1 ns = 1 × 10⁻⁹ s。

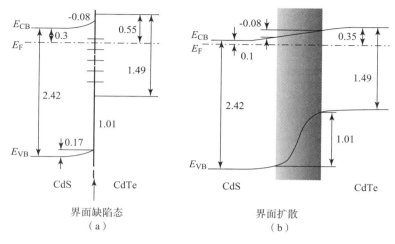

图 2-29 碲化镉薄膜太阳能电池热退火前后界面能带结构变化

(a) 退火前；(b) 退火后

　　p 型碲化镉材料自身的有效载流子浓度很低，约为 5×10^{15} cm^{-3}，退火处理中，氯元素扩散进入碲化镉材料内部，形成 V_{Cd} – Cl_{Te} 缺陷结构，其能量位置可能在 $0.54 \sim 0.9$ eV，增加了碲化镉材料的 p 型掺杂，有利于改善碲化镉薄膜太阳能电池的电学性能。Armani 使用 CL 谱分析发现一个很明显的峰值为 1.4 eV 的峰，如图 2-30 所示，这可能与氯相关的缺陷位有关，间接证实了上述说法[56]。Kraft 在他的 PL 谱分析中也观察到类似的峰出现在退火处理之后，他给的值是 1.43 eV[57]。需要说明的是，在 Kraft 的 PL 谱分析中，碲化镉自身带间跃迁的峰位在 1.60 eV。关于退火处理后 PL 谱的变化以及新的峰的起源，Fenollosa 的实验中认为峰值为 1.36 eV 那个峰来自 V_{Cd} – Cl_{Te}，这个观点与前两人相同，即认为峰值为 1.52 eV 的那个峰来自于 TeO_2[58]，如图 2-31 所示。

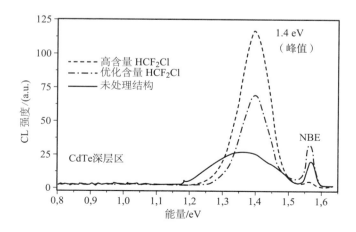

图 2-30 碲化镉薄膜 CL 谱分析

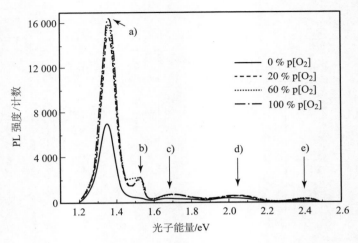

图 2-31 碲化镉薄膜 PL 谱分析

退火过程中氯化镉可能和碲化镉发生了一些化学反应，从而促进了碲化镉的重结晶。这一方面可能会减少薄膜的应力和晶格取向的单一；另一方面也有利于消除内部晶格缺陷，其反应方程式为：

$$CdTe(s) + CdCl_2(s) \Rightarrow Cd(g) + Te(g) + Cl_2(g) \Rightarrow CdTe(s) + CdCl_2(s) \qquad (2-1)$$

Romeo 的一系列退火实验指出，没有退火的碲化镉，具有非常明显的（111）取向[12]，如图 2-32 所示。而（111）取向的晶粒中，李晶缺陷（Twins）是非常多的，这个从图 2-27 和 Yan 的透射电镜照片中也可以明显地观察到[51]。经过退火处理，在 390℃，晶粒的这种取向性几乎完全消失。当退火温度上升到 430℃时，又会出现轻微的（111）取向性。对于低温沉积的样品，退火处理的重结晶效果体现得更明显。对碲化镉截面做抛光处理，可以在

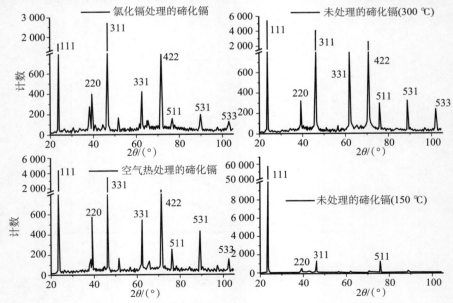

图 2-32 XRD 分析退火前后碲化镉晶粒取向的变化

扫描电镜下清楚地看到晶粒的大小和取向，340℃生长的样品，主要是条状晶粒，这种薄膜内部应力较大，缺陷较多。Judith 在他的一系列衬底温度实验中也观察到类似现象，并且给出了相应解释[59]。经过氯化镉退火处理，晶粒明显长大，且取向也发生变化。但是520℃生长的样品，变化没那么明显，如图 2-33 所示。因此，Judith 的工作应该和 Remeo 的工作形成了一个互补的印证。

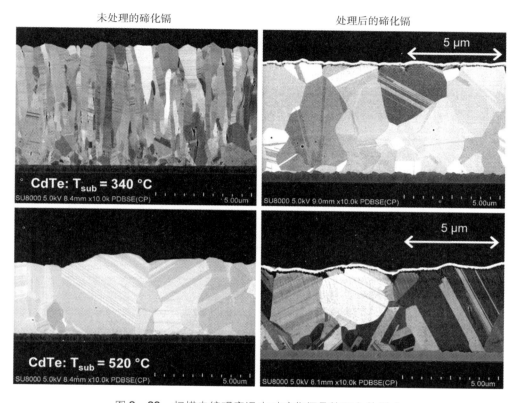

图 2-33　扫描电镜观察退火对碲化镉晶粒取向的影响

Metzger 利用阴极射线谱（CL）观察碲化镉晶粒及其边界在退火前后的变化[60]，如图 2-34 所示。阴极射线谱的工作原理是将电子注入材料中，一般是在扫描电镜里利用现成的电子束去照射样品，然后收集它的发光。如果晶界处载流子复合严重，当电子束扫描到这个位置时，是很难看到它们的发光信号的。Metzger 的实验结果发现碲化镉晶粒边界的 CL 信号在退火处理后有明显变化，从退火前接近 0 变成退火后有较高的数值，这说明起初晶界处是有大量复合缺陷的，经过退火处理后，这些晶界的缺陷有可能被钝化了，因此看到了 CL 信号。

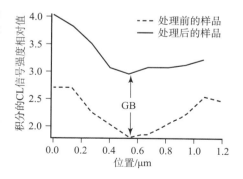

图 2-34　CL 谱分析碲化镉晶粒边界

若在空气中进行热处理，则氧的存在将进一步促进碲化镉材料的 p 型掺杂和界面区硫和碲的扩散，且氧扩散分布在晶界处，结合晶界的悬挂键，起到钝化作用，减少了晶界复合造成的电流损失[58]。Terheggen 小组使用透射电镜观察退火处理后的碲化镉样品[61]，发现碲化镉晶界处富集了大量的氯和氧，如图 2-35 所示，这说明晶界是氯扩散的一个主要通道，而氧存在于晶界处，在氯的作用下会和碲化镉发生反应［如式（2-2）所示］可以钝化很多悬挂键，并阻碍铜元素的扩散，这个后面我们会再提到。

$$CdCl_2 + O_2 + CdTe = TeCl_2 + 2CdO \tag{2-2}$$

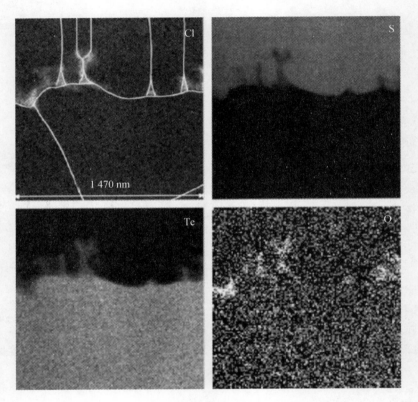

图 2-35 退火前后 CdTe/CdS 界面透射电镜 EDX 成分分析

Han 的实验结果也支持此结论，Han 通过透射电镜分析，发现退火处理之后的样品中的氯沿着碲化镉晶粒边界扩散到硫化镉层，并且积累在硫化镉与碲化镉的异质结界面处以及硫化镉晶粒的边界处，如图 2-36 所示。

但是氧也可能改变碲化镉表面能带结构，使得碲化镉与金属之间形成较高的肖特基势垒，从而对电池造成负面影响[62]。关于氧的影响，正面的说法较多，所以这种方法也是大家通用的手段。至于对背电极造成的影响，由于很多人在镀金属之前对碲化镉背表面进行过化学或干式刻蚀（这个后面我们还会详述），所以似乎自然地消除了这个问题。

退火过程还可能影响到硫化镉层本身，Major 小组使用聚焦离子束方法（FIB）制备出碲化镉薄膜太阳能电池的截面，使用扫描电镜观察硫化镉层在退火前后的变化[63]。如图 2-37 所示，他们发现，包含氯化镉的退火处理，使得硫化镉晶粒变大，同时，在硫化镉与透明导电层的界面处，出现了一些孔洞。这些可能是硫化镉在退火过程中发生重结晶导致的。

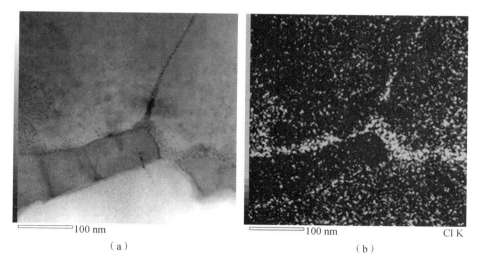

图 2 - 36　CdS/CdTe 界面

（a）透射电镜照片；（b）EDX mapping 成分分析氯元素分布

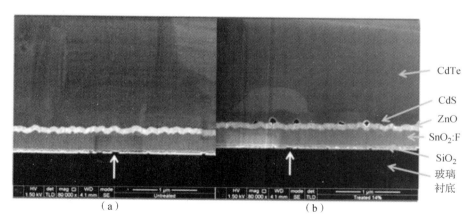

图 2 - 37　退火处理 CdS/ZnO 界面的扫描电镜照片

（a）退火前；（b）退火后

需要说明的是，退火机理的细节问题和退火参数对最终电池的影响，还没有完全弄清楚。例如氯化镉的用量对退火过程有什么样的影响，氯化镉盐本身也可能会向薄膜中引入一些杂质（如 Na、In、Sb、O 等[64]），这些杂质和缺陷对电池的影响如何。氧气是否是必需的，在没有氧的气氛下电池效果如何，退火的温度和时间应该如何选择，除了氯化镉，其他的材料是否可行（曾报道过采用 $MgCl_2$ 或氟利昂来进行有效的热处理[65]）。研究退火前后界面以及碲化镉材料性能的变化，有利于理解退火的机理，从而为碲化镉薄膜太阳能电池的改进提供参考方向。

2.2.4　背电极接触

在碲化镉薄膜太阳能电池中，金属背接触问题是另一个因其对电池性能影响很大而受到广泛关注的问题。碲化镉材料的离子势很大，约为 5.7 eV[66]，而一般金属的功函数都要小于这个值，例如金的功函数为 5.1 eV，银为 4.5 eV，铜为 4.5 eV，铝为 4.0 eV，铟为 4.1 eV。根据金属和半导体接触的理论，碲化镉和金属接触一般会形成较高的肖特基势垒，故无法形成欧姆接触。即使像金这样具有很高功函数的金属，CdTe/Au 的肖特基势垒的理论高度也达到了 0.75 eV。背接触电阻增大会增加电池的串联电阻，减小电池的电流输出。如果肖特基势垒过高，甚至可能导致没有功率输出，那么碲化镉薄膜太阳能电池的光电转换效率是接近 0 的。这相当于电池串联了一个反向二极管，等效电路图如图 2 - 38 所示。碲化镉薄膜太阳能电池的 J - V 曲线中，在扫描电压超过电池开路电压后，电流值不是指数上升，而是突然增速变缓，曲线呈 S 形，这种现象通常称为 "Roll - Over"[67]。出现这种现象的主要原因是背接触。如果背接触不是欧姆接触，而是肖特基接触，CdTe/Metal 肖特基结与 CdTe/CdS 异质结方向相反，就会造成 "Roll - Over" 现象。这种接触严重限制电流，降低填充因子。

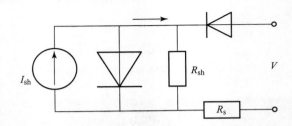

图 2 - 38　碲化镉薄膜太阳能电池等效电路

在实际情况中，因为碲化镉表面存在大量的表面态，所以碲化镉和金属接触的界面附近还会形成费米面钉扎现象（Fermi Level Pinning）[68]。出现费米面钉扎现象的后果是：由于碲化镉与金属接触，其肖特基势垒高度主要受制于表面态密度，且和金属功函数不是线性相关，一般分布在 0.8 ~ 1.0 eV。因此，直接将金属镀在碲化镉表面制作背电极无法达到欧姆接触。Klein 小组尝试过不同金属，并测量了它们作为碲化镉背电极时形成的势垒高度[69]（表 2 - 1）。从表 2 - 1 可以看到，在实际实验的结果中，即使如金这种功函数高、本身化学活性又比较低的元素，势垒高度依然达到了 0.86eV，故原则上是不可能作为碲化镉薄膜太阳能电池的电极材料的。

表 2 - 1　金属功函数及它们与碲化镉形成的肖特基势垒高度

金属	功函数/eV	肖特基势垒理论值/eV	肖特基势垒实验值/eV
Cd	4.20	1.50	1.18
Ti	4.30	1.50	1.15
V	4.30	1.50	1.07
Sb	4.55	1.30	0.97
W	4.55	1.30	1.05
Cu	4.65	1.20	0.95
Au	5.10	0.75	0.86
Pt	5.60	0.25	1.03

金属与半导体接触，有两种方法可以解决肖特基势垒影响，得到欧姆接触的效果。一种方法是寻找功函数较大的金属，以期降低肖特基势垒的高度。根据自然界存在的元素，具有高的功函数且能与碲化镉相匹配的金属并不存在，即使存在，这种方案也会因为其具有较多的表面态造成的费米面钉扎而很难实现；另一种方法是在金属与半导体界面处制备一层高掺杂的半导体。如果金属与高掺杂半导体接触，则耗尽层宽度相对会变窄许多，此时，隧穿电流成为电流流经金属半导体界面的主要形式，因此尽管肖特基势垒高度不变，但是势垒宽度变窄，也可以形成欧姆接触的效果，如图 2 - 39 所示。然而，由于碲化镉材料内部存在大量的受体补偿缺陷，本身很难实现高 p 掺杂。所以，我们需要寻找一种半导体材料来充当金属和碲化镉之间的高 p 掺杂缓冲层。新的缓冲层应该具有足够大的离子势，价带顶要保持和碲化镉的价带平滑连接，同时新的缓冲层要能够实现 p 型重掺杂，这样可以和金属形成较窄的肖特基势垒，从而实现欧姆接触。常用的背接触缓冲层材料为 Cu_2Te、Te、$Au^{[70]}$、$ZnTe:Cu^{[71]}$、$Sb_2Te_3^{[13]}$、$Ni^{[72]}$ 等，目前效果最好的背接触为含有铜的 Au、ZnTe、石墨涂料等材料[73]。

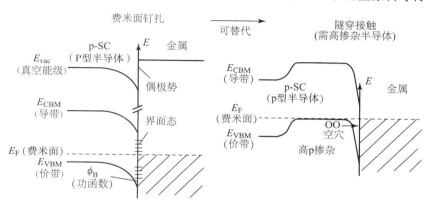

图 2 - 39 碲化镉材料与金属欧姆接触示意图

在制备电极缓冲层的备选材料中，铜的使用十分普遍，尽管铜自身不会与碲化镉形成低的肖特基势垒（其高度依然在 0.8 eV[74]），但是铜可以和碲化镉形成 Cu_2Te，从而形成高 p 掺杂的半导体[75]。用 Cu_2Te 作碲化镉与金属的接触层，可以使碲化镉与金属接触的势垒宽度明显变窄，其背接触的肖特基结以隧穿电流为主，形成了有效的欧姆接触。铜的使用量不多，一般在热退火处理之后，在碲化镉表面镀铜，厚度 2 ~ 3 nm（如图 2 - 40 中透射电镜照片所示，含铜的区域是图中央白色的那条线）。铜的作用主要有两个：铜与碲化镉形成的 Cu_xTe 层，是一个高掺杂、低电阻的 p^+ 型层；铜可以扩散进入碲化镉内部，成为一个浅能级受体，能级位置距离价带顶部 0.22 eV[76]。铜会

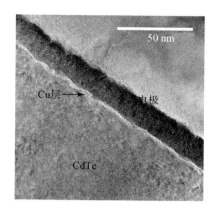

图 2 - 40 碲化镉薄膜太阳能电池背电极透射电镜照片

形成 Cu_{Cd} 和 Cu_i 缺陷类型，其中 Cu_{Cd} 偏 p 型掺杂，而 Cu_i 为深能级补偿受体掺杂。铜在碲化镉中，也可以和氯相关的缺陷组合，辅助提高碲化镉中空穴的浓度。铜掺杂的综合效果为提高碲化镉层的有效 p 型载流子浓度，提高结区自建势，从而增大光生载流子收集效率，提高电池开路电压。但是铜的存在影响了碲化镉薄膜太阳能电池的寿命，加剧了电池的不稳定性[77]。铜离子的高扩散性减少了碲化镉薄膜太阳能电池的使用寿命，它会从背电极一直扩散到碲化镉与硫化镉界面区域。一方面，作为背接触层的 Cu_xTe 将会大大减薄以致失去作为背电极接触缓冲层的作用；另一方面，过剩的铜存在于碲化镉内部晶界位置和碲化镉与硫化镉界面处，形成一些深能级复合缺陷，导致界面复合大大增加，并形成电流旁路，导致电池并联电阻减小，从而严重影响电池光电流输出。这两方面原因导致电池性能的退化。所以尽管背电极中使用铜能有效提高电池效率，但是科学家必须解决两个问题：第一，如果使用铜，那么如何控制它的扩散速度，或者说斩断它的扩散路径；第二，如果不使用铜，则需要寻找无铜材料作为替代品，来达到效率和寿命的平衡。因此，碲化镉背电极接触和使用寿命是这种电池目前的研究热点之一。

另外一种材料是碲化锌（ZnTe）。碲化锌的带宽为 2.3 eV，属于直接带隙半导体。图 2-41 中显示的是它和碲化镉接触时的能带结构图，它的价带顶比碲化镉的价带顶略高，差距仅为 0.1 eV，非常适合空穴导出。考虑到碲化镉的带宽只有 1.49 eV，碲化锌的导带底比碲化镉高 0.91 eV，可以阻挡电子从背电极中扩散出去，从而间接增大了结区的收集效率。碲化锌本身比碲化镉更容易实现 p 型掺杂，Gessert 课题组采用铜掺杂[71]，Jaegermann 课题组采用氮掺杂[78]，均得到了高 p 掺杂的碲化锌，从而可以和金属形成较窄的肖特基势垒，实现欧姆接触。

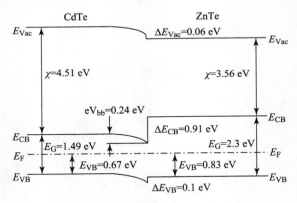

图 2-41 CdTe/ZnTe 能带结构示意图

另外一种常用的材料是碲层。碲层可以通过刻蚀碲化镉获得。一般采用磷酸硝酸组成的混酸进行刻蚀，反应方程式如式（2-3）所示，也有人采用溴甲醇溶液刻蚀[79]。刻蚀完后的样品表面镀上金属层，即可形成较好的接触效果。直接沉积碲层一般得不到较高的电池转换效率，因此在实际电池制备中没有采用。

$$3CdTe + 8HNO_3 = 3Te + 3Cd(NO_3)_2 + 2NO \uparrow + 4H_2O$$
$$CdTe + 4HNO_3 = Te + Cd(NO_3)_2 + 2NO \uparrow + 2H_2O \qquad (2-3)$$

利用刻蚀碲化镉来获得碲层，以制备碲化镉薄膜太阳能电池背接触，虽然目前光电转换效率要低于含铜的背接触，但是可以避免铜造成的电池性能的不稳定性。当然，碲层也存在许多问题，比如很难控制反应速度和刻蚀深度，会造成大量的酸性废液等。

2.3 碲化镉薄膜太阳能电池组件

碲化镉吸收层一般采用闭空间升华方法和气相传输沉积方法、溅射法、印刷法和电沉积法获得。闭空间升华方法要求源的尺寸和衬底一样，要两者的距离很近，以此保持高速沉积，两者之间适量的距离使它们具有一定的温度梯度（一般衬底温度 500℃，源温度 600℃），沉积过程中使用氮气或者氩气作为保护气，掺入适量的氧可以减少晶体缺陷，尤其是边界缺陷，从而得到致密的优质薄膜。CTF 公司使用这种方法成功制备大面积碲化镉薄膜太阳能电池组件。

VTD 方法通过载气运输镉和碲的饱和蒸气，使其在热的衬底表面进行反应生成碲化镉薄膜。镉和碲的饱和蒸气来源于处于加热状态的碲化镉固体源，源的几何设计直接影响膜的质量。载气一般采用氮气、氩气和少量的氧气。由于 VTD 方法采用载气传输元素，衬底并不需要被固定，可以随着生产线移动，并在移动过程中成膜，加上 VTD 方法沉积速度很快，1 ~ 2 min 即可完成镀膜，所以这种方法也可以用于量产。First Solar 采用这种方法成功制备了大面积碲化镉薄膜太阳能电池组件。

TCO 层一般采用溅射方法制备氧化物薄膜。硫化镉层采用闭空间升华或物理气相输运等真空镀膜方法制备。背接触一般采用溅射或者蒸镀的方法制备金属层。整个电池制备过程见图 2 - 42。

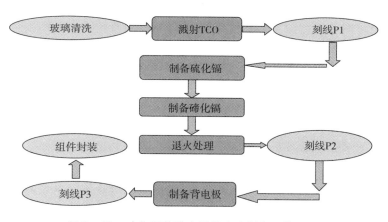

图 2 - 42 碲化镉薄膜太阳能电池制备工艺流程

与铜铟镓硒、非晶硅等薄膜太阳能电池组件类似，碲化镉薄膜太阳能电池组件也是靠刻线来实现内连接的，而不是通过印刷表面电极引出电流。一般一个薄膜太阳能电池组件的大小为 1.2 m×0.6 m（现在的组件面积还有更大的），转换效率在 10% 左右，在标准光照下（1 000 W/m²），输出功率应该在 72 W。这样一个面积的电池组件，如果作为单电池输出，则产生的光电流能达到 150 A，即使组件线路的串联电阻只有 1 Ω，热耗散也会达到 150 W，热耗散大于实际转换功率，说明电池根本无法有效运转，或者说根本无法形成有效输出。如图 2 - 43 所示，一个可行的方法是把整个组件分成若干小块，每一小块之间互相串联，最后组件以高电压、低电流的模式输出，可以有效降低线路的热损耗。理论上，电池分得越小，组件的总电压值越高，热损耗越少，输出功率越大。但实际上电池不可能无限制地小。在划分电池的过程中，需要做刻线连接，而刻线区域只起到连接电池的作用，本身并不能产生光电流，因此损失了一部分光照面积，又由于刻线的粗细受限于制备工艺、定位精度和自身电阻值等，因此必然占有一定的面积。这样，根据组件的转换效率和刻线水平，就可以得到一个最优的电池划分方案。刻线不仅能实现电池组件各个小电池间的内连接，还能减少电极材料的使用，同时提高整个电池组件的输出性能。下面我们具体讨论刻线的流程和工作原理。

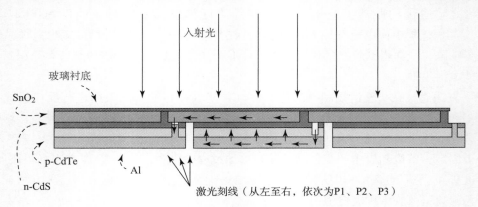

图 2 –43　碲化镉电池标准刻线方案

　　如图 2 –44 所示，制备完透明导电层薄膜后，采用激光进行刻蚀第一道线，线宽约为 100 μm。这道线的主要目的是将透明导电层分割成一条一条的，作为每一个单电池的前电极，透明导电层之间不能联通。刻线的困难有两点：一是要将透明导电层刻穿，保证两条之间是断路；二是不能将底部玻璃上的隔离层破坏，否则大量的钠会由此扩散进入电池内部。另外，第一条线要保证平直，它是第二道和第三道线的基准线。做完硫化镉和碲化镉及热处理后，刻第二道线，其线宽大概为 100 μm，也是采用激光进行刻蚀。这道线的目的是将碲化镉和硫化镉刻穿，暴露出下面的透明导电层，便于后面将金属膜和透明导电层相连，实现两个电池的串联。刻线的困难表现在，要把碲化镉和硫化镉层刻穿，但是又不能太破坏透明导电层。当然刻穿的优先级要高一些，故厂家一般会将透明导电层破坏一些，以保证一定可以刻穿碲化镉和硫化镉层。做完金属膜以后，刻第三道线，其线宽约为 100 μm，也是采用激光刻蚀。这道线的主要目的是将不同单电池的背电极分开，从而真正形成一个个电池。电流从一个电池的金属正电极流出，进入到下一个电池的负极，即透明导电层，从而形成串联连接。刻第三道线的难点不多，只要保证金属电极刻穿即可，不用管下面薄膜的情况，所以第三条线是三条线中最容易制作的。这三条线在刻蚀过程中，还要注意不要有交叉，因为一旦交叉，就会破坏两个电池之间的串联关系。另外，激光刻蚀的激光一般是高斯光束，中间能量高的地方，可以把相应的薄膜刻穿，但是激光点周边的区域，能量下降，无法刻穿样品，但足以达到烧蚀熔化的效果。如图 2 –44 所示，实际的线要比中间的刻线宽一倍多，因此线与线之间必然留有间距，约为 100 μm，才能保证上述各种对刻线的要求。为了降低这种高斯光束带来的热效应，有些公司采用皮秒激光器，但高功率的皮秒激光器比较贵，所以如何用纳秒激光器得到高质量的刻线，是电池组件公司的核心技术之一。这些刻线，以及刻线之间的间隔，都不能作为光电转换的区域，称之为死区。死区只起到各个单电池之间的电路连接作用，并不贡献光电流，因此死区的面积也称为无效面积。计算一个电池组件转换效率的时候，一般将整个组件的面积计算在内，所以器件制作中要尽可能减少死区面积。但是前面我们分析过，要尽可能增加单电池个数，才有可能实现高电压、低电流输出，减小内阻损耗。在现有的电池转换效率和刻线工艺的基础上，可以得到一个最优的单电池划分方案，具体计算如下。考虑电池薄膜部分的转换效率为 η ，输出最大功率时电流密度为 j ，三条刻线的总宽度为 d ，组件的长为 L_1 ，宽为 L_2 ，电池的横向传输内阻为 R ，一共划分为 n 个小电池，损失的光电效率包括因为刻线造成的面积损失 $n \times d \times L_2 \times \eta$ 和因为内阻造成的热损失 $\left[\left(\dfrac{L_1}{n} - d\right) \times L_2 \times j\right]^2 R$ 。刻线的设计应使损失功率最小。

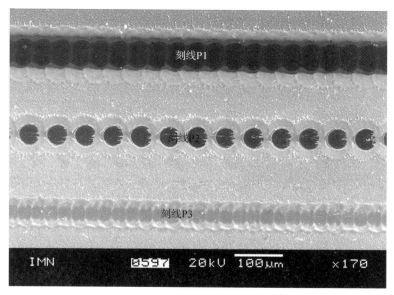

图 2 - 44　刻线的扫描电镜照片

除了刻线，还要考虑电池组件边缘的面积损耗。因为要封装组件，所以一般要将薄膜清理干净，并使用特制的 EVA 胶封装，以保证没有水和氧渗透到电池内部，引起接触电极的退化。因此，这些区域也属于死区。提高封装水平，减小这部分区域的面积，也是提高组件转换效率的有效方法。

2.4　碲化镉薄膜太阳能电池的寿命问题

碲化镉薄膜太阳能电池的使用寿命是其主要问题之一。许多研究组对其退化机制做了深入研究。一般认为，主要的组件的转换效率退化来源于背电极中的铜元素。

First Solar 公司对其电池的使用寿命做过大量的户外测试，转换效率的降低主要集中在前 1 ~ 3 年，大概会降低到最初转换效率的 90%。后面的时间，电池的效率随时间线性降低，可以估算 20 年以后，转换效率降低到最初的 80%。因此宣称他们的电池可以达到 20 ~ 25 年的使用寿命。碲化镉薄膜太阳能电池使用寿命的降低，有一些原因是和硅电池组件类似的，比如封装用的 EVA 胶老化，尤其是在紫外线较强的区域，或者昼夜温差较大的地区（比如沙漠）。EVA 的老化导致大量水汽进入电池内部，破坏透明导电层，从而导致其电阻率上升，串联电阻增加，填充因子降低。

碲化镉薄膜太阳能电池还有来自结构设计的缺陷导致的退化，其中最主要的就是背电极中铜元素的使用。前面我们分析过，由于碲化镉材料自身 p 型掺杂浓度较低，其表面处又有非常严重的费米面钉扎效应，因此和金属接触，具有非常高的肖特基势垒。铜元素掺杂进碲化镉表面，会形成一个高 p 掺杂的半导体层，尽管它不能有效地降低势垒高度，但是可以减少势垒宽度，这样可以大大增加隧穿电流，最终也能达到欧姆接触的效果。正是铜的使用，大大改善了电池的背电极接触，减小了接触电阻，才得到高效的碲化镉薄膜太阳能电池。但是，由于铜离子本身较小，其在碲化镉中的迁移势垒又很低，因此可以非常容易地向碲化镉薄膜太阳能电池内部扩散迁移。而多晶的碲化镉薄膜，其晶粒边界的大量缺陷位置，也给铜的扩散提供了更多便利的通道，因此，背电极处的铜随着时间向体内扩散。

铜元素的扩散驱动力，除了浓度梯度外，还有电场牵引。在光伏电池内部，存在两个场：一个是 pn 结的自建场，方向由 n 区指向 p 区；一个是光生载流子积累在结区两侧形成的电场，由 p 区指向 n 区。Corwine 在他的研究中指出，由于光生电场是由 p 区指向 n 区，所以可以驱动铜正离子向结区扩散[73]。当电池所处的运行状态不同时，宏观的总电场也不同，比如有短路模式（SC）、开路模式（OC）和最大功率输出模式（MP）。其中，开路模式下，光生电场最强，铜的扩散速度最大，故也是电池退化最严重的一种模式。这个过程会伴随碲化镉深能级缺陷增多、复合速率增强、载流子寿命减少等现象。I. Visoly - Fisher 的研究工作进一步揭示了这里可能的关联和可能的机制[80]，见图 2 - 45。他分别选取在光照和黑暗条件下，通过加热，改变气氛来增加电池的老化，结果发现：光照条件下，硫化镉和碲化镉界面处会出现更多的铜；但是如果取消光照，则可能发生一定的状态回复（Recovery）现象，即铜重新回到背电极，这和我们前面提到的结电场将会牵引铜正离子进入背电极方向的说法一致；如果气氛中有氧和水，则会在碲化镉靠近电极的晶界处生成大量的 CdTeO$_y$，这种氧化物的存在，可能会提高背电极处势垒高度，导致背电极电阻升高。当然，这里面还不能忽略氯的作用。氯离子是负离子，可以被结电场牵引进入结区，如果能和 Cu$_{Cd}$ 缺陷形成一些复合缺陷，则会降低 Cu$_{Cd}$ 缺陷的破坏作用，从而延缓电池的衰退。

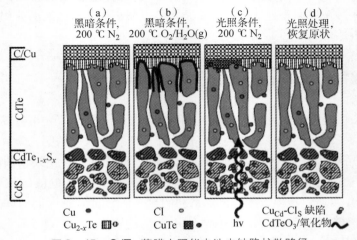

图 2 - 45　CdTe 薄膜太阳能电池中缺陷扩散路径

Li 通过 C – V 测量，指出背电极铜的含量直接影响碲化镉内部载流子浓度的分布，如果铜含量大，则靠近背电极处碲化镉的 p 型载流子浓度会上升[81]。Pudov 小组通过 C – V 测量，指出随着电池的老化，铜向碲化镉体内扩散，这会导致碲化镉内部载流子浓度上升，同时，结合 I – V 测量，可以明确铜扩散和电池效率降低之间的关联[82]。Jenkins 的研究进一步说明，不仅铜的扩散会影响电池的转换效率，而且如果铜在各处扩散得不均匀，则会加重电池效率的降低。局域扩散较为严重的，效率下降明显，会成为整个组件的新负载，因此会使得整个组件退化得更快[83]。Grecu 小组使用 PL 谱来分析碲化镉薄膜太阳能电池中铜的效应，如图 2 – 46（a）所示，铜相关的缺陷会在 1.59 eV 处和 1.555 eV 处产生两个明显的峰[84]。Grecu 做了进一步的实验，他们在不同的电场条件（开路模式、正向外加电场、反向外加电场）下，利用 PL 谱，分析碲化镉内部 PL 信号的变化，发现开路模式和反向电场模式下，铜相关的信号会出现 Cu_{Cd}，并且抑制原有的 V_{Cd} 信号。这间接说明了铜扩散对电池转换效率的影响[85]。Chin 等人采用时间分辨的 PL 谱分析碲化镉的老化过程与铜的关联，随着电池的退化，对背电极中铜含量做优化处理的样品，载流子寿命在 20 ns，而过量使用铜，会使电池在同一条件下载流子寿命仅有几纳秒[86]。Demtsu 小组也给出了类似的结论，尽管实际测量值略有偏差[75]。

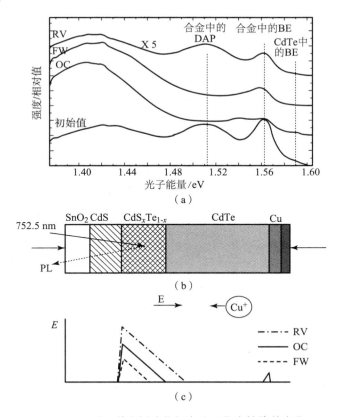

图 2 – 46　PL 谱分析碲化镉电池退化中缺陷的变化

（a）PL 谱图；（b）碲化镉薄膜太阳能电池结构示意图；（c）铜离子扩散示意图

虽然看起来铜扩散的通道众多，但是依然有一些相反的作用可以抑制铜的过度扩散带来的负面影响：第一，通过稀释铜在背电极中的浓度，减少铜的厚度，取代直接镀铜的做法，Yun[87]，Juarez[88] 和 Hegedus[89] 等课题组都曾使用过碲化铜作为背电极缓冲层，美国可再生能源实验室的 Gessert 课题组采用掺铜的碲化锌作为背电极缓冲层，Paudel 小组则直接通过减少铜的用量来延缓电池的衰减，他们的铜膜只有 3 nm[90]。第二，在氯化镉热退火过程中使用氧，使得氧能够进入晶界并钝化那里的悬挂键。氧还可以结合铜离子，形成 Cu—O 键，也可以抑制铜通过晶界扩散。Albin 在他关于铜氧碲等元素化合物的文章中指出，Cu—O 的生成焓很负，是非常容易形成的键，氧在晶界处的存在提高了电池的稳定性[91]。第三，可以通过含氯的杂质，与扩散进体内的铜形成 $Cu_{Cd} - Cl_{Te}$ 复合缺陷。复合缺陷是 p 型掺杂的浅能级缺陷，对材料内部载流子复合影响很小，从而实质上减少了铜的扩散和积累带来的影响；第四，可以通过增加碲化镉厚度，增大晶粒尺寸以减小晶界等方式来延长扩散路径，延缓铜的扩散；第五，利用电场的调控来抑制铜的扩散。如上一段所分析的，开路状态下，铜的扩散最严重。所以在安装和使用碲化镉组件时，应尽量减少开路状态，使之更多地处于短路状态。比如，白天有光的时候处于最大功率输出状态；傍晚以后太阳光很弱了，整个系统开始进入短路状态；或者安装组件的时候，在整个安装调试周期，都可以使组件处于短路状态，直到整个光伏发电站开始运行为止。

铜元素如果扩散到碲化镉和硫化镉的界面区，那里晶界众多，缺陷空位较多，则将形成一个铜的富集区域。Liu 实验组利用透射电镜配合 EDX 分析观察到铜在 CdTe/CdS 界面处的富集行为，如图 2 - 47 所示[92]。Asher 小组使用二次离子质谱深度分析发现铜在界面处的积累，通过控制背电极处的铜的用量，他们发现硫化镉碲化镉界面处的铜含量与背电极中的铜的量是正相关的，因此间接地指出界面处的铜来源于背电极处[93]。Berniard[94] 和 Bani[95] 小

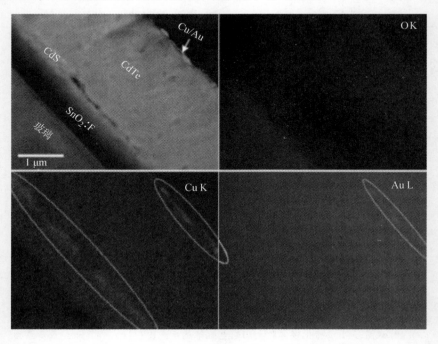

图 2 - 47　碲化镉电池透射电镜照片及 EDX Mapping 成分分析

组通过在硫化镉中掺杂不同量的铜，发现铜存在于硫化镉和碲化镉界面处，确实会对电池效率产生负面影响，并且会大大降低电池的使用寿命。这个结论也被 Erra 通过实际的组件测量结果所证实[77]。Yan 使用高分辨透射电镜进一步分析了铜在界面处的空间分布，如图 2 – 48 所示，发现相比较界面区域，铜多数分布在硫化镉层，形成一些受体缺陷，补偿硫化镉的 n 型掺杂[96]。Han 使用球差校正的透射电镜，得到的结果证实了 Yan 的结论，并且指出，通过比较硫化镉体内的铜含量，发现铜分布在硫化镉的晶粒周围，包括硫化镉与碲化镉的界面、硫化镉的晶界和硫化镉与 TCO 的晶界处。Agostinelli 等人通过计算模拟得到，铜在硫化镉中可以形成一些深能级的缺陷，这些缺陷的存在，会导致严重的 SRH 复合，而界面处的复合，会大大降低光电流[97]。同时，这些缺陷还会补偿现有的 n 型掺杂，从而降低硫化镉中 n 型载流子浓度，降低 pn 结自建势。如果有铜扩散进硫化镉层，则会导致效率的降低，这也意味着电池转换效率的退化。

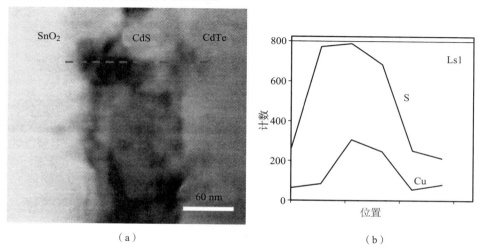

图 2 – 48　透射电镜分析 CdS/CdTe 界面处铜的分布

（a）透射电镜照片；（b）S 和 Cu 在界面处的分布

通过上面的分析，可以看到，铜的扩散造成两个效果：第一，背电极中，铜元素会逐渐减少，p 型掺杂会降低，肖特基势垒的厚度会增加，导致串联电阻增加，我们可能会在 I – V 曲线中重新看到"Roll – Over"现象，整个电池的效率也会因此降低；第二，铜扩散到碲化镉体内并且积累在异质结界面区域，增加界面处的电流复合，也会降低电池效率。

除了铜以外，碲化镉内部还存在大量其他缺陷。Emziane 在他的研究中，利用二次离子质谱探究了 Na、O、Sn、Zn、Sb、Pb、In、Cu、Si、Cl 等元素的起始分布和退火处理后的分布，如图 2 – 49 所示，发现 Na 等杂质容易富集在硫化镉处以及界面处，这可能和硫化镉晶粒较小、界面较大、缺陷位置较多等因素有关，也因此有可能会影响异质结界面性能[98]。

Han 通过二次离子质谱也研究了碲化镉薄膜太阳能电池内部杂质原子的分布，主要包括 O、Cl、F、Na、Mg、K、Ca、Si、Fe、Al、Sn 等元素。同时，Han 通过高分辨透射电镜对硫化镉层以及 CdTe/CdS 和 CdS/FTO 界面的 Na 元素和 O 元素进行了分析，发现这些元素主要分布在界面和硫化镉晶界处。Wei 给出了一些杂质的理论分析[99]。现总结如下：

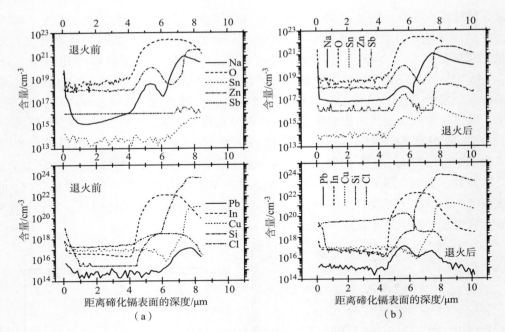

图 2 -49　二次离子质谱研究碲化镉中杂质的分布

(a) 退火前；(b) 退火后

Mo：Mo 可能来自背电极，因为它是最常见的一类电极材料，稳定的性质、较大的功函数，都使得它作为电池的正极材料而存在。Mo 在碲化镉中可能是一个深能级缺陷。

Al：Al 可能来自于背电极，因为它电阻比较低，可以和 Mo 搭配，适合将电流导出而保持较小的串联电阻。其也可能来自玻璃衬底，因为铝硅玻璃有着更高的透光率，故经常作为电池的衬底玻璃被采用。第三主族的 Al 对于碲化镉来说是 n 型掺杂，它的存在可能会削弱碲化镉的 p 型掺杂。不过 Wei 的理论分析指出 Al 可能不是一个好的 n 型掺杂元素，它更可能会形成 DX 复合缺陷中心，从本来的浅供体能级进入深能级缺陷序列中。即使如此，Al 的作用依然是负面的，因为它增加了体复合的概率。

O：O 的来源较为丰富，比如制备过程中的腔室中，尤其是溅射的样品、化学水浴制备的样品等。氯化镉退火过程中，也会引入大量的 O。玻璃中的 O 也有可能会扩散进入电池内部。另外，制备碲化镉薄膜太阳能电池的过程，难免会暴露于大气。暴露的时间越长，材料吸收的氧气和水分越多，引入的氧杂质也越多。O 的作用往往被认为是正面的，前面在碲化镉和退火处理的小节里我们曾仔细介绍过。O 可以钝化晶粒界面，促进硫化镉的 n 型掺杂，限制 Cu 的扩散，等等。

Cl：Cl 主要是氯化镉退火过程中引入的。一般会富集在硫化镉界面处，由于热处理中含有氯化镉，所以背表面也会富集一些 Cl。Cl 对于电池性能的正面作用比较多，我们在热退火处理的小节中提到过，在碲化镉中，它可以促进碲化镉的 p 型掺杂，可以和 Cu_{Cd} 缺陷结合形成 $Cu_{Cd} - Cl_{Te}$ 复合缺陷，从而减少体内的深能级缺陷，减少复合。它在界面处积累也可以抑制铜对界面的破坏，减少界面复合中心。

Si：Si 的来源主要是玻璃衬底，但实际上有的 Si 可能来源于背板玻璃，因为在潮气的作用下，EVA 膜会释放一种酸，腐蚀背板玻璃，尽管这个过程是那么缓慢和微量。作为第四主族元素，Si 替代 Cd 的位置后，可能会形成一个深能级的供体缺陷。另外一个值得注意的事情是，Si 有可能富集在 FTO 层中，这可能与 CdS/TCO 形成的一个微弱自建场有关。

Na：Na 可能是半导体里最不受欢迎的元素。它一般会影响半导体的掺杂浓度。在铜铟镓硒薄膜太阳能电池中，适量的 Na 可以促进晶粒的生长并提供合适的 p 型掺杂。碲化镉薄膜太阳能电池中，Na 的主要来源是玻璃衬底。Wei 的理论指出，Na_{Cd} 缺陷的能级位置离碲化镉的价带顶仅有 0.02 eV，可能是一个很好的 p 型掺杂。但是实际上并不是，因为 Na 含量超过一定程度，就会诱导产生受体补偿缺陷 Na_i，从而导致无法真正实现有效的 p 型掺杂。过多 Na 缺陷可能还会形成复合中心。

Mg、Ca、K：这些元素基本都来自玻璃衬底，它们的作用有可能和 Na 类似，并且都容易富集在硫化镉层，但是具体的能级位置以及对电池的影响，却很少有人研究。

F 和 Sn：这两种元素来自 TCO 薄膜。F 比较轻，一般 EDX 和 XPS 等方法并不容易看到它的信号。二次离子质谱中显示 F 除了在 TCO 中，还有可能扩散到背电极处。但是对电池的作用不清楚。Sn 虽然有可能扩散进电池，但是它的作用也不清楚。

后面这几种元素，虽然不明白它们的作用，但是一般也很少考虑，因为真正实用的电池要在玻璃和 TCO 薄膜之间做一层隔离层，隔绝玻璃中扩散过来的这些杂质元素。而 TCO 和硫化镉之间，一般也会制备一层高密度的 SnO_2 层，用来进一步隔离杂质进入异质结。因此，我们所要担心的杂质恐怕还是来源于背电极中扩散的 Cu，以及制备材料本身所携带的杂质。最后，我们把主要杂质的扩散画成图 2 – 50，驱动这些元素扩散的，主要是浓度梯度和电池内部的电场。需要说明的是，扩散很可能不只是像我们画的这样，每一层都非常均匀，各个位置扩散速度相同，采用一个一维的扩散模型就可以很好地解释的。而恰恰相反，扩散在薄膜的各处可能是不同的，在晶粒内部和边界处也可以是不同的。在边界处的扩散有可能是扩散的主要通道，这个与前面通过透射电镜发现 Cl、Na 等元素富集在晶粒边界以及 CdTe/CdS 界面是相通的。因此可以假设这是一个三维立体的扩散，背表面的 Cu 或者 Cl，沿着碲化镉

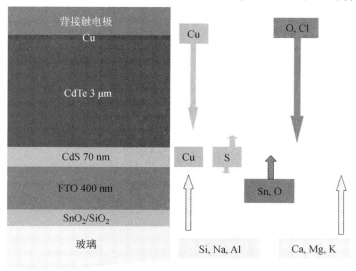

图 2 –50　碲化镉电池中杂质的分布和扩散

与背电极的边界扩散富集到碲化镉的晶粒边界，并由那里进入体内，最终来到硫化镉碲化镉界面，在界面处和晶界处富集，并向硫化镉内部扩散。杂质富集的区域往往集中在异质结界面和晶粒界面的交界处，而这些位置是转换效率最先降低的位置，然后向周边区域扩大，最终导致整个异质结性能的降低。这种扩散的示意图见图 2 – 51，在透射电镜下，我们可以看到靠近碲化镉晶粒边界和异质结界面的区域，出现了一些杂质积累造成的暗色区域，这正是我们前面所分析到的问题。

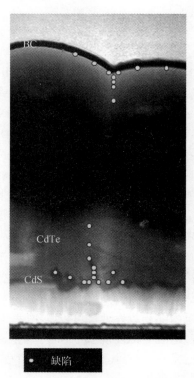

图 2 –51　透射电镜下碲化镉电池中缺陷和杂质的分布

　　除了这些杂质的扩散问题外，碲化镉在实际生产中还面临一个问题，就是碲化镉本身的稳定性。现代化和全球化导致一个产品可以不在一家工厂的产线上完成，依据市场和物流状况，不同的环节可以在不同地方进行。比如碲化镉薄膜太阳能电池，碲化镉和硫化镉的沉积制备，可以在一个核心工厂进行，但是背电极制备、组件封装则完全可以在市场当地建立一个组装厂。那么问题在于，暴露在大气下的碲化镉是否会有问题。比如水汽和氧的侵蚀。Han 的小组针对这件事情进行了研究，将完成碲化镉沉积和热退火处理的样品，放置在空气中长达一个月，发现表面的氧化深度只有几纳米，用简单的酸性溶液即可清除，完成背电极制作后，电池性能与本来的水平相差无几。这说明，碲化镉材料本身，以及 CdTe/CdS 异质结，都具有较好的稳定性，完全可以承受现代工业的要求。

■ 2.5　碲化镉薄膜太阳能电池面临的问题和未来发展

从技术方面看，碲化镉的开路电压（850 mV）和它的带宽相比起来过低，填充因子的最高水平也只有75%。砷化镓和碲化镉拥有相近的带宽，开路电压可以达到1.1 eV，填充因子可以到80%以上。这可能是因为碲化镉材料本身有很多深能级缺陷，Shockley – Read – Hall复合效应很明显，从而抑制了碲化镉单结薄膜太阳能电池转换效率的提高。将来实验室方面需要对其机理进行更加深入的研究，以从根本上解决缺陷复合的问题，使电池转换效率超过20%。基于碲化镉的多结薄膜太阳能电池，也是将来发展的重点，因为它的带宽在1.5 eV，可以联合1.0 eV的非晶硅材料和1.8 eV以上的吸收层材料，理论转换效率可以超过30%。对于工业组件的生产，第一，如何有效控制生长和退火过程，从而控制碲化镉和硫化镉的内扩散以形成均匀优质的异质结是最重要的一个问题。这里面涉及了硫化镉厚度的选择、碲化镉生长温度、退火温度和时间。仅硫化镉层吸收造成的损失就占相当比例，具体可以参见量子效率图2－52；第二，所制备薄膜的均匀性和致密性，大面积薄膜太阳能电池上的针孔，越来越成为限制效率进一步提高的主要因素，很多企业的薄膜太阳能电池的转换效率都因此停留在8%以下的水平；第三，背接触的制备，如何控制铜的量以达到效率和电池寿命的最优平衡；第四，考虑到碲化镉掺杂较为困难，实际上采用PIN结构可能更适合它，如图2－53所示。中间的i层为碲化镉层，可以做得更薄一些（厚度控制在1 μm），它的主要作用是吸收光和产生光生载流子。n型层采用高掺杂的半导体，导带要和碲化镉匹配，便于光电子流出，价带要远低于碲化镉价带顶，这样可以抑制空穴的流出，从而减少界面复合电流。同理，p型层也采用高掺杂半导体，但是价带要和碲化镉匹配，便于空穴流出，利于形成欧姆接触。同时，导带底要远高于碲化镉导带底，以阻止电子从背电极流出，

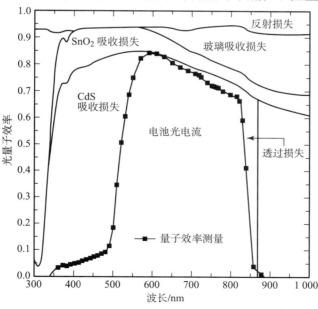

图2－52　碲化镉电池量子效率损失

增加光生电子空穴分离效率。虽然寻找实际可行的材料还需要一定的时间和精力,但是这个结构值得去尝试。

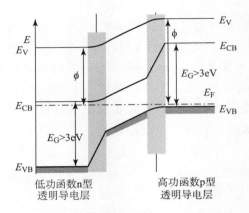

图 2 − 53 PIN 结构的太阳能电池器件能带结构

从原料角度来看,碲化镉薄膜太阳能电池的发展受到碲原料的限制,碲在地壳中的丰度为 0.005 ppm[①],世界上的碲储量大概在 47 000 t,而且主要以铜和锌的伴生矿形式存在,矿石中碲的含量仅有 1.5 ppm。目前的技术水平,生产 1 GW 碲化镉电池,约需要 100 t 的碲,按照目前世界的碲产能,碲化镉薄膜太阳能电池产能会被限制在 10 GW 以内[100]。

从环境方面看,碲化镉薄膜太阳能电池面临重金属镉的防护与回收的问题。研究发现,碲化镉材料本身性能十分稳定,可以忍受较高的温度和较强的酸碱腐蚀。碲化镉薄膜太阳能电池制造和使用过程中镉的泄露量远不及矿石燃料燃烧释放的镉,更比不上镍镉电池向环境中排放的镉量。每年扔掉的废旧电池中大约含有 2 000 t 镉,这些镉如果全用于碲化镉薄膜太阳能电池,则可以生产 35 GW 的组件。同时,金属镉是生产金属锌的副产物,由于碲化镉材料的稳定性,从某种角度来看,制造碲化镉薄膜太阳能电池反而是减小了整个人类工业对环境的镉排放。对于碲化镉废旧薄膜太阳能电池的回收,目前的成本大概在 0.08 ~ 0.1 美元。所以镉的使用不会成为碲化镉薄膜太阳能电池大规模应用的限制,目前欧美国家已经批准这种电池作为民用产品出现在市场中。

从商业角度看,碲化镉薄膜太阳能电池是目前最成功的薄膜太阳能电池。它的转移效率平均达到 15%,实际产能超过 2.5 GW,成本仅仅只有 0.67 美元/峰瓦,远低于硅电池 1.1 美元/峰瓦的成本,非常具有竞争力,成为薄膜太阳能电池的主流产品。碲化镉薄膜太阳能电池的商业生产线见图 2 − 54。

---

① 1 ppm = 1 mg/kg = 1×10^{-6}。

图2-54　德国碲化镉薄膜太阳能电池生产线

　　研究碲化镉薄膜太阳能电池，并促进这种电池的应用和可持续发展，是非常有意义的工作。

参考资料

[1]　Green M A，Emery K，Hishikawa Y，et al. Solar cell efficiency tables(version 48). Progress in Photovoltaics：Research and Applications，2016：24，905－913.

[2]　First Solar 公司. http：//www. firstsolar. com/.

[3]　Luque A H S. Handbook of Photovoltaic Science and Engineering，John Wiley & Sons Ltd：Weinheim，2003.

[4]　Wu X，Kean J，Dhere R，et al. Sheldon In 16. 5% efficient CdS/CdTe polycrystalline thin film solar cell，Proceedings of the 17th European Photovoltaic Solar Energy Conference，Munich，Munich，2001；p 995.

[5]　Dhere R G，Duenow J N，Dehart C M，et al. Gessert In Development of substrate structure CdTe photovoltaic devices with performance exceeding 10% Proceedings of the 38th IEEE Photovoltaic Specialists Conference，IEEE，Piscataway，Piscataway，2012；pp 3208－3211.

[6]　Kranz L，Gretener C，Perrenoud J，et al. Doping of polycrystalline CdTe for high－efficiency solar cells on flexible metal foil. Nature Communications，2013：4(4)，1431－1442.

[7]　Wu X，Asher S，Levi D H，et al. Interdiffusion of CdS and Zn[sub 2]SnO[sub 4] layers and its

application in CdS/CdTe polycrystalline thin – film solar cells. Journal of Applied Physics, 2001:89,4564.

[8] Dhere N G. Present status and future prospects of CIGSS thin film solar cells. Solar Energy Materials and Solar Cells,2006:90,2181 – 2190.

[9] Gessert T A, Burst J M, Wei S H, et al. Pathways toward higher performance CdS/CdTe devices:Te exposure of CdTe surface before ZnTe:Cu/Ti contacting. Thin Solid Films,2013: 535,237 – 240..

[10] Wolfram Jaegermann A K, Jochen Fritsche, Daniel Kraft, Bettina Späth, Interfaces in CdTe Solar Cells:From Idealized Concepts to Technology. In Mater. Res. Soc. Symp. Proc. ,2005; Vol. F6. 1. 1,p 865.

[11] Chaure N. Investigation of electronic quality of chemical bath deposited cadmium sulphide layers used in thin film photovoltaic solar cells. Thin Solid Films,2003:437,10 – 17.

[12] Romeo A,Batzner D L,Zong H,et al. Recrystallization in CdTe/CdS. Thin Solid Films,2000: 361 – 362,420 – 425.

[13] Romeo N. A highly efficient and stable CdTeCdS thin film solar cell. Solar Energy Materials and Solar Cells,1999:58,209 – 218.

[14] Pradhan B, Sharma A K, Ray A K. Conduction studies on chemical bath – deposited nanocrystalline CdS thin films. Journal of Crystal Growth,2007:304,388 – 392.

[15] Feldmeier E M,Fuchs A,Schaffner J,et al. Comparison between the structural,morphological and optical properties of CdS layers prepared by Close Space Sublimation and RF magnetron sputtering for CdTe solar cells. Thin Solid Films,2011:519,7596 – 7599.

[16] Mathew X, Cruz J S, Coronado D R, et al. CdS thin film post – annealing and Te – S interdiffusion in a CdTe/CdS solar cell. Solar Energy,2012:86,1023 – 1028.

[17] Luschitz J,Lakus – Wollny K,Klein A,et al. Growth regimes of CdTe deposited by close – spaced sublimation for application in thin film solar cells. Thin Solid Films,2007:515,5814 – 5818.

[18] Romeo A, Batzner D L, Zong H, et al. Influence of CdS growth process on structural and photovoltaic properties of CdTe/CdS solar cells. solar Energy Materials and Solar Cells,2001: 67,311 –321.

[19] Lee J – H, Lee D – J. Effects of CdCl₂ treatment on the properties of CdS films prepared by r. f. magnetron sputtering. Thin Solid Films,2007:515,6055 – 6059.

[20] Shindov P C,Pollock T G,Hayward M L A. CdS – CdO layer deposited by vacuum thermal evaporation. In Electronics,Sozopol,Bulgaria,2006 Sep 20 – 22 pp 122 – 125.

[21] Irvine S J C,Barrioz V,Lamb D,et al. MOCVD of thin film photovoltaic solar cells—Next – generation production technology? Journal of Crystal Growth,2008:310,5198 – 5203.

[22] Tong X L, Jiang D S, Liu Z M, et al. Structural characterization of CdS thin film on quartz formed by femtosecond pulsed laser deposition at high temperature. Thin Solid Films,2008: 516,2003 – 2008.

［23］ Wagh B G, Bhagat D M. Some studies on preparation and characterisation of cadmium sulphide films. Current Applied Physics,2004:4,259 - 262.

［24］ Archbold M D,Halliday D P,Durose K,et al. Development of low temperature approaches to device quality CdS: A modified geometry for solution growth of thin films and their characterisation. Thin Solid Films,2007:515,2954 - 2957.

［25］ Enriquez J P, Mathew X. Influence of the thickness on structural, optical and electrical properties of chemical bath deposited CdS thin films. Solar Energy Materials and Solar Cells, 2003:76,313 - 322.

［26］ Aguilar - Hernández J,Sastre - Hernández J,Ximello - Quiebras N,et al. Photoluminescence studies on CdS - CBD films grown by using different S/Cd ratios. Thin Solid Films,2006: 511 - 512,143 - 146.

［27］ Sebastian P J,Campos J,Nair P K. The effect of post - deposition treatments on morphology, structure and opto - electronic properties of chemically deposited CdS thin films. Thin Solid Films,1993:227,190 - 195.

［28］ Kaushik D,Singh R R,Sharma M,et al. A study of size dependent structure,morphology and luminescence behavior of CdS films on Si substrate. Thin Solid Films,2007:515,7070 - 7079.

［29］ Oliva A I. Formation of the band gap energy on CdS thin films growth by two different techniques. Thin Solid Films,2001:391,28 - 35.

［30］ Plotnikov V,Liu X,Paudel N,et al. Thin - film CdTe cells:Reducing the CdTe. Thin Solid Films,2011:519,7134 - 7137.

［31］ Metin H,Esen R. Annealing studies on CBD grown CdS thin films. Journal of Crystal Growth, 2003:258,141 - 148.

［32］ Yan Y,Albin D S,A,Al - Jassim M M. The effect of oxygen on junction properties in CdS CdTe solar cells. In NCPV Program Review Meeting Lakewood,Colorado,Oct 14 - 17,2001: pp 143 - 145.

［33］ Mendoza - Galván A,Martiínez G,Lozada - Morales R. Microstructural effects of thermal annealing on CdS films. Journal of Applied Physics,1996:80,3333.

［34］ Gayam S,Bapanapalli S,Zhao H,et al. The structural and electrical properties of Zn - Sn - O buffer layers and their effect on CdTe solar cell performance. Thin Solid Films,2007:515, 6060 - 6063.

［35］ Moralesacevedo A. Physical basis for the design of CdS/CdTe thin film solar cells. Solar Energy Materials and Solar Cells,2006:90,678 - 685.

［36］ McCandless B E,Moulton L V M,Birkmire R W. Recrystallization and sulfur diffusion in $CdCl_2$ - treated CdTe/CdS thin films. Progress in Photovoltaics:Research and Applications, 1997:5,249 - 260.

［37］ Lane D W,Conibeer G J,Roman S,et al. Depth profiling sulphur in bulk CdTe and CdTe/CdS thin film heterojunctions. Nuclear Instruments and Methods in Physics Research Section B:Beam Interactions with Materials and Atoms,1998:136 - 138,225 - 230.

[38] Asenjo B, Chaparro A, Gutierrez M, et al. Study of CuInS2/ZnS/ZnO solar cells, with chemically deposited ZnS buffer layers from acidic solutions. Solar Energy Materials and Solar Cells,2008:92,302 – 306.

[39] Çetinörgü E, Goldsmith S, Boxman R L. The effect of substrate temperature on filtered vacuum arc deposited zinc oxide and tin oxide thin films. Journal of Crystal Growth,2007: 299,259 – 267.

[40] Platzer – Bjoörkman C, Toörndahl T, Abou – Ras D, et al. Zn(O,S)buffer layers by atomic layer deposition in Cu(In,Ga)Se[sub 2] based thin film solar cells:Band alignment and sulfur gradient. Journal of Applied Physics,2006:100,044506.

[41] Meng F Y, Chiba Y, Yamada A, et al. Growth of $Zn_{1-x}Mg_xO$ films with single wurtzite structure by MOCVD process and their application to Cu(InGa)(SSe)$_2$ solar cells. Solar Energy Materials and Solar Cells,2007:91,1887 – 1891.

[42] Yoosuf R, Jayaraj M. Optical and photoelectrical properties of β – InS thin films prepared by two – stage process. Solar Energy Materials and Solar Cells,2005:89,85 – 94.

[43] Ezema F I. growth and optical properties of chemical bath deposited $MgCdS_2$ thin films. Journal of research,2006:17,115 – 126.

[44] Lee J – H, Song W – C, Yi J – S, et al. Growth and properties of the $Cd_{1-x}Zn_xS$ thin films for solar cell applications. Thin Solid Films,2003:431 – 432,349 – 353.

[45] Rogers K D, Painter J D, Healy M J, et al. The crystal structure of CdS_CdTe thin film heterojunction solar cells. Thin Solid Films,1999:339,299 – 304.

[46] Terrazas J, Rodríguez A, Lopez C, et al. Ordered polycrystalline thin films for high performance CdTe/CdS solar cells. Thin Solid Films,2005:490,146 – 153.

[47] Moralesacevedo A. Can we improve the record efficiency of CdS/CdTe solar cells? Solar Energy Materials and Solar Cells,2006:90,2213 – 2220.

[48] Bätzner D L, Romeo A, Terheggen M, et al. Stability aspects in CdTe/CdS solar cells. Thin Solid Films,2004:451 – 452,536 – 543.

[49] Okamoto T, Yamada A, Konagai M. Optical and electrical characterizations of highly efficient CdTe thin film solar cells. Thin Solid Films,2001:387,6 – 10.

[50] Seymour F H, Kaydanov V, Ohno T R, et al. Cu and CdCl[sub 2] influence on defects detected in CdTe solar cells with admittance spectroscopy. Applied Physics Letters,2005: 87,153507.

[51] Yan Y, Al – Jassim M M, Jones K M. Structure and effects of double – positioning twin boundaries in CdTe. Journal of Applied Physics,2003:94,2976.

[52] Soares M J, Lopes J C, Carmo M C, et al. Micro – Raman study of laser damage in CdTe. physica status solidi(c),2004:1,278 – 280.

[53] Dhere R G, Al – Jassin M M, Yan Y, et al. CdS/CdTe interface analysis by transmission electron microscopy. J. Vac. Sci. Technol. A,1999:18,1604 – 1608.

[54] Metzger W K, Albin D, Levi D, et al. Time – resolved photoluminescence studies of CdTe solar

cells. Journal of Applied Physics,2003:94,3549.

[55] Klein A,Jaegermann W,Hunger R,et al. Interfaces in thin film solar cells. In IEEE PVSC, 2005.

[56] Armani N,Salviati G,Nasi L,et al. Role of thermal treatment on the luminescence properties of CdTe thin films for photovoltaic applications. Thin Solid Films,2007:515,6184 − 6187.

[57] Kraft C,Metzner H,Haödrich M,et al. Comprehensive photoluminescence study of chlorine activated polycrystalline cadmium telluride layers. Journal of Applied Physics, 2010: 108,124503.

[58] Hernández − Fenollosa M A,Halliday D P,Durose K,et al. Photoluminescence studies of CdS/ CdTe solar cells treated with oxygen. Thin Solid Films,2003:431 − 432,176 − 180.

[59] Schaffner J,Motzko M,Tueschen A,et al. 12% efficient CdTe/CdS thin film solar cells deposited by low − temperature close space sublimation. Journal of Applied Physics,2011: 110,064508.

[60] Metzger W K,Gloeckler M. The impact of charged grain boundaries on thin − film solar cells and characterization. Journal of Applied Physics,2005:98,063701.

[61] Terheggen M,Heinrich H,Kostorz G,et al. Structural and chemical interface characterization of CdTe solar cells by transmission electron microscopy. Thin Solid Films,2003:431 − 432, 262 − 266.

[62] Kevin D. Dobson I V − F, Gary Hodes, David Cahen. Stability of CdTe/CdS thin film solar cells. Solar Energy Materials & Solar Cells,2000:62,295 − 325.

[63] Major J D,Bowen L,Durose K. Focussed ion beam and field emission gun − scanning electron microscopy for the investigation of voiding and interface phenomena in thin − film solar cells. Progress in Photovoltaics:Research and Applications,2012:20,892 − 898.

[64] Emziane M,Ottley C J,Durose K,et al. Impurity analysis of $CdCl_2$ used for thermal activation of CdTe − based solar cells. Journal of Physics D:Applied Physics,2004:37,2962 − 2965.

[65] Mazzamuto S,Vaillant L,Bosio A,et al. A study of the CdTe treatment with a Freon gas such as CHF_2Cl. Thin Solid Films,2008:516,7079 − 7083.

[66] Nollet P, Burgeman M. The back contact influence on characteristics of CdTe/CdS solar cells. Thin Solid Films,2000:361 − 362,293 − 297.

[67] Al − Shibani K M. Effect of isothermal annealing on CdTe and the study of electrical properties of Au_CdTe Schottky barriers. Physica B:Condensed Matter,2002:322,390 − 392.

[68] Rhoderick E H,Williams R H. Metal − Semiconductor Contacts Oxford:Clarendon,1988.

[69] Klein A, Säuberlich F, Späth B, et al. Non − stoichiometry and electronic properties of interfaces. Journal of Materials Science,2007:42,1890 − 1900.

[70] Niemegeers A, Burgelman M. Effects of the Au/CdTe back contact on IV and CV characteristics of Au/CdTe/CdS/TCO solar cells. J. Appl. Phys. ,1997:81,2881 − 2886.

[71] Gessert T A,Asher S,Johnston S,et al. Analysis of CdS/CdTe devices incorporating a ZnTe: Cu/Ti Contact. Thin Solid Films,2007:515,6103 − 6106.

[72] Rotlevi O,Dobson K D,Rose,et al D. Electroless Ni and NiTe ohmic contacts for CdTe/CdS PV cells. Thin Solid Films,2001:387,155 – 157.

[73] Corwine C. Copper inclusion and migration from the back contact in CdTe solar cells. Solar Energy Materials and Solar Cells,2004.

[74] Späth B,Lakus – Wollny K,Fritsche J,et al. Surface science studies of Cu containing back contacts for CdTe solar cells. Thin Solid Films,2007:515,6172 – 6174.

[75] Demtsu S H, Albin D S, Sites J R, et al. Cu – related recombination in CdS/CdTe solar cells. Thin Solid Films,2008:516,2251 – 2254.

[76] Vatavu S,Zhao H,Caraman I,et al. The copper influence on the PL spectra of CdTe thin film as a component of the CdS/CdTe heterojunction. Thin Solid Films,2009:517,2195 – 2201.

[77] Erra S,Shivakumar C,Zhao H,et al. An effective method of Cu incorporation in CdTe solar cells for improved stability. Thin Solid Films,2007:515,5833 – 5836.

[78] Späth B,Fritsche J,Säuberlich F,et al. Studies of sputtered ZnTe films as interlayer for the CdTe thin film solar cell. Thin Solid Films,2005:480 – 481,204 – 207.

[79] Kotina I M,Tukhkonen L M,Patsekina G V,et al. study of CdTe etching process in alcoholic solutions of bromine. Semiconductor Science and Technology,1998:13,890 – 894.

[80] Visoly – Fisher I,Dobson K D,Nair J,et al. Factors Affecting the Stability of CdTe/CdS Solar Cells Deduced from Stress Tests at Elevated Temperature. Advanced Functional Materials, 2010:13,289 – 299.

[81] Li J V,Duenow J N,Kuciauskas D,et al. Electrical Characterization of Cu Composition Effects in CdS/CdTe Thin – Film Solar Cells with a ZnTe: Cu Back Contact. In 38th IEEE Photovoltaic Specialists Conference,2012.

[82] Pudov A O,Gloeckler M,Demtsu S H,et al. Effect of Back contact copper concentration on CdTe cell operation. In 27th IEEE Photovoltaic Specialists Conference,2002.

[83] Jenkins C,Pudov A,Gloeckler M,et al. CdTe Back Contact:Response to Copper Addition and Out – Diffusion. In NCPV and Solar Program Review Meeting 2003.

[84] Grecu D, Compaan A D. Photoluminescence study of Cu diffusion and electromigration in CdTe. Applied Physics Letters,1999:75,361.

[85] Grecu D,Compaan A D,Young D,et al. Photoluminescence of Cu – doped CdTe and related stability issues in CdS/CdTe solar cells. Journal of Applied Physics,2000:88,2490.

[86] Chin K K,Gessert T A,Wei S H. The roles of Cu impurity states in CdTe thin film solar cells. In 35th IEEE PV Specialists Conference,2010.

[87] Yun J H. Back contact formation using Cu_2Te as a Cu – doping source and as an electrode in CdTe solar cells. Solar Energy Materials & Solar Cells,2003:75,203 – 210.

[88] Da Silva J L F,Wei S – H,Zhou J,et al. Stability and electronic structures of Cu[sub x]Te. Applied Physics Letters,2007:91,091902.

[89] Hegedus S S,Mccandless B E,Birkmire R W. Analysis of Stress – Induced Degradation in CdS/CdTe Solar Cells. In 28th IEEE PV Specialists Conference,2000.

［90］ Paudel N R, Kwon D, Yong M, et al. Effects of Cu and CdCl₂ Treatment on the stability of sputtered CdS/CdTe solar cells. In 36th IEEE PV Specialists Conference, 2010.

［91］ Albin D S, Demtsu S H, McMahon T J. Film thickness and chemical processing effects on the stability of cadmium telluride solar cells. Thin Solid Films, 2006:515, 2659 – 2668.

［92］ Liu XX C A, Sun K, XRF and High Resolution TEM Studies of Cu at the Back Contact in Sputtered CdSCdTe Solar Cells. In 33RD IEEE Photovoltaic Specialists Conference, 2008.

［93］ Asher S E, Determination of Cu in CdTe/CdS Devices Before and after Accelerated stress testing. In 28th IEEE PV Specialists Conference, 2000.

［94］ Berniard T J, Albin D S, To B, et al. Effects of Cu at the device junction on the properties of CdTe/CdS photovoltaic cells. Journal of Vacuum Science & Technology B: Microelectronics and Nanometer Structures, 2004:22, 2423.

［95］ Bani K, Jayabal M, Zhao H, et al. Introduction of Cu in CdS and its effect on CdTe solar cells. In 30th IEEE PV Specialists Conference, 2005.

［96］ Yan Y, Jones K M, Jiang C S, et al. Understanding the defect physics in polycrystalline photovoltaic materials. Physica B: Condensed Matter, 2007:401 – 402, 25 – 32.

［97］ Agostinelli G, Bätzner D L, Burgelman M. A theoretical model for the front region of cadmium telluride solar cells. Thin Solid Films, 2003:431 – 432, 407 – 413.

［98］ Emziane M, Durose K, Romeo N, et al. A combined SIMS and ICPMS investigation of the origin and distribution of potentially electrically active impurities in CdTe/CdS solar cell structures. Semiconductor Science and Technology, 2005:20, 434 – 442.

［99］ Wei S – H, Zhang S B. Chemical trends of defect formation and doping limit in II – VI semiconductors: The case of CdTe. Physical Review B, 2002:66. .

［100］ Feltrin A, Freundlich A. Material considerations for terawatt level deployment of photovoltaics. Renewable Energy, 2008:33, 180 – 185.

第三章

铜铟镓硒薄膜太阳能电池

3.1 铜铟镓硒薄膜太阳能电池的发展历史

20世纪50年代，Hahn首次合成了属于黄铜矿相的铜铟硒（$CuInSe_2$，CIS）半导体材料[1]。1974年，美国贝尔实验室的Wagner等用提拉法研制出基于p型单晶CIS和n型CdS的光电探测器，并报道了转换效率为5%的单晶CIS太阳能电池[2]。之后，仅用了1年时间，单晶CIS太阳能电池的转移效率就达到了12%[3]，显著地超出了当时非常热门的非晶硅薄膜电池，引起了光伏领域内包括美国、日本、欧洲等国家和地区的众多研究机构的关注。

基于薄膜技术的CIS太阳能电池最早是由美国可再生能源实验室（NREL）的Kazmerski于1976年报道的[4]。他们采用蒸镀方法获得了6 μm的p型多晶CIS薄膜，并继续蒸镀了6 μm的CdS薄膜形成异质结，获得了最高5%的光电转换效率。80年代，Boeing公司采用多元共蒸发技术沉积CIS多晶薄膜，并在此后的十几年间保持着CIS太阳能电池的世界领先水平。多元共蒸发二步法，即著名的"波音双层工艺"，是先沉积一层富Cu的低电阻率CIS薄膜，然后在其上制备一层贫Cu的高阻CIS薄膜，这个阶段的CIS薄膜太阳能电池的光电转换效率在10%左右[5-8]。

1986年，ARCO Solar公司的Potter采用厚度小于50 nm的致密CdS和1～2 μm的ZnO透明导电薄膜替代厚度为6 μm的CdS层，并提出了沿用至今的CIS薄膜太阳能电池经典结构。这个结构大大降低了薄膜太阳能电池中Cd的使用量，并且可以使更多的短波光能进入吸收层，从而提高了CIS类薄膜太阳能电池的短波响应，是CIS薄膜太阳能电池发展历史上一个重要的进步。该公司的另一大贡献是提出了磁控溅射沉积Cu、In金属预制层加H_2Se气氛退火的制备工艺，该技术将多元共蒸发一次性成膜分解为金属预制膜沉积与化学热处理两步完成，有利于大面积薄膜太阳能电池组件生产的实现，成为CIS类薄膜太阳能电池生产中最重要的技术之一。1988年，该公司采用磁控溅射加后硒化的工艺制备了转换效率为14%的CIS薄膜太阳能电池，创造了当时的世界纪录[9]，该电池的$I-V$曲线如图3-1所示。

80年代，CIS薄膜太阳能电池的研究重点是提高电池器件的开路电压，这需要扩宽吸收

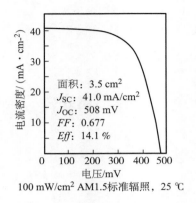

100 mW/cm² AM1.5标准辐照，25 ℃

图 3 - 1　ARCO 公司 CIS 薄膜太阳能电池的 $I - V$ 曲线[9]

层材料的禁带宽度。$CuGaSe_2$ 和 $CuInS_2$ 都比 $CuInSe_2$ 的带隙宽，分别为 1. 67 eV 和 1. 50 eV。元素 Ga 和 S 的掺入可形成 $Cu(In,Ga)Se_2$（铜铟镓硒，CIGS）或 $CuIn(Se，S)_2$（铜铟锡硫，CISSe），增加吸收层的带隙，这不但可以使吸收谱与太阳光谱更匹配，还可提高器件的开路电压进而提高器件的光电转换效率。基于这个思路，Boeing 公司于 1987 年提出了 $Cu(In0.7，Ga0.3)Se_2/CdZnS$ 薄膜太阳能电池，虽然转换效率仅有 12. 9%，但是此电池的开路电压为 555 mV，这个参数是 CIS 薄膜太阳能电池从未达到的高度，在 $CuGaSe_2$ 薄膜太阳能电池上更是获得了 845 mV 的开路电压[10-11]。随后，包括德国的斯图加特大学、瑞典的 Uppsala 大学、美国的 Florida 大学在内的多家研究机构开始发展与 CIGS 相关的各项技术。

　　90 年代 CIGS 薄膜太阳能电池得到了快速发展。1993 年瑞典的 Hedström 首先提出用化学水浴（Chemical Bath Deposition，CBD）方法制备 CdS，也称湿法制备。化学水浴法制备的 CdS 改善了 pn 结质量，提高了电池的开路电压与填充因子[12]。这个研究团队还发现了钠钙玻璃对生长 CIS 薄膜太阳能电池的有利影响。随后，其他的研究者陆续报道了钠钙玻璃除了与 CIS 薄膜有十分匹配的热膨胀系数之外，其中丰富的 Na 元素在热处理过程中向 CIGS 吸收层扩散，对 CIGS 薄膜的形貌、电学性能均有积极作用。这一阶段主要的研究热点集中在 CIGS 带隙梯度的构建问题上。西门子太阳能公司（原 Shell Solar）的 Tarrent 提出通过表面掺杂 S 元素来提高薄膜表面带隙，并将电池的转换效率提高到了 15%。1994 年，NREL 提出了"三步共蒸发工艺"，极大地提高了 CIGS 薄膜的配比宽容度，提高了多元蒸发过程的可控性，降低了 CIGS 薄膜的制备难度，明显地提高了晶粒尺寸，改善了薄膜的结晶质量，成功地将 CIGS 薄膜太阳能电池的转换效率提高到 15. 9%，器件结构如图 3 - 2 所示，这也是迄今为止高效率 CIGS 薄膜太阳能电池的典型结构。1994 年开始到 2010 年左右，NREL 研制的小面积 CIGS 薄膜太阳能电池的转换效率始

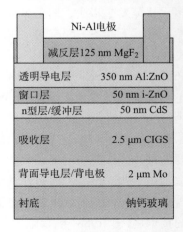

图 3 - 2　NREL 提出的 CIGS 薄膜太阳能电池的典型结构

终处于绝对领先地位，电池转换效率稳步提高，到 2010 年其已将电池的转换效率提高到 19.9%[13]。

2011 年开始，领跑小面积 CIGS 薄膜太阳能电池转换效率的机构变为德国的氢能和可再生能源研究中心（ZSW）。ZSW 第一次使 CIGS 薄膜太阳能电池的光电转换效率超过 20% 的大关[14]，电池的 $I-V$ 曲线如图 3-3 所示。在此之前，光电转换效率能否超过 20% 一直是薄膜太阳能电池和结晶 Si 电池的巨大区别之一，可以说这个进步极大地鼓舞了薄膜太阳能电池的研究人员，也极大地促进了产业界在此项技术上的投资力度。ZSW 也是采用的三步共蒸发方法，通过高度控制原材料纯度、实验室洁净度、尽量减少步骤之间的停顿时间等工艺控制措施，实现了高效率电池的制备。三步共蒸发法在刷新小面积 CIGS 薄膜电池的光电转换效率方面的技术优势一直保持到 2014 年，这一年，CIGS 小面积薄膜太阳能电池的转换效率首次由 Solar Frontier 用磁控溅射 Cu、In、Ga 金属预制膜加后硒化的工艺获得，达到了 20.9%[15]。这家日本公司是截至本书完成为止世界上产能最大的 CIGS 薄膜太阳能电池生产厂商，拥有完备的研发力量和产能巨大的生产线，该工艺也被认为是更便于在大面积上获得均匀薄膜的一种工艺方法。

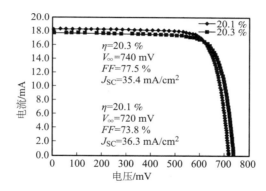

图 3-3 首个光电转换效率超过 20% 的 CIGS 薄膜太阳能电池的 $I-V$ 曲线[14]

在 CIGS 薄膜太阳能电池的转换效率超过 20% 以后，多数研究机构的研究重点都放在了如何提高 Ga 含量这个问题上。早在 1987 年[11]研究人员就已经在 CGS 薄膜太阳能电池上实现了 845 mV 的高开路电压，但是当 Ga 含量过高之后吸收层的结晶质量会快速劣化，产生很多缺陷进而导致短路电流下降，因此很难在高 Ga 含量的 CIGS 薄膜太阳能电池上获得较高的光电转换效率。提高 Ga 含量的同时保证结晶质量是这一阶段研究的主要任务。ZSW 通过掺杂碱金属元素，同时提高了开路电压和短路电流，其他研究结构也纷纷跟进这个发现，在 2 年之内将 CIGS 薄膜太阳能电池的光电转换效率从 20.8%[16]提高到 22.6%[17-19]。这 1.8% 的转换效率的提高是非常不容易的，要知道，CIGS 薄膜太阳能电池的转换效率从 18.8%[20]提高到 19.9%[13]用了 9 年的时间。图 3-4 是 ZSW 研制的转换效率为 22.6% 的 CIGS 薄膜太阳能电池的 $I-V$ 曲线图，对比图 3-3 可以发现，该电池在短路电流上与之前的高转换效率电池相比其实是减小的，但是大幅提高的开路电压和填充因子弥补了这个缺陷，因此电池的转换效率仍然提高了。2015 年，Solar Frontier 公司通过提高吸收层质量以及改善 pn 结工艺，首次将小面积 CIGS 薄膜太阳能电池的转换效率提高到过 22% 以上[21]，这个成果坚定了产业界对 CIGS 薄膜太阳能电池的信心，也坚定了对磁控溅射后硒化工艺的信心。

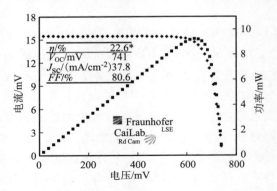

图 3 - 4　ZSW 研发的效率 22.6% 的 CIGS 薄膜电池[19]

■ 3.2　铜铟镓硒薄膜太阳能电池吸收层材料

CIGS 薄膜是 CIGS 薄膜太阳能电池的核心部分，是由 Cu、In、Ga、Se 四种元素构成的 Ⅰ - Ⅲ - Ⅵ 族化合物半导体材料，从化学键和理论上讲，可以认为它处于 Ⅱ - Ⅵ 族化合物的延长线上，结构与 Ⅱ - Ⅵ 族化合物半导体相近。作为太阳能电池吸收层材料，主要将 Cu - (Al,In,Ga) - (S,Se)$_2$ 的组合作为研究开发的对象。它们都有相同的晶格结构，通过 Al/In/Ga 和 S/Se 的混合晶化，可以将禁带宽度控制在 1.04 ~ 3.43 eV 之间。CIGS 是 CuInSe$_2$ 和 CuGaSe$_2$ 的混合晶体半导体，其带隙结构与导电机制与元素配位、晶体结构、缺陷种类密切相关，远比单质元素半导体复杂。

3.2.1　铜铟镓硒薄膜材料的物理性质

1. 结构特性

CIS 的晶格结构随着沉积温度的不同而不同，固态相变温度分别为 665 ℃ 和 810 ℃，熔点是 987 ℃。制备温度低于 665 ℃ 时，CIS 具有黄铜矿的晶格结构；温度高于 810 ℃ 时，CIS 具有闪锌矿的晶格结构；当温度介于两者之间时，CIS 处于过渡结构。CIS 两种典型结构如图 3 - 5 所示。在 CIS 晶体中每个阳离子（Cu、In）有四个最近邻的阴离子（Se）。以阳离子为中心，阴离子位于体心立方的四个不相邻的角上，如图 3 - 5（b）所示。同样，每个阴离子的最近邻位置有两种阳离子，以阴离子为中心，两个 Cu 离子和两个 In 离子位于四个角上。由于 Cu 和 In 的化学性质完全不同，Cu—Se 键和 In—Se 键的长度和离子性质不同，因此以 Se 离子为中心构成的四面体是不完全对称的。为了完整地展示黄铜矿晶胞的特点，需要两个金刚石单元，即四个 Cu、四个 In 和八个 Se 原子。室温下，CIS 的晶格常数 $a = 0.5789$ nm，$c = 1.1612$ nm，c/a 为 2.006。Ga 部分取代 In 便形成 CuIn$_x$Ga$_{1-x}$Se$_2$，这个过程不会改变晶格结构，但是 Ga 的原子半径小于 In，随着 Ga 含量的提高，黄铜矿结构的晶格常数会变小。CIGS 薄膜太阳能电池一般沉积在玻璃衬底上，制备温度低于 600 ℃，所以 CIGS 吸收层以黄铜矿结构存在。

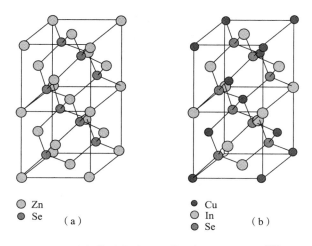

○ Zn
● Se （a）

● Cu
○ In
● Se （b）

图 3-5 闪锌矿和黄铜矿的晶格结构示意图[22]

（a）闪锌矿晶格结构示意图；（b）黄铜矿晶格结构示意图

CIS 和 CIGS 分别是三元和四元化合物材料，它们的物理性质预期结晶状态和组分密切相关。相图是对这些多元体系的状态随温度、压力及其组分的改变而变化的直观描述。下面简要介绍 $Cu_2Se - In_2Se_3$ 和 $Cu_2Se - In_2Se_3 - Ga_2Se_3$ 两个相图。

从 Cu_2Se 和 In_2Se_3 前驱体出发生长 CIS 时的 $Cu_2Se - In_2Se_3$ 相图如图 3-6 所示，其中 α 代表黄铜矿相结构的 $CuInSe_2$，β 代表有序缺陷化合物相（Ordered Defect Compound，ODC）（$Cu_2In_4Se_7$ 或 $CuIn_3Se_5$），γ（$CuIn_5Se_8$）是一种层状结构的化合物。闪锌矿结构的 δ 相只在高温时出现，是一种 Cu 和 In 原子任意排布在阳离子位置的结构。由图 3-6 可见，纯 α 相出现在 550～600 ℃、Cu/In = 0.92～0.96（Cu 在 24%～24.5%）这个非常狭小的区域内，其

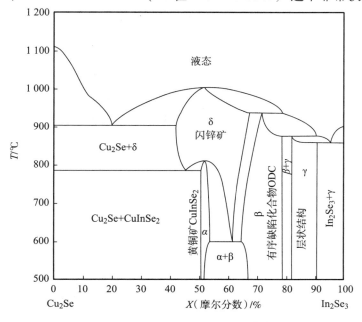

图 3-6 $Cu_2Se - In_2Se_3$ 相图[23]

至不包括符合 CuInSe$_2$ 化学计量比时原子百分比为 25% 的 Cu 含量，且实验也验证了这是获得高效率 CIS 类薄膜太阳能电池的区域。当 In 过剩时，会出现 α 与 β 的混合相，通过添加 Na 和 Ca 可以抑制 β 相的形成，从而使得 α 相的区域变宽了一点，所以推测实际的 CIGS 薄膜太阳能电池中 Cu/In 的允许范围会比相图所示的稍微大一些。由于存在众多配比不同的 Cu、In、Se 化合物相，因此即使成分与 CuInSe$_2$ 的化学计量比偏离一些，也能获得有效率的 CIGS 薄膜太阳能电池，也就是说对参数的容错度较高，这对工业生产的意义很大。

四元化合物的热力学反应比较复杂，目前对 CIGS 的理解只能基于图 3 − 7 所示的 Cu$_2$Se − In$_2$Se$_3$ − Ga$_2$Se$_3$ 体系相图（550 ~ 810 ℃）。此相图指出了获得高转换效率 CIGS 薄膜太阳能电池的区域（Ga：原子百分比 10% ~ 33%），这与目前实际器件中的 Ga 含量基本一致。随着 Ga/In 比例在贫 Cu 薄膜中的增大，单相 α − CIGS 的区域出现宽化现象。这是由于 Ga 的中性缺陷对（2V$_{Cu}$ + Ga$_{Cu}$）比 In 缺陷对（2V$_{Cu}$ + In$_{Cu}$）具有更高的形成能。同时，α 相、β 相和 δ 相也在该相图中出现。目前转换效率最高的薄膜太阳能电池中 Ga/（In + Ga）的原子百分比为 33%，说明 Ga 含量已经接近极限，目前的研究热点是通过掺杂其他元素来拓宽这个极限。

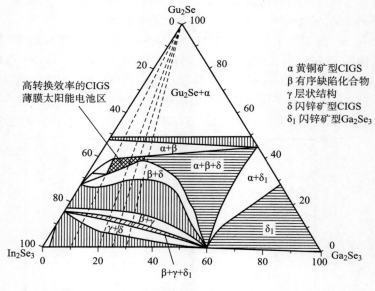

图 3 − 7　Cu$_2$Se − In$_2$Se$_3$ − Ga$_2$Se$_3$ 体系相图[24]

2. 能带特征

CuIn$_{1-x}$Ga$_x$Se 可以看作是按（1 − x）：x 混合的 CIS 和 CGS。如图 3 − 8 所示，CIS 和 CGS 的禁带宽度分别是 1.04 eV 和 1.67 eV。根据 Vegard 定理，CIGS 的禁带宽度 E_g 对 x 有如下的依赖关系：

$$E_g = E_{gCIS}(1 - x) + E_{gCGS}x - 0.116x(1 - x) = 1.04 + 0.514x + 0.116x^2 \quad (3 - 1)$$

如果能控制 Ga 含量使 x 在 0.6 ~ 0.7 范围内，那么 E_g 可接近 1.4 eV，这与太阳光谱最为匹配。但是，由于 CIS 的晶格常数 c/a 为 2.006，而 CGS 的晶格常数 c/a 为 1.996，所以当 c/a

接近 2 时缺陷态最少，且对应有转换效率最高的 CIGS 薄膜太阳能电池。

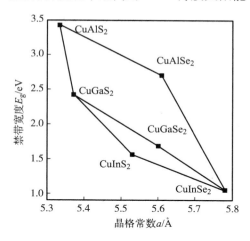

图 3-8　Cu(Al,In,Ga)(Se,S)$_2$ 多元混晶体系的
禁带宽度与晶格常数的关系[25]

3. 导电特性

一般的半导体如 Si、Ge 是通过添加施主或受主杂质，实现 n 型、p 型的控制。而 CIGS 是通过控制自身固有缺陷来实现导电类型的控制的。其主要是通过 Cu/Ⅲ 的比例进行控制，也称固有缺陷控制。CIGS 中的缺陷可以分为三类：①Ⅰ族元素（Ⅲ族元素）的晶格格点置换成Ⅲ族元素（Ⅰ族元素）的反位缺陷，例如 In$_{Cu}$ 表示的是占据了 Cu 空位的 In 原子；②原子离开后的空位，例如 V$_{Cu}$ 表示的是 Cu 离开后的空位；③晶格间原子，例如 Cu$_i$ 表示的就是晶格间的 Cu 原子。

NREL 的 Zunger 通过第一原理计算了 CIS 中各种缺陷的生成能和缺陷能级，得到了表 3-1 的结果，计算结果与实际测试值的对比关系如图 3-9 所示[26]。可以看出，CIS 材料中 Cu 空位的生成能很低，能级位于价带顶上部 30 meV 处，属于浅受主能级，此能级在室温下即可激活，从而使 CIS 材料呈现 p 型导电。V$_{In}$ 和 Cu$_{In}$ 也是受主型缺陷，而 In$_{Cu}$ 和 Cu$_i$ 是施主型缺陷。CIS 中很容易产生电中性的（2V$_{Cu}^-$ + In$_{Cu}^{2+}$）复合缺陷，这种缺陷的形成能低，可以大量稳定地存在。（2V$_{Cu}^-$ + In$_{Cu}^{2+}$）复合缺陷对可以在 Cu-In-Se 化合物中规则排列，如果每 n 个晶胞的 CIS 中有 m 个（2V$_{Cu}^-$ + In$_{Cu}^{2+}$）缺陷对，则可用 Cu$_{(n-3m)}$In$_{(n+m)}$Se$_{2n}$ 表示，其中 $m=1$，2，3$\cdots$，$n=3$，4，5$\cdots$。Cu-In-Se 化合物即使偏离了化学计量比，但只要满足这个关系式，就可以稳定地存在，如 CuIn$_5$Se$_8$、CuIn$_3$Se$_5$、Cu$_2$In$_4$Se$_7$、Cu$_3$In$_5$Se$_9$ 等，也就是前文提过的有序缺陷化合物。而且，即使偏离化学计量比，CIS 材料也能呈现良好的导电特性，这主要是 V$_{Cu}$ 受主和 In$_{Cu}$ 施主互相抵消的结果。另一方面，在 CuGaSe$_2$ 中，难以产生（2V$_{Cu}^-$ + In$_{Cu}^{2+}$）复合缺陷，且 Ga$_{Cu}$ 的施主能级比 In$_{Cu}$ 的施主能级更深，因此 CuGaSe$_2$ 的 n 型化就很困难，这一点在相图中也有所体现。在一定条件下，起作用的受主型点缺陷总和若大于起作用的施主型点缺陷的总和，则 CIS 材料呈现 p 型，否则为 n 型。

表 3 – 1 CuInSe$_2$ 缺陷种类和生成能、缺陷能级

缺陷类型	生成能/eV	缺陷能级/eV	导电特性
V_{Cu}^{0}	0.60		
V_{Cu}^{-}	0.63	$E_V + 0.03$	受主
V_{In}^{0}	3.04		
V_{In}^{-}	3.21	$E_V + 0.17$	受主
V_{In}^{2-}	3.62	$E_V + 0.41$	受主
V_{In}^{3-}	4.29	$E_V + 0.67$	受主
Cu_{In}^{0}	1.54		
Cu_{In}^{-}	1.83	$E_V + 0.29$	受主
Cu_{In}^{2-}	2.41	$E_V + 0.58$	受主
In_{Cu}^{2+}	1.85	$E_C - 0.34$	施主
In_{Cu}^{+}	2.55	$E_C - 0.25$	施主
In_{Cu}^{0}	3.34		
Cu_{i}^{+}	2.04	$E_C - 0.20$	施主
Cu_{i}^{0}	2.88		
V_{Se} [①]	2.40	$E_C - 0.08$	施主

①见参考文献 [27]。

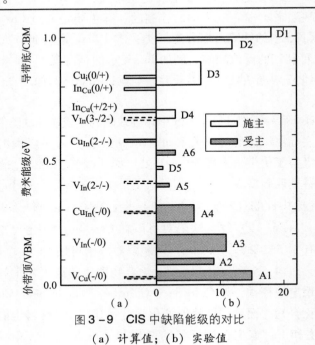

图 3 – 9 CIS 中缺陷能级的对比

（a）计算值；（b）实验值

CIGS 偏离化学计量比的程度可以表示为：

$$\Delta \alpha = \frac{[Cu]}{[In + Ga]} - 1$$

$$\Delta \beta = \frac{2[Se]}{[Cu] + 3[In + Ga]} - 1 \tag{3 – 2}$$

式中，$\Delta\alpha$ 表示化合物中金属原子比的偏差，$\Delta\beta$ 表示化合物中化合价的偏差，［Cu］、［Se］、［In］分别表示对应组分的原子分数。根据 $\Delta\alpha$、$\Delta\beta$ 的值可以初步分析 CIGS 中存在的缺陷类型和导电类型。

（1）当材料中 Se 含量不足时，$\Delta\beta < 0$，晶体中会出现 V_{Se}。在黄铜矿晶体中，Se 原子缺失会导致离它最近的 Cu 原子和 In 原子的外层电子失去共价电子，从而变得不稳定。这时 V_{Se} 相当于施主杂质，向导带提供自由电子。当 Ga 取代部分 In 时，由于 Ga 的电子亲和势较大，Cu 和 Ga 的外层电子相互结合形成电子对，从而使得 V_{Se} 不会向导带提供自由电子。所以，CIGS 的 n 型导电性随着 Ga 含量的增加而下降。

（2）当 CIS 中 Cu 过量时，会出现 CIS 与低电阻相 Cu_2Se 混合存在的现象，电阻率及载流子浓度会出现 6 个数量级的变化，如图 3-10[28,29] 所示。

（3）当 CIS 中 Cu 略微不足，In 过量一点点时，如图 3-11[30] 所示 V 型区域内，即 $\Delta\alpha < 0$，$\Delta\beta = 0$ 时的主要缺陷是 V_{Cu} 和少量的 In_{Cu}，此时由于受主缺陷浓度高于施主缺陷浓度，因此 CIS 会呈现 p 型导电。当 Cu 严重不足，Ⅲ族元素严重过量时，过多的 In_{Cu} 施主缺陷会导致 CIS 材料呈现 n 型导电。因此，CIS 系材料的特点之一就是通过控制 Cu/Ⅲ 来控制 pn 结。

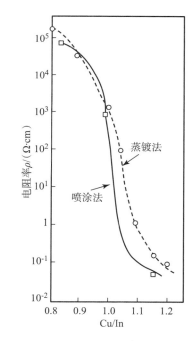

图 3-10　$CuInSe_2$ 的电阻率与
Cu/In 比的依赖关系[29]

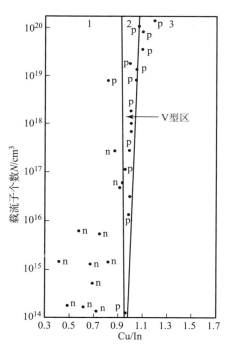

图 3-11　$CuInSe_2$ 的导电类型与
Cu/In 比例的关系

4. 光谱吸收

对于直接带隙半导体材料，光的吸收过程其实是其价带电子吸收足够的能量之后跃迁到导带的过程，这一过程与半导体的能带结构密切相关。对于非直接带隙半导体，半导体中的电子吸收入射光之后，还需要借由碰撞获得额外的动量来造成电子本身波数的改变才能跃迁到导带。因此，入射条件一样时，直接带隙半导体中电子跃迁的概率更大，光电转换效率也更高一些。

图 3 - 12 给出了几种常见半导体材料的吸收系数与光子能量的关系。CIGS 材料不但是直接带隙半导体，在紫外—可见光区域更是具有高达 10^5 cm^{-1} 的光吸收系数。由量子力学中电子跃迁的理论可以推导出半导体材料的光吸收系数与其能带结构的关系。对于直接带隙半导体，若其禁带宽度为 E_g，且它对能量为 $h\nu$ 的光子的吸收系数为 α，则有：

$$\alpha h\nu = Aa(h\nu - E_g)^{1/2} \tag{3-3}$$

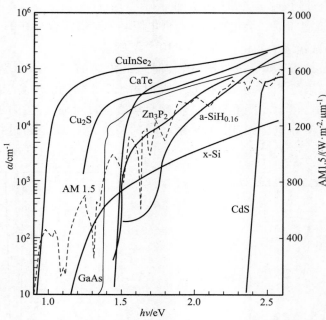

图 3 - 12　几种常见半导体材料与光子能量的关系[31]

式中，Aa 是与光子能量无关的常数。如果测量得到了半导体材料在不同光子能量下的吸收，并依照式（3-3）做 $(\alpha h\nu)^2 \sim h\nu$ 的关系图，如图 3 - 13 所示，那么此曲线的线性区间在

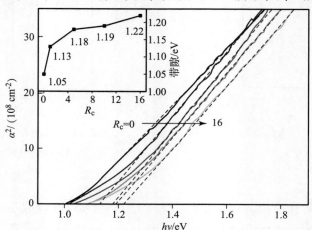

图 3 - 13　CIGS 薄膜的光学带隙测试计算示例[32]

$h\nu$ 轴上的截距即为此材料的光学带隙 E_g。

半导体薄膜的吸收系数 α，也可以通过对该薄膜在特定波长的光照下的反射率 R、透过率 T 以及厚度 d 的测量得到，这四个变量满足如下关系：

$$T = \frac{(1-R)^2 \exp(-\alpha d)}{1 - R^2 \exp(-2\alpha d)} \tag{3-4}$$

当薄膜的反射系数很小而吸收系数较大时，式（3-4）可以简化为：

$$T = (1-R)^2 \exp(-\alpha d) \tag{3-5}$$

从而有：

$$\alpha = \frac{1}{d}\ln\frac{(1-R)^2}{T} \tag{3-6}$$

因此，α 为 $10^5\ \mathrm{cm}^{-1}$ 的 CIGS 的厚度达到 $2\ \mu m$ 时能接近完全吸收太阳能光谱中的光能。

5. 单晶与多晶的特性对比

目前 CIGS 研究的重点仍然是多晶 CIGS 薄膜材料，尽管存在着晶界的影响，但单晶 CIGS 和多晶 CIGS 仍然有许多相似的特性。表 3-2 给出了 CIS 薄膜一般的特征参数。

表 3-2　CIS 薄膜的特性[33]

材料特性	数值	单位	材料特性	数值	单位
分子式	CuInSe$_2$		相对分子质量	336.28	
密度	5.770	g/cm	颜色	灰黑色	
结构	黄铜矿结构		闪锌矿结构转变温度	810	℃
熔点	986	℃	声速（纵向）	2.20×10^5	cm/s
晶格常数			热膨胀系数		
a_0	0.579	nm	a 轴	8.32×10^{-6}	K^{-1}
c_0	1.162	nm	c 轴	7.89×10^{-6}	K^{-1}
热导率	0.086	W/(cm·K)	德拜温度	221.90	K
硬度	3.20×10^9	N/m^2	压缩系数	1.40×10^{-11}	m^2/N
电阻率			载流子迁移率		
富 Cu	0.001	Ω·cm	n（Nd $10^{14} \sim 10^{17}$ cm^{-3}）	100 ~ 1 000（300 K）	cm^2/(V·s)
富 In	>100	Ω·cm	h（Na ~ 10^{16} cm^{-3}）	50 ~ 180（300 K）	cm^2/(V·s)

3.2.2　铜铟镓硒薄膜材料的制备方法

1. 共蒸发法

共蒸发法也称多元共蒸发法，是在过量的 Se 气氛中，以 Cu、In、Ga 单质做蒸发源进行反应蒸发，相当于二元 Cu + Se、In + Se、Ga + Se 共同沉积或分为若干阶分步沉积。在共蒸发过程中，Cu + Se 蒸发与Ⅲ族硒化物的反应合成强烈地影响薄膜的生长，因此，根据 Cu 蒸发的流量阶段可以将 CIGS 薄膜的共蒸发法分为一步法、两步法和三步法，如图 3-14 所示。这三种蒸发法，蒸发结束后都需要在衬底降温的过程中保持一定的 Se 气氛，以防止衬底温度较高时薄膜中的 Se 反蒸发而导致 Ga、In 流失，衬底温度低于 300℃时才能停止提供 Se 蒸气。

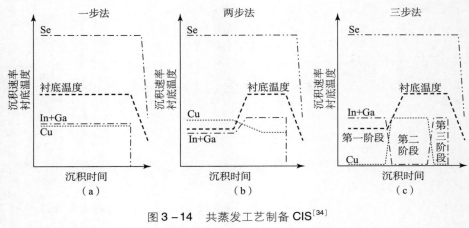

图 3－14 共蒸发工艺制备 CIS[34]

（a）一步法；（b）两步法；（c）三步法

（1）一步蒸发法。

该蒸发方法是在 CIGS 薄膜沉积过程中保持衬底温度不变，同时蒸发 Cu、In、Ga、Se 四种元素，元素配比完全取决于各蒸发舟的蒸发速率和各蒸发源的蒸发时间。

（2）二步蒸发法。

二步蒸发法是为实现 CIGS 的双层膜工艺而设计的。第一步是在衬底温度为 350～500℃时四元共蒸发获得富 Cu 的 CIGS，然后将衬底温度升高到 550℃后仅蒸发 In、Ga、Se 获得贫 Cu 的 CIGS。

（3）三步蒸发法。

三步共蒸发是在两个沉积温度下，分三步蒸发 Cu、In、Ga 与 Se 的反应沉积。第一步是在衬底温度 300～400 ℃时共蒸发约 90% 的 In、Ga、Se，形成 $(In_{1-x}Ga_x)_2Se_3$ 预制膜；第二步将衬底温度升高到 550～580 ℃，在 Se 气氛中蒸发 Cu 形成富 Cu 的 CIGS $[Cu/(In+Ga) > 1]$，当薄膜中出现 Cu_2Se 相时会有吸热现象，可观测到恒温衬底温度降低，或衬底加热系统功率上升，这均表明薄膜已经开始富 Cu；第三步在薄膜富 Cu 之后停止蒸发 Cu，然后蒸发剩余的 10% 的 In、Ga、Se，并消除 Cu_2Se 相，最后可在表面形成贫 Cu 的有序缺陷层。如图 3－15 所示，是三步共蒸发法获得的典型 CIGS 的截面照片，可以看出，薄膜由直径为微米量级的柱状晶组成，结晶质量非常好。

三步共蒸发法是目前为止制备高转换效率的 CIGS 薄膜太阳能电池最有效的工艺之一，其制备的 CIGS 薄膜太阳能电池具有较高转换效率的主要原因有以下几个：

（a）Ga 的梯度分布。由于 In_2Se_3 的生成温度低于 Ga_2Se_3，第一步低温沉积过程中 Ga 会被挤向 Mo 电极。第二步高温沉积过程中，Cu 与 In_2Se_3 优先形成 CIS，并与薄膜深处的 Ga 进行双向扩散，形成 CIGS 固溶体，也因此会形成 Ga 的背梯度分布（靠近 Mo 电极的区域 Ga 含量较高，靠近表面的区域 Ga 含量较低）。Ga 含量较高意味着该区域的禁带宽度较高，从而增强了电池的背电场，使得从 Mo 电极外延伸到空间电荷区的梯度带隙建立了一个准电荷区，这有助于空间电荷区外的光生载流子向空间电荷区输运，提高载流子的收集率，并

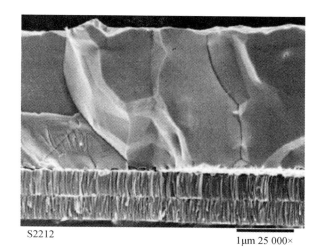

图 3-15　三步共蒸发法获得的 CIGS 截面照片[35]

可以有效抑制 Mo/CIGS 界面上的载流子复合，提高开路电压。第三步沉积过程中，由于 In 比 Ga 有更低的结合能，所以 In 原子会更快地扩散进入 CIGS 内部，这有助于在表面构建一个高 Ga 层，提高表面带隙，并可以使高能量的光子在薄膜表面被吸收，低能量的光子在薄膜深处被吸收，有效地扩宽了电池的光谱响应范围，有助于更好地吸收太阳光，减少由于禁带宽度增大引起的短路电流的损失。因此，Ga 的 V 型分布是一个一举多得的关键技术。

（b）过量沉积 Cu、Se 而产生的二元 $Cu_{2-x}Se$ 相在高温（> 500 ℃）下呈液态，液相的存在提高了元素的扩散能力，同时液相烧结作用将小晶粒包裹起来，融合形成大晶粒。一步共蒸发法制备的 CIGS 薄膜表层晶粒较大，靠近 Mo 电极的底部存在很多小晶粒，表面有很多晶粒间隙，晶粒形状为菱形或三角形，这是贫 Cu 薄膜的特点。二步和三步共蒸发工艺都有一个富 Cu 的过程，获得的薄膜都具有从薄膜表面贯穿到底部的柱状大晶粒，且表面平整、致密。

（c）第三步高温下沉积 In、Ga、Se 不但可以消除 $Cu_{2-x}Se$ 导电相，而且可以在薄膜表面形成有序缺陷层，有序缺陷层内含有大量空位，有助于沉积 CdS 过程中 Cd 向 CIGS 薄膜内部扩散，并形成 Cd 掺杂的 n 型浅埋结，从而有效地改善异质结界面特性，形成更好的 pn 结。

2. 溅射—硒化法

溅射—硒化法是利用磁控溅射法把一定配比的 Cu - In - Ga - Se 沉积到衬底上，然后在高温（550 ℃）下退火获得 CIGS 的工艺。太阳能电池组件制造的关键问题就是能否做到低成本、大面积、批量化生产、高转换效率，因此溅射—硒化法是目前广泛采用的批量化制备 CIGS 薄膜太阳能电池的方法。根据预制膜是否含 Se，可以分为 CIG 金属预制膜硒化法和 CIGS 陶瓷预制膜硒化法。

（1）CIG 金属预制膜硒化法。

CIG 金属预制膜硒化法是先在衬底上按元素配比制备 Cu、In、Ga 金属预制层，然后在 H_2Se、H_2S、Se、S 气氛中进行高温硒化和硫化热处理，最终形成满足配比要求的

Cu(In,Ga)(S,Se)$_2$多晶薄膜。这对于大面积薄膜太阳能电池组件生产似乎更容易实现，是 CIGS 薄膜太阳能电池生产的最重要的技术之一。

通过控制溅射速率和时间，实现对薄膜厚度和元素比例的精确控制，可保证大面积薄膜的均匀性，而且目前工业化溅射技术非常成熟，产业化实施也很容易。溅射金属预制膜后硒化法获得的薄膜太阳能电池的转换效率是目前溅射—硒化法中最高的，2015 年 Solar Frontier 公司采用这个工艺获得了光电转换效率为 22.3% 的 CIGS 薄膜太阳能电池[21]。溅射金属预制层需要制备一系列的金属靶材。由于 Ga 的熔点低，一般制备成 Cu - Ga 合金靶材，受制于 Ga 与 Cu 的固溶度，Ga: Cu 合金比例最大不能超过 30%，否则靶材内元素分布不均，影响预制层薄膜的一致性。In、Cu 合金靶材制备的时候有与 Ga 同样的问题。常温下按照一定的顺序溅射各靶材，溅射过程中的工作压强、Ar 气流量、叠层膜顺序、各叠层薄膜厚度、合金化程度等，对硒化后 CIGS 薄膜的结构、形貌、光电特性甚至附着力都有明显影响。受低熔点金属 In 的凝聚作用影响，叠层膜顺序对 CIGS 形貌影响较大，故应尽量避免纯 In 金属层出现在表层，尤其要避免 In 层厚度过大。预制膜叠层顺序对其硒化生长过程中相变路径有着重要的影响，通常以预制膜中是否形成 Cu$_{11}$In$_9$ 主相作为判别合金化程度的依据之一，该相的存在可避免 Cu$_2$Se 等中间化合物的生产，使相变沿有利于形成大晶粒、致密的 CIGS 方向发展。溅射沉积预制层后，在低温下（130℃）热处理 10 min，也有利于 Cu$_{11}$In$_9$ 主相的形成。另外，有研究表明，叠层层数越多，合金化程度越高。德国的 ZSW 也在金属预制膜后硒化方面有所尝试，如图 3 - 16 所示，是 Cu - In - Ga 预制膜硒化后得到的 CIGS 的截面照片，可以看到贯穿薄膜厚度的巨大柱状晶组成了 CIGS 吸收层，此 CIGS 电池的转换效率达到了 13.7%。

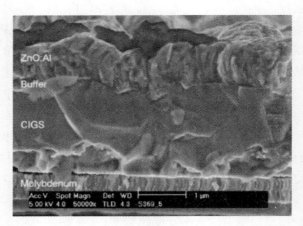

图 3 -16　溅射制备的 Cu - In - Ga 金属预制膜硒化后获得的 CIGS 截面照片[36]

（2）CIGS 陶瓷预制膜硒化法。

CIGS 金属预制膜后硒化过程中需要提供大量的 H$_2$Se 或者 Se 来完成 CIGS 的元素配比，不但对硒化工艺设备提出了很高的要求，也极大地增加了器件成本。因此，也有研究采用溅射 CIGS 陶瓷预制膜后硒化的方法制备 CIGS 薄膜太阳能电池[37-39]。

CIGS 陶瓷预制膜采用 CIGS 四元靶材溅射获得，通过该方法可以在大面积上获得成分均匀的预制膜，而且溅射过程中多数 Cu、In、Ga、Se 已经反应生成 CIGS 化合物，但是仍需硒化退火提高结晶质量。为补偿退火过程中流失的 Se，退火是在 Se 或 H_2Se 气氛中进行的。由于退火前薄膜中已经有很多化合态的 Se 存在，故缓解了高温时 Se 流失的问题，并对其他元素的流失也起到了抑制作用，因此 H_2Se 的需求量大大降低，这可以极大地降低制备成本；另外，由于减弱了 Se 的流失—补偿过程，所以薄膜晶格结构不会发生剧烈的变化，退火后 CIGS 薄膜的表面非常平整，有利于降低界面缺陷密度。图 3–17 是溅射四元 CIGS 陶瓷靶材后在 550℃硒化获得的 CIGS 薄膜，薄膜表面很平整，但是晶粒尺寸不大，因此提高吸收层的结晶质量一直是这种方法的一个挑战。

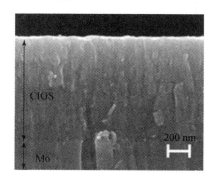

图 3–17　Cu–In–Ga–Se 陶瓷预制膜后硒化获得的 CIGS 薄膜截面照片[40]

（3）硒化工艺。

硒化处理是将预制膜在 H_2Se 气氛或 Se 蒸气气氛中加热进行化学热处理的过程。不管如何制备预制膜，最后还是需要硒化过程来完成反应，以及退火过程来提高结晶质量。根据硒化采用的 Se 源，分为固态硒化法和气态硒化法。

单质固态 Se 源具有廉价、无毒的优点，有利于降低 CIGS 电池的制备成本。组成 Se 蒸气的除了 Se 原子还有 Se_2、Se_3、$\cdots Se_8$ 等分子团，实质有效参与 CIGS 反应的只是极少数的 Se，为保证充足的 Se 蒸气压，大量的 Se 原子不参与反应，还会造成真空系统的污染。Se 分子团会在真空腔内的冷端凝聚，并在下一次受热时升华进入 Se 蒸气，因此很难保证工艺的重复性。另外由于 Se 蒸气有腐蚀性，故不但无法测量其确切的压力，还会缩短设备的使用寿命。硒化后的 CIGS 常因为 Se 不足，伴生出 $Cu_{2-x}Se$ 等短路相，从而严重影响电池的转换效率。这种失配是局域性的，即使金属预制层制备得很均匀，也很难保证硒化后的均匀性。H_2Se 作为 Se 源具有活性好、易于产生 Se 原子、分布更均匀等特点，有利于化学反应的充分进行，且获得的电池均匀性更好、效率也更高，但是 H_2Se 较贵而且有剧毒、易燃易爆，使用要求极为严格。

（a）硒化反应过程。

硒化是逐渐升温的过程，其反应过程是一连串的二元中间相生成反应后合成四元化合物的过程，用 XRD 等方法测得的数据分析中间反应过程应如表 3–3 所示，实际测算的反应常数如表 3–4 所示[41]。根据表 3–3 和表 3–4 可以估算特定反应下的 CIS 反应所需时间。如果用快速升温（10 K/s 以上）处理，则可以跳过中间相的形成，直接化合成 CIS，但目前还无法准确测定其反应机制。

表 3 – 3　CIS 硒化过程的中间反应[39]

Cu – In 合金为 CuIn 的情况	
$2In + Se \rightarrow In_2Se$	k_2
$In_2Se + Se \rightarrow 2InSe$	k_3
$2CuIn + 2Se \rightarrow Cu_2Se + In_2Se$	k_A
$2InSe + Cu_2Se + Se \rightarrow 2CuInSe_2$	k_7
Cu – In 合金为 Cu_2In 的情况	
$2In + Se \rightarrow In_2Se$	k_2
$In_2Se + Se \rightarrow 2InSe$	k_3
$2Cu_2In + 3Se \rightarrow 2Cu_2Se + In_2Se$	k_A
$2InSe + Cu_2Se + Se \rightarrow 2CuInSe_2$	k_7
Cu – In 合金为 $Cu_{11}In_9$ 的情况	
$2In + Se \rightarrow In_2Se$	k_2
$In_2Se + Se \rightarrow 2InSe$	k_3
$2Cu_{11}In_9 + 20Se \rightarrow 11Cu_2Se + 9In_2Se$	k_A
$2InSe + Cu_2Se + Se \rightarrow 2CuInSe_2$	k_7

表 3 – 4　实际测算的反应常数[39]

反应常数	反应温度/℃			激活能 E_{ai} /(kJ · mol^{-1})	频率因子 k'_{i0}
	400	325	250		
k'_3/min^{-1}	0.3	0.1 ~ 0.2	0.011	66	$(4 ~ 6.2) \times 10^4$/min^{-1}
k'_A/min^{-1}	0.16 ~ 0.4	0.016	0.001	95 ~ 112	$(0.4 ~ 16) \times 10^4$/min^{-1}
k'_7/(cm^3 · mol^{-1} · min^{-1})	26	10	7	25	2×10^3/(cm^3 · mol^{-1} · min^{-1})

反应速率与反应温度之间的关系可表达为：

$$k_i = k_{i0}\exp(-E_{ai}/RT) \tag{3-7}$$

（b）硒化过程中的相变。

在生成 CIS 的化学反应过程中，Cu – Se 二元相最早形成。根据图 3 – 18 所示的 Cu – Se 二元相图可知，Cu – Se 化合物均在 130 ℃ 以下形成，随着温度升高，其主要结晶相为 Cu_2Se，而且是稳定的。在硒化过程中，Cu – Se 化合物随 Se 气压降低的相变过程为：

$$CuSe_2 \rightarrow CuSe \rightarrow Cu_{2-x}Se \qquad (0 \leqslant x \leqslant 1) \tag{3-8}$$

在 Cu – Se 化合形成 Cu_2Se 的过程中，薄膜的厚度剧烈增长，其体积增加了近两倍，而且电阻随着温度升高而升高，呈现金属特性而非半导体特性。

从图 3 – 19 可以看出，在 In – Se 反应中，依据 In/Se 比例增长会生成多种形式的化合物：In_4Se_3、$InSe$、In_6Se_7 和 In_2Se_3。在固态反应中，如果 Se 气压足够高并且在 Se 气氛中退火，那么随着 Se 气压升高导致的 In – Se 化合物的相变依次为：

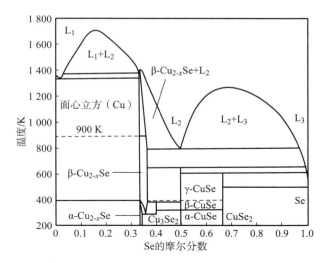

图 3 – 18　Cu – Se 二元反应相图[42]

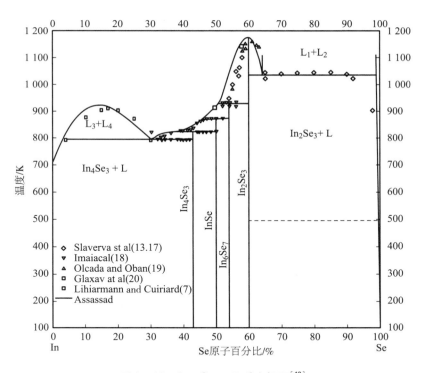

图 3 – 19　In – Se 二元反应相图[43]

$$In_4Se_3 \xrightarrow{Se} InSe \xrightarrow{Se} In_2Se_3 \tag{3-9}$$

其中，当衬底温度高于 Se 的熔点并达到 260℃ 以上时，生成斜方晶系的 $\alpha - In_2Se_3$；当硒化温度高于 375℃ 低于 533℃ 时，生成 $\beta - In_2Se_3$，这两种相都属于介稳态。$\beta - In_2Se_3$ 与液态 Se 反应时，Se 的流失会导致薄膜分层，且 Se 缺乏的情况下形成的气态 In_2Se 又会导致 In 元素流失。随着退火温度的升高，In_2Se_3 的各相之间转变顺序为：

$$\alpha \xrightarrow{200℃} \beta \xrightarrow{350℃} \gamma \begin{cases} \xrightarrow{550℃} \alpha \\ \xrightarrow{750℃} \delta \end{cases} \qquad (3-10)$$

高温相的 γ 和 α 相属于稳定结构。In_2Se_3 的电阻随温度升高而降低，是典型的半导体材料特性，室温下呈高阻状态。

图 3-20 列出了 500℃时 Cu-In-Se 系统绝热成分的相图，其中制备电池所需的 α-$CuInSe_2$ 存在于 In_2Se_3 和 Cu_2Se 的连线上。富 Se 溶液存在于靠近相图 Se 的部分，连接 α-$CuInSe_2$ 的边界与富 Se 角形成的三角形代表富 Se 液相与 α-$CuInSe_2$ 共存的区域，该区域能形成目标产物。由于 Se 在 211℃时就可能是液相了，因此化合的 CIS 是富 Se 的，并且过量的 Se 可以在退火过程中气化。

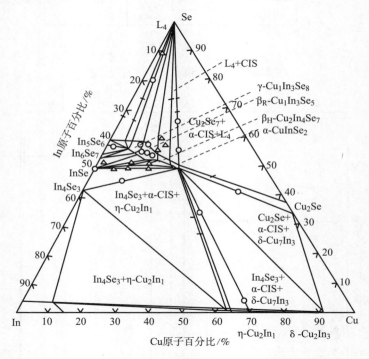

图 3-20　500℃时 Cu-In-Se 系统绝热成分的相图[44]

CIS 金属预制层多数采用叠层法分别沉积，按照元素比例控制薄膜厚度，叠层的顺篇序也是影响 CIS 薄膜质量的重要因素。Mo/In/Cu 预制层硒化时容易出现薄膜脱落的现象，这主要是因为与 Mo 接触的 Cu 单质硒化后首先生成 Cu_2Se，且体积增加约两倍，这会严重地降低薄膜的附着力。Mo/Cu/In 预制层硒化后薄膜不但附着力好，而且更容易形成合金相 $Cu_{11}In_9$，这是室温下较为稳定的合金相。Mo/Cu/In 预制层硒化，温度低于 300℃时，薄膜内主要结晶相为 In_4Se_3，伴有 Cu_2Se，表面以 CuSe 为主，伴有 In_4Se_3，这表明低温下 Se 呈梯度扩散，故表面的 Se 浓度相对较高；温度高于 320℃后，In_4Se_3 消失并转变为 InSe，并在 350℃后转变为 In_2Se_3，同时 $CuInSe_2$ 逐渐形成并在 425℃形成结晶较好的 CIS。需要注意的是，Cu_2Se 最初产生的位置与沉积顺序有关，随着温度升高，Cu_2Se 向薄膜的表面扩散，其原因是 Cu_2Se 主要存在于晶粒间并沿晶界扩散到达薄膜表面。Mo/In/Cu 叠层硒化过程中随温度升高的相变过程为：

$$\left.\begin{array}{l}Cu_{11}In_9\\Cu_2In\\In\end{array}\right\}\xrightarrow{Se}\left\{\begin{array}{l}In_4Se_3\\InSe\end{array}+\begin{array}{l}Cu_2Se\\CuSe\end{array}\right\}\xrightarrow{Se}\{In_2Se_3+Cu_2Se\}\xrightarrow{Se}CIS \qquad (3-12)$$

　　CuGaSe$_2$ 与 CIS 晶体结构类似，只是 Ga 原子取代了 In 原子的位置。Mo/Cu/Ga 样品硒化同样有剥落问题，因此推荐的叠层顺序仍然是 Mo/Ga/Cu 叠层。硒化前，Cu - Ga 预制层主要合金相为 CuGa 或 CuGa$_2$，其合金化程度很高。温度在 380 ~ 400 ℃ 之间时，薄膜中主要结晶相为 CuSe、CuGa、CuGa$_2$ 和少量 CuGaSe$_2$，这表明 Cu - Se 反应早于 Ga - Se 反应，大部分 Ga 仍然处于合金态；温度升高到 445℃ 以上时，Ga - Se 化合物与 CuGaSe$_2$ 含量逐渐增多，不同于 CIS 在 400℃ 左右已经完成化合反应，CGS 的化合反应才刚开始，几乎没有 Ga$_2$Se$_3$，这也说明 Ga$_2$Se$_3$ 并不是生产 CGS 的必要条件。另外，温度高于 475℃ 才能获得结晶质量比较好的 CGS。

　　Cu - In - Ga 合金预制膜硒化过程中，当 Se 浓度较低时，会有 Ga、In 的贫 Se 化合物产生，其中气态的 In$_2$Se 与 Ga$_2$Se 是造成薄膜元素比例失配及结晶下降的重要因素。产生 In$_2$Se 和 Ga$_2$Se 的两个主要因素：一是 Se 气压不足，造成反应过程贫 Se；二是硒化温度偏低，Se 向薄膜内部扩散速率低于化合反应速率，造成薄膜内部反应贫 Se。低温段金属预制层在贫 Se 条件下会发生如下反应从而产生元素流失：

$$In(s) + Se(g) = In_2Se(g)$$
$$Ga(s) + Se(g) = Ga_2Se(g) \qquad (3-13)$$

　　在实验过程中，发生式（3 - 13）反应时的元素流失一般发生在反应温度附近，并可以看到 In 的流失都是发生在 250℃ 以前，Ga 的流失主要发生在 350℃。当硒化温度高于合成温度时，Se 压力不足会导致 In$_2$Se$_3$ 或 Ga$_2$Se$_3$ 分解，主要发生的反应为：

$$In_xSe_y(s) = In_2Se(g) + Se_2(g)$$
$$Ga_2Se_3(s) = Ga_2Se(g) + Se_2(g) \qquad (3-14)$$

　　实验结果表明，温度在 380 ~ 450℃ 之间时，In 的流失更严重一些。由于此时 In$_2$Se$_3$ 已经形成固体，因此是属于式（3 - 14）所表示的反应机制的 In 流失。硒化温度高于 450℃ 时，由于 Ga$_2$Se$_3$ 的分解造成 Ga 的流失更多一些。另外，升温速率过低时，薄膜表面的元素损失高于薄膜内部，因此快速热处理也是常用的防止元素损失的方法。

3. 非真空法

　　蒸发和溅射都需要在真空环境中实现，故其虽然获得的薄膜质量很高，但是成本也相对较高，对原材料的利用率也较低，因此对于商业化来说，非真空法也是一种值得关注的加工途径。

　　非真空法中 CIGS 薄膜的形成常分为两个阶段：第一阶段为前驱膜的沉积；第二阶段为 CIGS 薄膜的合成。主要的非真空法目前有三种：电沉积法、微粒沉积法、溶剂法。

　　（1）电沉积法。

　　沉积过程一般在酸性溶液中进行，使用的溶液体系分为氯化物体系和硫酸盐体系。氯化物体系主要用 CuCl 或 CuCl$_2$、InCl$_3$、GaCl$_3$、H$_2$SO$_4$ 或 SeO$_2$ 作为主要盐，而导电盐使用 KCl 或 KI 以及 KSCN、柠檬酸等络合剂。沉积获得 Cu - In - Ga 的单质叠层金属预制膜后，在 Se 气氛中退火得到 CIGS 薄膜。这类方法的主要挑战来自于制备具有长期稳定性及可控制的

Cu/（In + Ga）和 Ga/（In + Ga）的电解液、其他添加液和电解液的 pH 值。

（2）微粒沉积法。

首先将高纯度的 Cu、In 粉末按照一定比例在高温 H_2 中熔融，使其成为液态合金，然后将液态合金在 Ar 气喷射下退火形成 Cu、In 的合金粉末，选用直径小于 20 μm 的粉末作为粉料，或者用 Cu_2Se、In_2Se_3、Ga_2Se_3 等原料粉末球磨合成 CIGS 粉料，并加入润湿剂和分散剂；所制备的混合物球磨形成"墨水"。将"墨水"喷洒在镀 Mo 的玻璃衬底上，烘干形成预制膜，然后在 Se 气氛或者保护性气氛中退火、烧结粉末得到 CIGS 薄膜。这种方法中，由于"墨水"中含有有机物，故需要在高温下把有机物氧化生成 CO_2 以除去，然后才可以硒化退火。由于有机物很难完全除去，故残余的有机物常影响 CIGS 薄膜的质量；另外，由于颗粒烧结过程中无法施加压力，因此薄膜中很可能残留比较多的空洞，如图 3 - 21 所示。

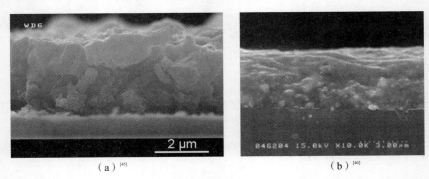

图 3 - 21　微粒沉积法制备的 CIGS 薄膜

（a）Cu - In - Ga 合金颗粒制备的前驱体后硒化；（b）CIGS 颗粒在 Se 气氛中烧结

（3）溶剂法。

如图 3 - 22 所示，是 IBM 使用 Cu_2Se、In_2Se_3 等化合物粉末的肼溶液旋涂、烧结制备的 CIGS 薄膜，是目前使用非真空法获得的质量最高的 CIGS 薄膜，但是由于肼溶液有毒、易燃，所以对操作环境和操作人员的要求比较高。这种方法的挑战在于完全清除有机溶剂以及清除过程中产生的 C、O 杂质。如图 3 - 22（a）所示的薄膜太阳能电池结构可以获得 15.2% 的光电转换效率。

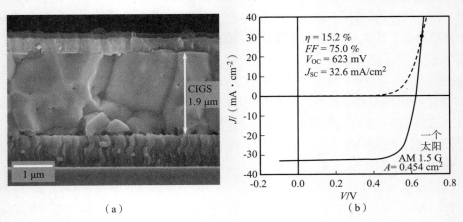

图 3 - 22　溶剂法制备得到的 CIGS 薄膜及其电池特性[47]

（a）电池截面 SEM 的照片；（b）电池特性[47]

■ 3.3　铜铟镓硒薄膜太阳能电池的典型结构（分层介绍）

经过多年的发展，CIGS 薄膜太阳能电池的最优结构基本确定为如图 3 - 23 所示的结构，各膜层的成分和厚度如图 3 - 23（b）所示：采用玻璃或其他柔性材料作为衬底，其上生长 Mo 电极层、CIGS 吸收层、CdS（或 ZnS 等无 Cd 材料）缓冲层、i - ZnO 和 AZO 窗口层、MgF_2 减反层以及 NiAl 电极层 7 层薄膜材料。图 3 - 23（a）所示的照片是德国的 ZSW 采用共蒸发法制备的 CIGS 薄膜太阳能电池器件的截面扫描电镜照片。下面简要介绍各膜层的功能、制备及特性。

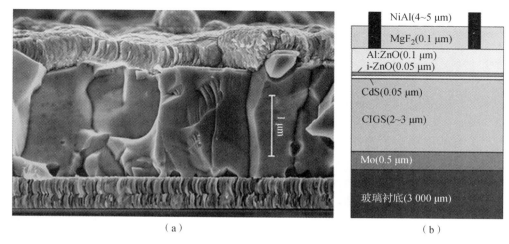

（a）　　　　　　　　　　　　　　（b）

图 3 - 23　CIGS 薄膜太阳能电池的截面照片及器件结构示意图[48]

（a）电池截面的 SEM 照片；（b）电池结构示意图

3.3.1　衬底

CIGS 薄膜太阳能电池的衬底可以采用不同的材料，常用的有钠钙玻璃、不锈钢、钛箔以及聚酰亚胺等。选择衬底，除了要考虑成本、重量、挠度等问题，热膨胀性也是一个重要的考虑因素。表 3 - 5 给出了 CIS 以及不同衬底材料的热膨胀系数。

表 3 - 5　CIS 及其衬底材料的热膨胀系数[49 - 51]

材料		热膨胀系数 $\alpha/(10^{-6}\ K^{-1})$	
		20 ℃	530 ℃
CIS		$\perp c$: 9.2 ~ 11.4	$\perp c$: 7.6 ~ 8.6
Mo		4.8	5.7
玻璃	硼硅玻璃，Pyrex ®	2.8	5.7
	硼硅酸盐玻璃，Crown ®	7 ~ 8	
	钠钙玻璃（浮法）	7.5	

续表

材料		热膨胀系数 α/(10^{-6} K^{-1})	
		20 ℃	530 ℃
钛箔		8.6	11.1
不锈钢	AISI430，铁素体不锈钢（Cr：14% ~ 20%；Ni < 1%）	10.7	13.3
	AISI304，奥氏体不锈钢（Cr：16% ~ 22%；Ni：8% ~ 20%）	14.1	18.3
聚酰亚胺	Upilex - 25S	12	—
	Upilex - 50S	16	—
	Upilex - 75S	20	—
	Upilex - 125S	22	—

玻璃和聚酰亚胺的优势是其具有绝缘性，可以直接将薄膜分片形成电池，然后用内联法形成电池模组，工艺比较简单。钠钙玻璃作为一种含钠离子的衬底，在退火过程中可向 CIGS 扩散大量的钠离子，钠离子对于 CIGS 可以有钝化缺陷、促进晶粒长大、形成梯度带隙等良好的作用。因此，为了获得高转换效率的 CIGS 薄膜太阳能电池，在使用无钠衬底时，往往人为地向薄膜中掺杂碱金属，目前保持世界纪录的 CIGS 薄膜太阳能电池制备工艺基本都有碱金属后处理的工艺。玻璃衬底的问题在于脆性断裂。首先，不能接受振动条件下的使用工况；其次，为了保证一定的强度，必须保证一定的厚度，所以虽然玻璃密度不大，但玻璃衬底的器件质量并不小。聚酰亚胺的优势除了有绝缘性还有低密度，可以极大地减小器件质量，但是耐热温度远低于其他衬底，不仅会熔化甚至可能分解，故必须在有限的温度空间内优化退火工艺，而且存在吸湿膨胀的问题。金属衬底最大的好处是柔性可卷，在流水线上可以实现"卷对卷"的加工，可以极大地降低设备成本；另外由于其熔点高，可以接受较高温度的热处理，故有利于获得结晶质量更好的吸收层；此外，其机械强度高，可以在振动、冲击的环境中工作。但是由于金属导电，不能直接使用内联法制造模组，往往是先沉积一层不导电的 SiO$_2$ 或 Al$_2$O$_3$，这给刻划工艺带来了挑战；另外一个问题是高温下金属元素向 CIGS 薄膜的扩散可能导致电池性能的下降，故必须考虑设计阻挡膜，而且金属衬底是所有衬底中密度最大的，厚度要降低到玻璃衬底的 1/3 才能有近似的器件质量，否则在重量上没有优势。从热膨胀系数的角度看，玻璃衬底仍然是效果最好的衬底材料，很少产生剥落现象，而其他衬底由于较大的膨胀系数，解决剥落问题一直都是重要的挑战。

3.3.2　Mo 背电极

Mo 是一种高熔点金属，性能稳定且饱和蒸气压低，高温下仍能保持性能稳定，常用于制作电子元件的电极。其实，Mo、Pt、Au、Al、Ni 和 Ag 都被试着用来制作 CIGS 薄膜太阳能电池的背电极，但是除了 Ni 和 Mo 之外，其他金属都会在高温阶段向 CIGS 扩散而影响电池性能，而高温下的 Mo 比 Ni 更稳定且与 CIGS 的接触电阻很低，因此选择 Mo 作为背电极材料。

Mo 作为背电极，需要与 CIGS 形成良好的欧姆接触。图 3 - 24[52] 是 p 型 CIS 与金属 Mo 界面的能带图，CIS 的能带在界面处向下弯曲，与 Mo 之间形成了 0.3eV 的肖特基势垒，但是这个势垒并不足以阻挡空穴进入金属 Mo 中，因此还是可以近似认为其是形成了良好的欧姆接触的。Mo 薄膜承担了输出电池功率的重任，因此要求它必须有优良的导电性能。Mo 薄膜还有另一个重要的作用是缓冲衬底与 CIGS 之间的热膨胀系数差，以确保电池具有良好的附着性。

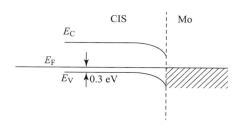

图 3 - 24　CIS 与 Mo 界面能带示意图[52]

Mo 薄膜一般是采用溅射方法制备的，溅射的工作压力是影响电学特性和应力的主要因素。图 3 - 25 给出了 Ar 压强与薄膜衬底上沉积的 Mo 层应力和电阻率的关系[53]，可以看出：Ar 压强低时，应力为负值，呈压应力，附着力不好，但是电阻率较低；Ar 压强高时，应力呈拉应力，附着力好，但是电阻率高。所以，目前比较常见的 Mo 层沉积工艺是：先在较高 Ar 气压力下沉积一层附着力好的 Mo 膜，然后在低气压下沉积一层电阻率小的 Mo 膜，形成如图 3 - 23 中所示的双层膜结构，两层膜的厚度一样较为适中。

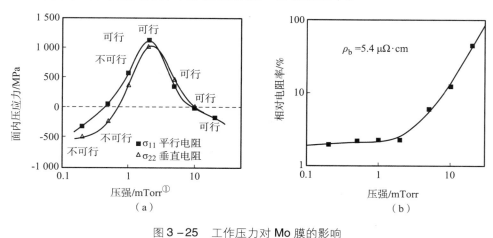

图 3 - 25　工作压力对 Mo 膜的影响

（a）面内压应力；（b）归一化电阻率[53]

在低于 300℃ 的范围内提高衬底温度，会导致 Mo 薄膜的结晶择优，取向由室温下的 （110）择优生长转变为（211），此过程会导致薄膜内的压应力变大、附着力变差，但是同时电阻率下降。实验对比玻璃、Mo 箔、无择优取向的 Mo 薄膜和（110）择优生长的 Mo 薄

---

①　1 mTorr = 0.133 Pa。

膜发现，上述 4 种衬底上生长的 CIGS 薄膜的（112）衍射峰逐渐减弱，（220/204）衍射峰逐渐增强，并且只有（110）择优生长的 Mo 薄膜上有织构生长的 CIGS 薄膜，且此时器件的转换效率最高。因此，一般选择在室温下生长（110）择优生长的 Mo 薄膜，并希望 Mo 层呈柱状晶结构，这既有利于玻璃衬底中的 Na 沿晶界向 CIGS 中扩散，也有利于生长高质量的 CIGS 薄膜。Mo 薄膜的最终厚度约为 1 μm，方块电阻为欧姆量级。

3.3.3　CdS 缓冲层

早期的 CIGS 薄膜太阳能电池的 n 型层用蒸发法获得的 CdS 薄膜（厚度为 2 μm）作为异质结，并且表层掺 In 的低阻 CdS∶In 薄膜与 Au 栅极收集并传输光生载流子。但是由于 CdS 光学带隙狭窄，如果薄膜较厚，则会吸收大量的短波光，从而使得电池的开路电压和短路电流密度都较低。因此，在后续的发展中为了有效地提高开路电压，逐渐用宽带隙的 ZnO 作为窗口层。但是 ZnO 直接替代 CdS 与 CIGS 构成异质结时，晶格失配度非常高，进而导致耗尽区内存在的大量缺陷态；另外禁带宽度相差过大也会导致异质结带边失调值过高，从而影响载流子输运。因此，目前在 CIGS 和 ZnO 之间仍然需要一层 Ⅱ–Ⅵ 族化合物作为过渡层（Ⅱ–Ⅵ 族化合物具有中间带隙而且可以与吸收层有良好的晶格匹配）。为了使入射光尽可能地进入吸收层，过渡层厚度需要尽可能薄而且致密，以便对吸收层形成更好的包覆。目前 CIGS 薄膜太阳能电池使用最多的仍然是 CdS 薄膜，因为它是直接带隙的 n 型半导体，带隙宽度 2.42 eV，可实现低带隙的 CIGS 吸收层（1.02 eV）与高带隙的 ZnO（3~4 eV）之间形成过渡，减少了两者之间的带隙台阶和晶格失配，这对于改善 pn 结和电池性能有重要作用。CdS 还有两个作用：第一，防止溅射沉积 ZnO 时对 CIGS 吸收层的损害；第二，Cd 元素向 CIGS 层扩散替代 Cu，可形成表面反型层，形成浅埋结，而 S 元素的扩散可以钝化表面缺陷。

目前用 CdS 缓冲层的 CIGS 薄膜太阳能电池的转换效率最高，CdS 薄膜层的厚度一般小于 100 nm，因此 Cd 的用量很少。但是仍然需要将报废的电池回收，且生产过程中会产生含 Cd 的废水，这些都会增加设备投资。所以，开发无 Cd 过渡层的 CIGS 是目前的研究热点，可选的材料包括 ZnS、ZnSe、ZnO 和 In 的硫化物和硒化物两个大类。

制备 CdS 的方法主要包括电沉积（ED）、化学水浴沉积（CBD）、分子束外延（MBE）、有机金属化学气相沉积（MOCVD）、原子层化学气相沉积（ALCVD）、喷涂（SP）和物理气相沉积（PVD）。化学水浴法是其中比较高效、廉价、适合大面积生产的方法。该方法获得的 CdS 和 ZnS 等薄膜致密、无针孔，对 CIGS 具有极好的包覆性，对 CIGS 表面的缺陷也有修复作用，在高效 CIGS 薄膜太阳能电池中起着很关键的作用。

制备 CdS 薄膜的化学水浴法中使用的溶液一般是由镉盐、硫脲和氨水按照一定比例配制而成的碱性溶液，也可适当加入一些铵盐作为 pH 缓冲剂。镉盐可以是氯化镉、乙酸镉、碘化镉、和硫酸镉，不同的镉盐形成了不同的溶液体系。在含 Cd^{2+} 的碱性溶液中，硫脲分解成 S^{2-} 并与 Cd^{2+} 以离子接离子的方式凝结在衬底上。具体操作：将衬底放入上述溶液中，将溶液置于 60~80℃ 的恒温槽并均匀搅拌，反应 10~30 min 即可完成，之后进行清洗并烘干。

化学水浴沉积过程中，溶液成分、溶液浓度、溶液混合的次序、反应的初始温度、温度上升曲线、反应的最终温度都会影响 CdS 薄膜的形态和质量[54-57]。

镉盐：乙酸镉体系沉积的 CdS 为混合相，以六方晶结构为主；硫酸镉体系得到的 CdS 是单纯的立方相。用乙酸镉体系和硫酸镉体系沉积 CdS 最大的特点在于水浴温度低，水浴温度在 50℃ 左右时，即可获得结晶质量优、透过率大于 85% 的 CdS；当水浴温度高于 60℃ 时，结晶质量反而不好，薄膜中容易出现缺陷进而影响透过率。

氨水：氨水浓度从 0.4 mol/L 开始增加，溶液的 pH 值随之增大，使 S^{2-} 浓度越来越高，Cd^{2+} 的浓度越来越低，其结果使溶液中可参与反应的 Cd^{2+} 的浓度减小，CdS 沉积的速度减小，表面粗糙度增大，立方晶的比例逐渐增加，六方晶的比例减少。氨水浓度达到 0.8 mol/L 的时候，CdS 的表面粗糙度急剧增加，CdS 的质量变差。

铵盐：作为缓冲剂的铵盐，例如乙酸铵，其浓度低于 2 mmol/L 时，CdS 的结晶主要是六方晶相，当乙酸铵的浓度大于 4 mmol/L 时，沉积的 CdS 大部分是立方晶相结构。但是，随着乙酸铵浓度的增加，溶液的 pH 值会下降，当 pH 值下降到 11.1 时，又会形成六方晶结构的 CdS，而 pH 值调整到 11.3 以上时又产生立方晶系的 CdS。随着乙酸铵浓度的提高，CdS 的沉积速率提高，结合力提高，且 S/Cd 的原子比也随之提高。如果乙酸镉体系中没有乙酸铵，那么 CdS 的光学透过率和结合力都会很差，且厚度几乎测不到。铵盐浓度的提高甚至会改变 CdS 的禁带宽度，例如提高硝酸铵浓度可以使硝酸镉体系得到的 CdS 的禁带宽度从 2.40 eV 降低到 2.25 eV。

硫脲：增加硫脲的浓度后，对 pH 值没有明显影响，对 CdS 薄膜的结晶结构也没有影响，但是对生长速率和粗糙度有影响，存在一个最佳值。且对 S/Cd 的原子比总体呈增加的趋势。

CdS 与 CIGS 的界面是 CIGS 薄膜太阳能电池中最重要的界面，二者之间的晶格匹配和界面上的相互扩散会极大地影响 CIGS 薄膜太阳能电池的特性[57]。对于晶格常数分别为 a_1、a_2 的两种半导体，晶格失配率定义为：

$$\Delta = \frac{2(a_2 - a_1)}{(a_2 + a_1)} \tag{3-15}$$

由于晶格失配，两种半导体界面处产生的悬挂键密度 N_{ss} 可表示为：

$$N_{ss} = A \cdot \frac{a_2^2 - a_1^2}{a_1^2 a_2^2} \tag{3-16}$$

式中，A 是常数，不同的晶面相交时 A 是不同的。悬挂键在 n 型半导体中起到受主的作用，在 p 型半导体中起施主的作用。每个悬挂键相当于一个杂质能级，因此也称之为表面态密度。当 CIGS 与 CdS 形成界面并且 CdS 为立方相时，它是以（111）平面在 CIGS 的（112）平面上外延生长的；CdS 为六方相时，它是以（001）平面在 CIGS 的（112）平面外延生长的。CIS 与六方 CdS 的晶格失配率为 1.2%，与立方相 CdS 的晶格失配率为 0.7%，提高 Ga 含量会提高 CdS 与 CIGS 之间的失配率。根据计算可以得出[58]，CdS 沉积在 CIGS 的表面态密度为（$10^{12} \sim 10^{13}$）/cm^2，这表示 CIGS/CdS 界面处的光生载流子复合速率为 10^5 cm/s。模拟计算表明，这个速率的复合会将 CIGS 薄膜太阳能电池的光电转化效率限制在 10% ~ 11%。但实际结果表明要达到 11% 以上的电池转换效率并不十分困难，因此推测电池中有一些钝化界面悬挂键的机制。

在 CIGS/CdS 界面上可以观察到 Se 向 CdS 扩散以及 Cd、S 向 CIGS 扩散。CIGS 薄膜中的 Cu、In、Ga、Se 与 CdS 中的 S 向对方扩散程度很低，限制在界面 5 nm 以内，但是 Cd 可以向 CIGS 内部扩散 10 nm 以上。尤其是当 CIGS 表面为有序缺陷层时，Cd 很容易扩散进来并占据 V_{Cu}，因此 Cd 的扩散深度与 CIGS 表面的 ODC 厚度有关。Cd_{Cu} 很容易离子化会造成表面区电子密度增大，从而导致 p 型 CIGS 反型成 n 型 CIGS，形成 np 浅埋结，这大大降低了界面区缺陷态的影响。而减小界面复合速率，可以极大地改善异质结特性，故这是提高 CIGS 太阳能电池转换效率的关键技术之一。

3.3.4 ZnO 窗口层

为了减少甚至消除 CdS 薄膜上可能存在的小孔洞引起的电池内部短路，常在 CdS 上再溅射沉积一层本征 ZnO，然后才沉积掺 Al 的 ZnO 作为透明导电层。当光子从 CIGS/CdS 异质结顶层入射时，由于只有能量大于吸收层带隙而且小于顶层材料的带隙的光子能到达吸收层并且被吸收，因此顶层材料的带隙决定了到达吸收层的高能量短波光子数目，顶层材料如同为吸收层开设的窗口，故而将这两层称为窗口层。窗口层应该具有尽可能宽的光谱响应范围和高的透过率，以保证更多的高能量光子到达吸收层；另外窗口层要具有高导电性，以保证异质结输出的光生电流被收集，作为 CIGS 薄膜太阳能电池的负极对外部电路输出损耗最小。

在 CIGS 薄膜太阳能电池发展的早期使用 CdS 作为窗口层，但是由于其带隙偏窄（2.42eV），而且使用重金属，因此逐渐被 ZnO 所代替。ZnO 的禁带宽度是 3.2 eV，短波段透过率高，不会造成太多的光能浪费。但是 ZnO 与 CIGS 直接构成异质结的失配度太高，而且二者的禁带宽度相差太大，会导致界面缺陷态过高进而制约光电转换效率。在 CIGS 和 ZnO 之间插入很薄的一层 CdS 作为过渡就可以解决这一问题。目前高转换效率的 CIGS 薄膜太阳能电池所用的窗口层基本采用双层膜结构：透明的低阻导电层（掺杂的 ZnO）和高阻层（i-ZnO）。掺杂的 ZnO 常见的有 Al:ZnO、Ga:ZnO 和 B:ZnO 以及 Sn:In₂O₃（ITO）等宽带隙材料。

1. i-ZnO

ZnO 是 Ⅱ-Ⅵ 族金属氧化物直接带隙半导体，与 CdS 一样属于六方晶系，晶格常数为 $a = 0.324\,9$ nm，$c = 0.520\,7$ nm，$c/a = 1.6$，因此 ZnO 和 CdS 之间有很好的晶格匹配，其基本结构包括闪锌矿结构和纤锌矿结构，如图 3-26 所示。

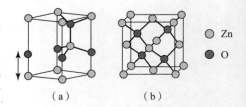

图 3-26 ZnO 的两种基本晶体结构
（a）纤锌矿结构；（b）闪锌矿结构

具闪锌矿结构的 ZnO 不稳定，因此具纤锌矿结构的 ZnO 应用较多。本征氧化锌 i-ZnO 晶体中存在多种本征缺陷，如间隙原子（Zn_i、O_i）和空位（V_{Zn}、V_O）等，主要以 Zn_i 和 V_O 为主，都是施主型缺陷，因此没有掺杂的 ZnO 表现为 n 型半导体，不过电阻率较大。ZnO 薄膜具有 c 轴择优生长的趋势，每个晶粒都是生长良好的六角形纤锌矿结构。具纤锌矿结构的 ZnO 是由 O 的六角密堆和 Zn 的六角密堆反向嵌套而成的，具有透明导电的特性，且具有较高的可见光波段透过率和良好的抗电子辐射能力。

i-ZnO 与 CdS 同为 n 型层，这在形成内建电场过程中起着重要作用。另外，i-ZnO 可阻止透明导电膜经过 CdS 和 CIGS 薄膜的针孔或晶粒间隙直接与 Mo 电极接触，从而减少短路点数量，因此要求 i - ZnO 厚度稍大一些。但是 i - ZnO 本身电阻率较高，薄膜厚度太大会增加电池的串联电阻。因此，其厚度一般控制在 30 ~ 70nm。

　　ZnO 最常采用的低温沉积方法是磁控溅射，所获得薄膜的光学、电学特性都很好，而且沉积速率高、大面积均匀性更好、工艺过程无毒害、设备和材料成本较低、工业化技术和设备都比较成熟。磁控溅射制备 i - ZnO 的过程中，对薄膜光电特性起决定性作用的是工作气体中 O_2/Ar 的比例。O_2/Ar 在 0 ~ 2% 范围内，i - ZnO 电阻率随着 O_2/Ar 接近线性地提高，i - ZnO 电阻率线性增加；在 $O_2/Ar > 2\%$ 阶段，i - ZnO 的电阻率仍然线性提高，但是提高速度变缓，如图 3 - 27 所示。当 i - ZnO 的电阻率较低时，薄膜内 Zn 的化学计量比偏高，薄膜的透光率较低；但是当 i - ZnO 薄膜的电阻率超过 $10^8\ \Omega \cdot cm$ 以后，CIGS 薄膜太阳能电池的填充因子会明显下降。因此为了兼顾电阻率和透光率两个性能指标，一般将 i - ZnO 的电阻率控制在 $10^7\ \Omega \cdot cm$。

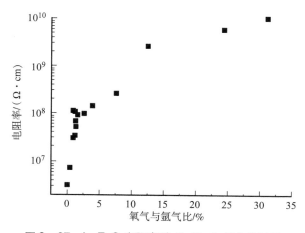

图 3 - 27　i - ZnO 电阻率随 O_2/Ar 比例变化关系

　　溅射沉积 i - ZnO 的过程中可能对异质结产生溅射损伤，尤其是高能离子轰击会降低 CIGS 薄膜的品质进而导致电池转换效率低下。因此，溅射沉积 i - ZnO 的工作气体压力通常小于 0.5 Pa。日本的 Solar Frontier 公司提出了用 CBD 方法沉积 Zn(O,S,OH) 缓冲层，或用 MOCVD 的方法沉积 B: ZnO，该方法不但可以减少窗口层沉积过程中对异质结的伤害，而且可以提高透明导电层在 1 200 nm 波段的透过率。

2. 掺杂 ZnO

　　掺杂 ZnO 作为透明导电层，其主要的功能是横向收集光生电流。ZnO 作为 Ⅱ - Ⅵ 族的氧化物半导体，可以掺杂的 Ⅲ 族元素包括 Al、Ga、In、B 和 Ti。其中，比较常用的是 Al: ZnO（AZO），不但具有良好的可见光透过率和优良的导电性能，而且 Al 的储量丰富、无毒、易于制造、成本较低、热性能稳定。目前 AZO 最大的问题在于大面积均匀性不如 ITO，而且 Al 容易氧化，增高了电阻率。

　　AZO 的载流子来自于 Al^{3+} 取代 Zn^{2+}，呈 n 型导电。但是 Al 掺杂过多会成为散射中心，导致载流子迁移率下降，同时降低红外区光子的透过率，一般 AZO 中掺杂质量分数为 0.5% ~ 2% 的 Al_2O_3，可以提供 $10^{20}\ cm^{-3}$ 的载流子浓度，电阻率在 $(10^{-4} ~ 10^{-3})\ \Omega \cdot cm$ 的量级[59]。在此掺杂浓度范围内，Al_2O_3 掺入量越低越有利于降低载流子浓度、提高迁移率、提升红外波段的透过率，但是电阻率几乎不变。另外，提高 AZO 薄膜厚度也有利于降低方块电阻、提高电流的横向收集，但是透过率也会随之下降[60]，如图 3 - 28 所示。综合考虑电阻率、迁移率和透过率三个因素，大面积薄膜太阳能电池上的 AZO 厚度一般在 800 ~ 1 200 nm，小面积薄膜太阳能电池中的 AZO 厚度为 200 ~ 300 nm。

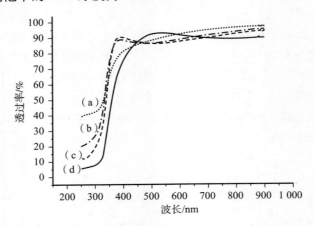

图 3 - 28　不同厚度的 AZO 薄膜在 200 ~ 1 000 nm 范围内的透过率曲线
(a) 25 nm；(b) 55 nm；(c) 70 nm；(d) 100 nm[60]

　　磁控溅射制备 AZO 的过程中，溅射压强、衬底温度和热处理都会对 AZO 的性能产生明显的影响。溅射气压主要影响薄膜的内应力。当溅射气压接近最佳工作气压（0.1 ~ 0.5 Pa[60-63]）时，从靶材溅射出来的具有较高能量的粒子，会在较低的散射概率下直接到达衬底表面，同时，粒子经迁移到达合适的晶格格点。此时，薄膜最致密、结晶质量最好、应力也最小。在 0.5 ~ 2 Pa 的范围内，溅射压强降低，晶粒尺寸变大，薄膜内部应力越小，对应的性能表现为电阻率降低、迁移率变高、透过率基本不变[61]。有时为了提高薄膜沉积速率，在薄膜性能可以接受的情况下采用的溅射气压常常低于最佳工作气压，但这可能会造成沉积速率过快，使得在粒子尚未到达合适位置时，新的沉积粒子又覆盖而来，从而造成晶格缺陷增加而产生压应力。另外，过低的工作气在压溅射时，高能离子轰击晶格表面，可能将表面原子锤击到成膜的表面以下，形成间隙原子，这也会引起应力[62]。若溅射气压过大，溅射出的靶材粒子到达衬底前与工作气体离子碰撞的概率增大，则会减小到达衬底表面的粒子的动能，从而导致沉积粒子没有足够的能量迁移到合适的晶格位置，进而导致薄膜应力增加。不同沉积系统的最佳溅射气压不一定相同，具体可以应参考相关文献并通过实验获得。对于 AZO 来说，二元化合物的内应力不仅受制于元素的化学计量比，还与掺杂原子的影响有关[62]。各原子的溅射产额并不相同，因此薄膜内的元素配比与靶材中并不相同，且改变溅射参数的时候不会同步线性改变薄膜内各元素的配比。薄膜中元素配比偏离化学计量比也会造成薄膜缺陷，这些缺陷是 ZnO 薄膜内产生应力的一个重要因素，在设计靶材和优化溅射参数的时候应予以考虑。

　　提高衬底温度和空气中的低温退火都可以有效地提高 ZnO 薄膜的质量，而不破坏器件。一般仅需 400 ℃以下的沉积温度[63,64]即可获得高质量的 AZO 薄膜。如图 3 - 29 所示，衬底温度在由室温提高到 400 ℃的过程中，在 XRD 检测得到的谱图里，AZO 的主峰强度出现了明显的升高，350 ℃以后主峰峰强基本不再变化。同一批样品的面电阻和电阻率测量结果如图3－30所示，随着衬底温度的提高，面电阻和电阻率都有明显且同步的下降趋势，这种下降趋势在衬底温度高于350 ℃以后不再明显。

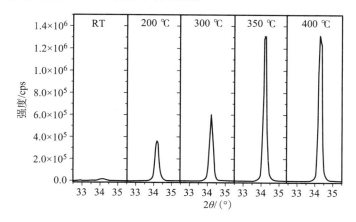

图3－29　不同沉积温度下获得的 AZO 的 XRD 特征峰强度变化[63]

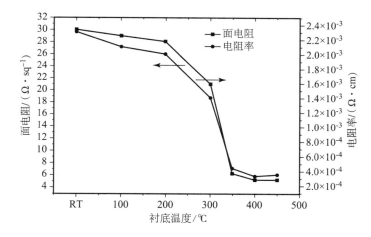

图3－30　AZO 的面电阻和电阻率随沉积温度的变化[63]

3.3.5　栅极和减反层

　　CIGS 薄膜太阳能电池的栅极通常采用蒸发法制备的 Ni－Al 栅极。Ni 可以改善 Al 与 AZO 的欧姆接触，同时具有防止 Al 向 ZnO 中扩散的作用，以确保电池的长期稳定性。Ni－Al 栅极的厚度为 1～2 μm，一般是先沉积一层约 0.5 μm 的 Ni，然后再沉积 Al 层。栅极的二维形状通常是如图3－31[65]所示的网格（Grid）状。由于金属栅极不透光，因此被其覆盖的区域是不能产生光电流的，该现象称为"遮蔽效应"，所以金属栅极的密度不能过高。但是栅极密度过低会增加电流在 AZO 中通过的距离，使 AZO 的电阻率大大高于金属栅极，而缩短光生电流在 AZO 中的迁移距离有助于减少电池的内耗，所以金属栅极的密度也不能太低[66]。若固定栅极处的电压为 0.4V，那么不同栅极密度下电池表面的电压分布是不同的，如图3－32所示，栅极密度低时电池表面有很多深色的区域，意味着该处电压较高，在透明导电膜电阻率一定的条件下，深色区域更多的电池必然有更高的内耗。同时考虑栅极对遮蔽和电阻的影响，可以模拟出栅极密度对电池效率的影响。若假设"完美电池"中 AZO 层的电阻率与金属一样，那么该电池不需要金属栅极就可完全输出光生电流。"实际电池"的 AZO 层电阻率与实际情况接近，该电池使用不同密度的金属栅极之后的转换效率与"完美电池"转换效率的比值称为"栅极效率"。栅极密度对栅极效率的影响的模拟结果如图 3 - 33 所示，可以看出栅极的密度不能太高，也不能太低，最佳栅极密度应根据实际的电池特性模拟、实验获得。

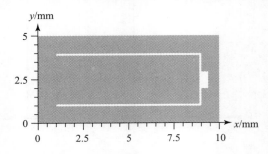

图 3 - 31   CIGS 薄膜太阳能电池中金属栅极的典型形状示意图[65]

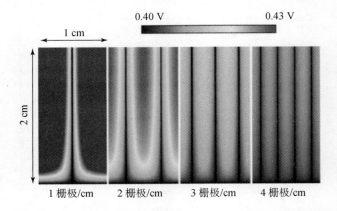

图 3 - 32   设定金属栅极处的电压固定为 0.4 V 时不同金属栅极
密度的薄膜太阳能电池表面电压分布的模拟图像[66]

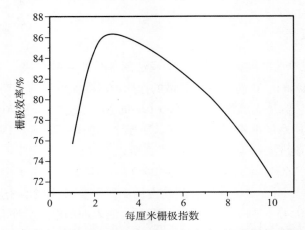

图 3 - 33   CIGS 薄膜太阳能电池中栅极密度对栅极效率的影响[66]

一般的薄膜太阳能电池表面会因为光反射而损失大约 10% 的光能，CIGS 薄膜太阳能电池通常会采用沉积一层减反膜来减少这部分能量损失。沉积的减反膜首先需要在降低反射系数的波段保持透明；其次，其与衬底材料的附着性好；最后，性能比较稳定。

减反膜的工作原理来源于光波的干涉特性。两个频率相同的光，传播方向一致时，在光波叠加区域形成干涉：如果振幅相同，又符合相干相消条件，则振幅相消，便没有反射光。所以，一般对减反膜的光学特性有如下要求：

（1）振幅条件：减反膜的折射率 n_1 应该等于衬底材料折射率 n 的平方，即 $n_1 = n^2$。CIGS 薄膜太阳能电池中与减反膜直接接触的窗口层 ZnO 的折射率为 1.9，因此要求减反膜材料的折射率应该为 1.4 左右，目前常用的减反膜材料是 MgF_2（折射率为 1.39）[67]。

（2）相位条件：减反膜的光学厚度为光谱波长的 1/4。因此设计膜厚时需要考虑主要的减反波段。

图 3-34 展示了不同厚度的 MgF_2 在不同波段的相对反射率，可以看出 100 nm 的 MgF_2 具有最低的相对反射率，对应的使用这个厚度的减反膜的 CIGS 薄膜太阳能电池应该有更高的转换效率。图 3-35 是计算机模拟的 MgF_2 减反膜的厚度对 CIGS 薄膜太阳能电池短路电流的影响，最佳厚度也是 100 nm 左右，与实验结果吻合得很好。图 3-36 是使用和未使用 MgF_2 减反膜的 CIGS 薄膜太阳能电池的光量子效率，可以看出减反膜对 CIGS 薄膜太阳能电池在可见光区域的转换效率有明显的提高作用。

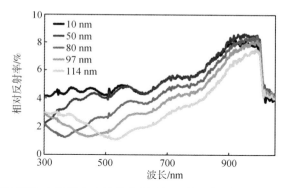

图 3-34　CIGS 薄膜太阳能电池结构中 MgF_2 厚度对体系的相对反射率的影响[67]

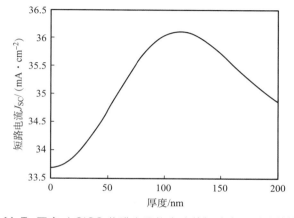

图 3-35　MgF_2 厚度对 CIGS 薄膜太阳能电池的短路电流影响的模拟结果[67]

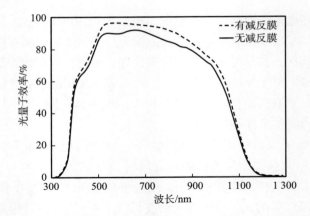

图 3 – 36　MgF$_2$ 对 CIGS 薄膜太阳能电池的光量子效率的影响[67]

3.4　铜铟镓硒薄膜太阳能电池的器件物理

3.4.1　能带结构

在如图 3 – 23 所示的 CIGS 薄膜太阳能电池中，核心部分是 pn 异质结结构，p 型区只有 CIGS 薄膜，n 型区则比较复杂，不仅包含 n$^+$ – ZnO、i – ZnO 和 CdS，有时还包括 CIGS 表面的反型层（n 型的掺杂 Cd 的贫铜 CIGS 层）。目前常用的 CIGS 薄膜太阳能电池的能带图如图 3 – 37 所示[68]。CdS 的导带底与 CIGS 的导带底之差为 ΔE_C，称为导带底失调值。CdS 的价带顶比 CIGS 价带顶低约 0.9 eV，并不随 Ga/（In + Ga）的比值变化。由于调整 pn 结界面处的 Ga/（In + Ga）的比值会影响此处 CIGS 的导带底位置，因此会影响 ΔE_C。Ga/（In + Ga）的比值由小到大变化时，CIGS 的禁带宽度由小变大，ΔE_C 由正值变为负值。电池在工作过程中，光生载流子中的电子由 p 区流向 n 区，空穴由 n 区流向 p 区，因此 $\Delta E_C > 0$ 是有利于降低此处的界面复合、提高电池转换效率的。ZnO 的导带比 CdS 导带低约 0.2 eV，其价带

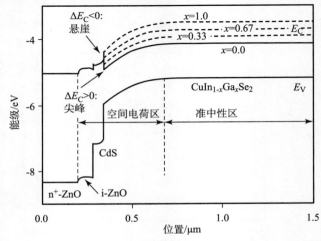

图 3 – 37　CIGS 薄膜太阳能电池 pn 结能带

比 CdS 价带低 1.1 eV。p 型 CIGS 的载流子浓度有限，可以产生 0.2 ~ 0.5 μm 的空间电荷区。CdS 和 i - ZnO 无掺杂，电导率较低，都处于空间电荷区，有能带弯曲。AZO 电导率高，处于电中性区，能带不再弯曲。

　　由于不同材料的电子亲和能不同而造成的界面处能带边不连续的现象称为能带边失调。虽然从图 3 - 37 可以看出 CIGS 薄膜太阳能电池中有很多能带边失调，其中，CdS/CIGS 的导带边失调值 ΔE_C 对电池的性能影响最大。虽然研究人员为了减少使用 Cd 而开发了多种替代的缓冲层，但是迄今为止转换效率最高的 CIGS 薄膜太阳能电池仍然使用 CdS 作为缓冲层，这其中一个重要的原因就是 CdS 与 CIGS 之间具有合适的导带边失调值（0.2 ~ 0.3 eV）以及较低的晶格失配率。如图 3 - 38 所示为基于 CdS/OVC/CIGS 结构的模型模拟计算的导带边失调值与 CIGS 薄膜太阳能电池参数之间的关系[70]。可以看出短路电流（J_{SC}）几乎不受 ΔE_C 的影响，直到 $\Delta E_C > 0.4$ eV 后才出现明显的下降，此时其他参数也一起快速下降，这是因为此时势垒高度超过了光生载流子的迁移能力，光生载流子无法超越此势垒继续输运。0.4 eV > $\Delta E_C > 0$ 范围内，ΔE_C 对电池的各参数影响都不明显。但是当 $\Delta E_C < 0$ 时（图 3 - 37 所示悬崖），随着 ΔE_C 绝对值增加，开路电压（V_{OC}）随之降低，电池转换效率（Eff.）和填充因子（FF）也一同出现明显的下降趋势。此时的 ΔE_C 对注入电子来说是一个势垒，CdS/CIGS 界面多数载流子经由缺陷的复合都归因于这个势垒，因此整体复合增加。如图 3 - 37 所示，只有当 Ga/（In + Ga）< 0.3 时才能保证 $\Delta E_C > 0$，这也从侧面说明 CIGS 中的 Ga/（In + Ga）含量最好不要超过 30%。

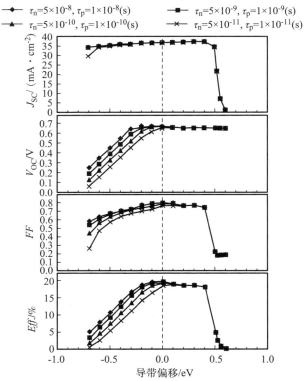

图 3 - 38　CdS/CIS 的导带边失调值与 CIGS 薄膜太阳能电池性能参数的模拟结果

τ_n、τ_p 分别表示 CdS/CIS 界面处电子和空穴的寿命

3.4.2　电流 – 电压方程与输出特性曲线

薄膜太阳能电池的电流 – 电压方程就是光照下的 pn 结的电流 – 电压方程。如图 3 – 39 所示，为薄膜太阳能电池的等效电路图，光照下的 pn 结可以等效为一个恒流源与一个二极管并联，恒流源的电流即光生电流，二极管上的电流即薄膜太阳能电池的暗电流，R 为串联电阻，$1/G$ 为并联电阻。则 pn 结上的电压为：

$$V_j = V + RJ \tag{3 – 17}$$

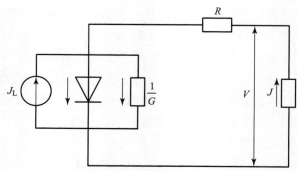

图 3 – 39　薄膜太阳能电池等效电路

由此可以得出薄膜太阳能电池输出电流和输出电压的关系为：

$$J = J_0 \exp\left[\frac{q}{AkT}(V - JR)\right] + GV - J_L \tag{3 – 18}$$

式中，J_L 是光电流密度；J 是光生载流子复合电流密度；A 是二极管品质因子（也叫理想因子）。对于背表面、电中性区及 CIGS/CdS 界面上的电子 – 空穴复合，A 取值为 1；对于空间电荷区的电子 – 空穴复合，A 取值为 2。J_0 为二极管反向饱和电流，也叫漏电流密度，是由光生载流子复合产生的，属于热激发量，其表达式为：

$$J_0 = J_{00} \exp\left(\frac{-E_a}{AkT}\right) \tag{3 – 19}$$

式中，E_a 是激发能，光生载流子在背表面、电中性区及空间电荷区复合的情况下，E_a 是吸光材料的禁带宽度 E_g；光生载流子在 CIGS/CdS 界面上复合的情况下，E_a 是当地的电子最低能量与空穴最低能量之差。J_{00} 是与材料相关的一个常数，其表达式为：

$$J_{00} = qN_C N_V \left(\frac{1}{N_A}\sqrt{\frac{D_n}{\tau_n}} + \frac{1}{N_D}\sqrt{\frac{D_p}{\tau_p}}\right) \tag{3 – 20}$$

式中，N_C，N_V 分别代表导带和价带的有效态密度；N_A，N_D 分别是电离受主和施主浓度；D_n，τ_n 和 D_p，τ_p 分别是电子和空穴的扩散系数和寿命。

式（3 – 18）描述的是将实际光照下测得薄膜太阳能电池的 J – V 乘上（－1），即将 J – V 曲线翻转 180° 到第四象限后的 J – V 关系；暗态 J – V 曲线则与平常 pn 结方程一样，在第一象限，如图 3 – 40（a）所示[70]就是一个转换效率为 15.5% 的 CIGS 薄膜太阳能电池的典型 J – V 曲线。光照下的 J – V 曲线上，电压为 0 时对应的电流密度值称为短路电流（J_{SC}），电流密度为 0 时对应的电压值称为开路电压（V_{OC}），电池输出功率最大时对应的 $J \times V$ 与 $J_{SC} \times V_{OC}$ 的比值称为填充因子（FF），此时电池的输出功率与入射光的总能量的比值为该电池的光电转换效率（η）。这四个参数常用来直观地表达薄膜太阳能电池的性能指标。

结合式（3-18）和式（3-19），可得推导出当 $G \ll J_L/V_{OC}$ 时开路电压的表达为：

$$V_{OC} = \frac{E_a}{q} + \frac{AkT}{q}\ln\frac{J_L}{J_{00}} \qquad (3-21)$$

在提高电池效率的过程中，一个很重要的途径就是提高开路电压，由式（3-21）可以看出，提高吸收材料的禁带宽度、提高品质因子都是有助于提高开路电压的。

由式（3-18）可知，影响电池输出特性的主要参数有串联电阻 R、并联电阻 $1/G$、品质因子 A 和漏电流密度 J_0。数学处理式（3-18）可以得到如下的表达式：

$$\frac{\mathrm{d}J}{\mathrm{d}V} = J_0 \frac{q\left(1 - R\dfrac{\mathrm{d}J}{\mathrm{d}V}\right)}{AkT}\exp\left[\frac{q(V - RJ)}{AkT}\right] + G \qquad (3-22)$$

对实测数据做 $\mathrm{d}J/\mathrm{d}V - V$ 的图，如图3-40（b）所示，在 J_{SC} 附近二极管项变得可以忽略，此时式（3-22）的曲线变得平坦，其值对应的就是 G。由图3-40（b）可以看出，光照下和暗态下获得的 G 值不同，而且光照下的曲线有很大的噪声。一般来说，性能比较好的薄膜太阳能电池并联电阻很大，在后续的分析中可以忽略。

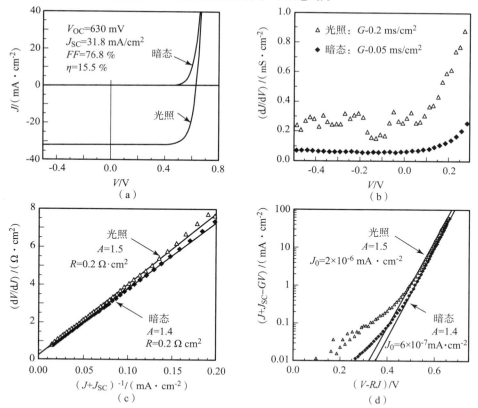

图3-40　转换效率为15.5%的典型 CIGS 薄膜太阳能组件的器件特性曲线[71]

（a）光照和暗态下的典型 $J-V$ 特性曲线；（b）$G(V)$ 曲线（用于估算 G）；（c）$\mathrm{d}V/\mathrm{d}J - (J+J_L)^{-1}$ 的
曲线（用于估算 A 和 R）；（d）$(J+J_{SC}-GV) - (V-JR)$ 的曲线（用于估算 A 和 J_0）

将式（3-18）中的电流微分可得如下表达式[72]：

$$\frac{\mathrm{d}V}{\mathrm{d}J} = R + \frac{AkT}{q} \cdot \frac{1}{J + J_L - GV} \tag{3-23}$$

当并联电阻很大可以忽略时，GV 接近于 0，忽略该项后，式（3-23）可表达为：

$$\frac{\mathrm{d}V}{\mathrm{d}J} = R + \frac{AkT}{q} \cdot \frac{1}{J + J_L} \tag{3-24}$$

根据式（3-24）对实测数据做 $\mathrm{d}V/\mathrm{d}J - (J + J_L)^{-1}$ 曲线，通过该曲线的斜率可以获得 A，通过截距可以得到 R 的具体数值。常数项 J_L 通常取 J_{sc}。因此更实用的处理方法是对实测数据做 $(\mathrm{d}V/\mathrm{d}J) - (J + J_{sc})^{-1}$ 的曲线，如图 3-40（c）所示，然后拟合数据的斜率和截距来获得 A 和 R。对于暗电流，分析 $J-V$ 曲线时，$J_{sc} = J_L = 0$。

将式（3-18）整合后取对数可以获得如下表达式：

$$\ln(J + J_L - GV) = \ln J_0 + \frac{q(V - JR)}{AkT} \tag{3-25}$$

根据式（3-25）对实测数据做 $(J + J_L - GV) - (V - JR)$ 曲线，如图 3-40（d）所示，其线性区域可以很好地用二极管的变形表达式（3-25）来拟合，拟合时取 $J_L = J_{sc}$，线性区域的曲线斜率就是 A，可以与式（3-24）拟合获得的 A 相互印证，另外根据该线性区域在横轴上的截距可以计算出漏电流密度 J_0。

3.4.3　量子效率

量子效率是指在某一波长的入射光照射下，薄膜太阳能电池收集的光生载流子数与该波长的光子总数之比，它是一个无量纲的参数，英文名称为 Quantum Efficiency（QE），有时也称为外量子效率（External Quantum Efficiency，EQE）。量子效率可用于确定短路电流密度 J_{sc}，常用于分析影响 J_{sc} 的原因。光生电流是全光谱范围内量子效率与光子流密度乘积的积分，即：

$$J_{SC} = q \int_0^\infty F1.5(\lambda) \cdot EQE(\lambda) \cdot \mathrm{d}\lambda \tag{3-26}$$

式中，$F1.5(\lambda)$ 是 AM1.5 光照下波长为 λ 的光子流密度。

CIGS 薄膜太阳能电池包含很多层薄膜，光子到达吸收层之前，需要经过栅极（Ni-Al）、减反层（MgF_2）、透明导电层（AZO）、窗口层（i-ZnO）和缓冲层（CdS），这些膜层对入射光的反射和吸收会造成能量损失。除去这些损失的光子，余下的光子数目就是进入吸收层的有效光子数量。相对于外量子效率，内量子效率（IQE）定义为特定波长下太阳电池收集的光生载流子数目与进入吸收层的光子数量的比值。EQE 与 IQE 之间存在如下关系：

$$EQE(\lambda) = T_G(\lambda) \cdot [1 - R_F(\lambda)] \cdot [1 - A_{WIN}(\lambda)] \cdot [1 - A_{CdS}(\lambda)] \cdot IQE(\lambda) \tag{3-27}$$

式中，$T_G(\lambda)$，$R_F(\lambda)$，$A_{WIN}(\lambda)$，$A_{CdS}(\lambda)$ 分别为电池有效面积比、吸收层上各层薄膜的总反射率、窗口层和 CdS 层的吸收率。IQE 受吸收层的吸收系数、厚度、最短有效载流子收集距离等因素的影响。

图 3-41 为 CIGS 薄膜太阳能电池典型的量子效率模拟曲线[71]，1~5 项属于光损失，第 6 项属于电学损失。对于吸收层禁带宽度为 1.12 eV，在 AM1.5 辐照条件下的 CIGS 薄膜太

阳能电池来说，总的电流密度计算应为 42.8 mA/cm² ，模拟得到的各种光损失如下[71]：

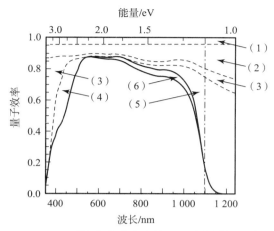

图 3-41 CIGS 薄膜电池的量子效率模拟曲线

（1）栅极的遮蔽效应导致的光损失会使电流密度减小 1.7 mA/cm² ，占总电流密度的 4.0% 。

（2）空气/ZnO/CdS/CIGS 界面上总的反射损失，会导致电流密度减小 3.8 mA/cm² ，占总电流密度的 8.9% ，可使用减反膜使之减少。

（3）窗口层 AZO 和 i-ZnO 吸收造成的光损失，会导致电流密度减小 1.9 mA/cm² ，占总电流密度的 4.5% 。这部分吸收分两部分，一部分是能量大于 ZnO 禁带宽度的光子被吸收形光生载流子，但是不能被收集成为光电流；另一部分是能量较小的红外光被 AZO 中大量的自由电子吸收，产生热能。

（4）CdS 缓冲层（约为 40 nm）吸收造成的光损失，会导致电流密度减小 1.1 mA/cm² ，占总电流密度的 2.5% 。这部分能量损失主要来自能量大于 CdS 禁带宽度的吸收产生光生载流子，但是一般认为没有经过高温处理的 CdS，具有很多缺陷，容易形成强复合中心，因此这部分光生载流子无法被收集，光损失量随 CdS 厚度的增加而增加。

（5）光子能量在 CIGS 的 E_g 附近，不能完全被吸收，这会导致约 1.9 mA/cm² 的电流密度下降，占总电流密度的 4.4% 。在很多 CIGS 薄膜的制备过程中通过形成 Ga 梯度的方法来获得梯度分布的 E_g ，这会导致长波段的吸收边界不是很陡峭，而是以一定的坡度变化。

（6）吸收层中的光生载流子不完全收集造成的损失，这属于电学损失。会造成约 1.0 mA/cm² 的电流下降，占总电流密度的 2.3% 。

上述计算表明，光损失共造成约有 11.4 mA/cm² 的光电流密度下降，占总的电流密度约为 27% 。在各膜层下的性能优化和结构设计时应尽量减小光损失，以期尽量提高薄膜太阳能电池的光电转换效率。

3.4.4 抗辐照能力

相比于其他常见的薄膜太阳能电池，CIGS 薄膜太阳能电池可以承受 1 000 倍以上的辐射剂量，因此在空间应用方面有巨大的潜力。图 3-42 是 1 MeV 电子辐照下几种常见的薄膜太阳能电池的输出功率衰减情况。可以看出，CIGS 薄膜太阳能电池比常见的其他薄膜太阳能电池具有更好的抗辐照能力，在小于 10^{16} cm^{-2} 剂量的 1 MeV 电子辐照下，CIGS 薄膜太阳能电池的最大输出功率基本保持不变，这种优良的抗辐照能力归功于其较高的光学吸收系数[73]。

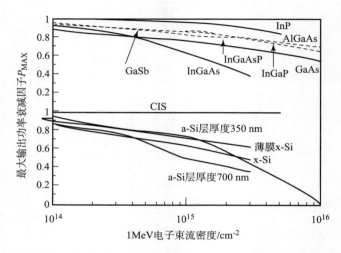

图 3-42 1 MeV 电子辐照下几种薄膜太阳能电池的功率衰减曲线[73]

以辐照前的电池输出特性作为参考，图 3-43 给出了不同种类和剂量的辐照下 CIGS 薄膜太阳能电池的输出特征参数衰减情况[74]。1 MeV 电子辐照下，转换效率损失达到 10% 的时候，辐照剂量已经高于 10^{17} cm^{-2}，对比图 3-42，这个剂量比其他薄膜太阳能电池达到相

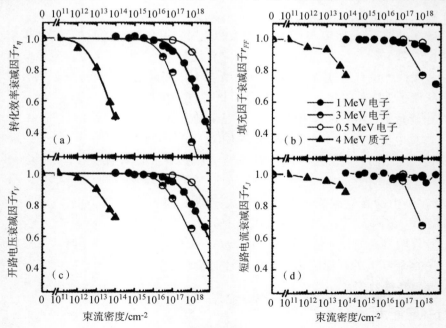

图 3-43 电子、质子辐照下 CIGS 薄膜太阳能电池参数的衰减[74]

(a) 转化效率的衰减因子；(b) 填充因子衰减因子；

(c) 开路电压衰减因子；(d) 短路电流衰减因子

同转换效率损失时接受的辐射剂量的 1 000 倍还多。可以看出，电子辐照后导致电池转换效率下降的主要原因是降低的开路电压，短路电流基本不受影响。更详细的研究表明，电子辐照下 CIGS 薄膜太阳能电池中会产生浅能级复合缺陷（约 300 meV），这种缺陷的产生速度与 V_{oc} 的下降速率吻合良好。

质子辐射条件下，上述浅能级复合缺陷的产生速度将提高 5 个数量级。在质子束流密度达到 10^{14} cm^{-2} 时，电池的转换效率降低到最初的一半左右，随之下降的还有短路电流和填充因子，这种综合性能的整体下降显示出了目前超越我们理解能力的性能变化。但是即便与外延生长的 InP/Si 电池相比（专门针对太空环境设计的），CIGS 薄膜太阳能电池的抗辐射能力也是相当强的。

3.4.5　器件稳定性

所有的半导体对温度、湿度都很敏感，因此户外工作的稳定性是薄膜太阳能电池的重要指标。稳定性的判据是薄膜太阳能电池在户外的正常工作时间。单晶硅的使用寿命约为 20 年，这也成为新研制的薄膜太阳能电池的目标。薄膜太阳能电池性能的衰减包括构成 pn 结的半导体材料的性能衰减及各膜层、界面、封装甚至引线的性能退化。为了更准确地预测薄膜太阳能电池的使用寿命，研究人员提出了很多加速老化的方法。当然，最可信的方法应该是在室外的实际工作条件下进行长期的观测和总结。

图 3 - 44 显示了科罗拉多太阳能研究中心（SERI）对 CIS 薄膜太阳能电池组件的户外稳定性测试结果[75]。该组件在户外工作了 5 个月，转换效率基本没有任何变化。为了进一步验证能 CIGS 薄膜太阳能电池的户外稳定性，西门子（Siemens）公司对 CIS 薄膜太阳能电池组件进行了 8 年的户外测试，结果如图 3 - 45 所示[76]。需要说明的是，组件虽是放在户外工作，但是性能测试是放在室内的标准测试条件下（25 ℃，模拟光照强度 1 000 W/m^2）得到的。除了 1989—1990 年间更换太阳光模拟器（测试组件效率时用到的光照系统）导致的组件效率有波动以外，其他时间的电池转换效率不但不变甚至还有增加。该结果显示了 CIS 薄膜太阳能电池组件优良的长期工作稳定性。图 3 - 46 是昭和石油（现 Solar Frontier）公司对其 CIGS 薄膜太阳能电池产品进行的户外测试照片和组件转换效率随时间变化的趋势。在长达 3 年多的测试时间里，组件的转换效率未见明显衰退，始终保持在 13% 左右的

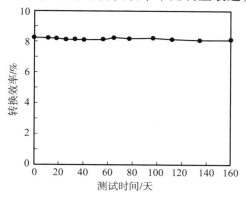

图 3 - 44　CIS 薄膜太阳能电池组件的转换效率随户外工作时间的变化趋势[75]

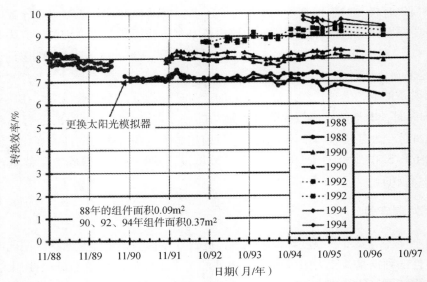

图3-45 西门子公司生产的CIS薄膜太阳能电池组件在户外工作条件下转化效率随时间的变化趋势[76]

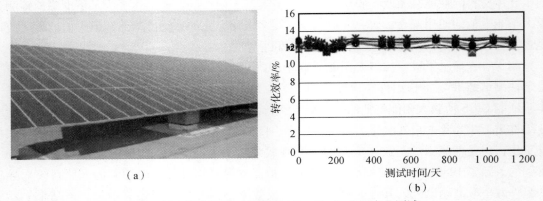

（a）   （b）

图3-46 昭和石油（现Solar Frontier）公司产品测试

（a）户外测试照片；（b）转化效率随测试时间的变化趋势[77]

水平，这再次证明了CIGS薄膜太阳能电池的长期稳定性。当然，不同公司生产的组件性能可能不同，因此各大生产厂商都对自己的产品进行了户外测试以期证明产品质量。大部分的太阳能电池供应商都宣称他们的组件可以在10年内保证90%的转换效率或者在20年内保证80%的转换效率。表3-6给出了不同厂家实测的太阳能电池衰减速度，电池衰减速度定义为：

$$衰减速度\left(\frac{\%}{年}\right) = \left(\frac{初始效率 - 终点效率}{初始效率 \times 时间}\right) \times 100\%$$

表3-6 不同厂商的电池在不同地点实测的衰减效率

文献来源	专利号/产品号	测试时间	地点	效率衰减速度（%/年）
[78] [79]	WS11007/75	2006—2011	尼科西亚，塞浦路斯	1.9~2.4
[80]	WS 11007/75	2005—2007	佛罗里达，美国	4.5~5.13
[81]		2003—2010	马格德堡，德国	0

续表

文献来源	专利号/产品号	测试时间	地点	效率衰减速度（%/年）
[82]	CIS 薄膜太阳能电池	1990—2008	科罗拉多，美国	0.2～2.3
		2002—2008	科罗拉多，美国	2.6～4.7（有偏压）
[83]	Shell Solar Power Max Eclipse ® 80 - C	2006—2011	科罗拉多，美国	0.2±0.2
[84]		2001	南非	
[84]		2001—2003	南非	8.1
[85]	ZSW	2003—2007	梅尔克林根，德国	0.2
[86]	Siemens Solar	1988—1990	科罗拉多，美国	4.1
[87]	Siemens Solar	1988—2006	科罗拉多，美国	1.7
[88]	Showa Shell Sekiyu（现 Solar Frontier）	2007—2009	伊丽莎白港，南非	−1.8～4.1

虽然户外条件下长时间使用是最可信的检验方法，但是这种方法周期长，例如表 3-6 中文献［82］的检测还没结束，生产器件的厂家都已经停产了，无法及时地获取影响寿命的因素特征，也就无法分析限制器件寿命的原因。因此，为了快速预测太阳能电池的寿命并分析失效原因，研究人员设计出了一系列的条件可控的室内检测方法，例如针对湿热条件下薄膜太阳能电池的稳定性测试条件有专门的国际标准 IEC 61646[89]。

3.5 铜铟镓硒薄膜太阳能电池的发展动向

3.5.1 柔性 CIGS 薄膜太阳能电池

柔性 CIGS 薄膜太阳能电池指的是以金属箔或高分子聚合物作衬底的 CIGS 薄膜太阳能电池，除了衬底材料和吸收层工艺略有不同之外，其他各层与玻璃衬底的 CIGS 薄膜太阳能电池工艺基本相同。柔性 CIGS 薄膜太阳能电池不仅适合航空航天领域的应用需要，而且也有利于满足地面应用过程中降低成本、减少重量、不怕摔碰等要求，因此一直是 CIGS 薄膜太阳能电池相关领域内的一个研究热点。

选择衬底材料需要考虑以下几个因素：（1）热稳定性：可以承受制备 CIGS 过程中的高温且与电池吸收层材料热膨胀系数匹配良好；（2）化学稳定性：不与 Se 反应、水浴过程中不分解、真空加热时不放气；（3）最好可以实现"卷对卷"工艺：可以连续生长薄膜、降低成本。常用的金属衬底材料包括不锈钢、Mo、Cu、Al、Ti 等，常用的高分子聚合物材料是聚酰亚胺（PI）。

目前 NREL 研制的小面积不锈钢衬底 CIGS 薄膜太阳能电池的转换效率已经达到了 17.5%[90]，是金属柔性 CIGS 薄膜太阳能电池的世界纪录。与玻璃衬底上的 CIGS 薄膜太阳能电池相比，金属柔性 CIGS 薄膜太阳能性能略有差距，这主要是来自于衬底粗糙度、杂质阻挡层和碱金属掺杂方面的差异。金属衬底的粗糙度在几百到几千纳米之间，而玻璃的粗糙度低于 100 nm。粗糙的衬底上更容易形核，导致晶粒减小；金属衬底上的尖峰还可能穿越吸收层导致短路。通过抛光和覆盖绝缘层可以有效地降低粗糙度。在导电良好的金属衬底上直接制备太阳能电池将无法进行后续的刻划工艺，并且其中的杂质元素在高温工艺阶段很可能向吸收层扩散并劣化 CIGS 薄膜太阳能电池的性能，因此金属衬底的 CIGS 薄膜太阳能电池是必须有绝缘阻挡层的。常用的绝缘阻挡层材料包括 SiO_2、Al_2O_3，绝缘阻挡层一般沉积在金属衬底和 Mo 电极之间。Na 对 CIGS 薄膜太阳能电池性能的提高作用是毫无疑问的，但是各类柔性衬底中都无法提供足量的 Na。为了提高柔性 CIGS 薄膜太阳能电池的性能，在金属 Mo 和 CIGS 吸收层之间或者在 CIGS 与 CdS 之间增加一层含 Na 层并在 400℃ 左右退火是常用的做法，含 Na 层的材料常选用 NaF、Na_2S、Na_2Se 和 Na_2O。在沉积 CIGS 之前沉积含 Na 层需要确保含 Na 层厚度不超过 30 nm，否则 CIGS 很容易脱落；如果在沉积 CIGS 之后制备含 Na 层，则需要在水浴沉积 CdS 之前清洗掉未扩散进入 CIGS 的含 Na 化合物，否则 Na 化合物溶于水会改变沉积 CdS 的水溶液的 pH 值。

与金属柔性衬底相比，聚合物衬底更轻也更适合"卷对卷"工艺，是柔性薄膜太阳能电池发展的热点，PI 是唯一获得成功的聚合物衬底。PI 具有低于不锈钢表面的粗糙度，而且绝缘，并且在其使用温度下没有杂质向 CIGS 扩散，因此不再需要降低粗糙度和制备阻挡层。唯一需要额外考虑的就是含 Na 层的制备。但是，PI 能承受的最高温度不超过 450℃，因此采用 PI 衬底的 CIGS 薄膜太阳能电池只能采用低温沉积工艺。即便如此，PI 衬底的 CIGS 薄膜太阳能电池（图 3-47）转换效率也仍然在 2013 年达到了 20.4%[90]。

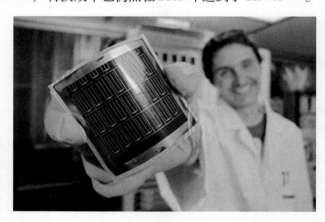

图 3-47　EMPA 在 PI 衬底上获得的转换效率为 20.4% 的 CIGS 薄膜太阳能电池组件

3.5.2　无 Cd 缓冲层

缓冲层的 Cd 元素是一种有毒元素，过量摄入会导致人体中毒，世界卫生组织将其列为重点研究的食品污染物，国际癌症研究机构将其归类为致癌物，Cd 的生产和使用在很多国家都是受到限制的。因此，寻找无 Cd 的缓冲层一直是 CIGS 薄膜太阳能电池研究的重要方向。

缓冲层需要满足以下要求：首先，应该是高阻的 n 型或者本征半导体；其次，应与吸收层有良好的晶格匹配；最后，应具有较大的带隙且尽可能不吸收光能。对于实际应用来说，制备缓冲层的工艺与吸收层工艺匹配也是很重要的。

目前主要的无 Cd 缓冲层是 Zn 的硫化物、硒化物或者氧化物，和 In 的硫化物或者硒化物。主要的缓冲层制备方法包括化学水浴法（CBD）和原子层沉积（ALD）法，后者是在真空条件下制备，可以更好地适应 CIGS 的产线工艺。表 3 - 7 给出了目前研制的主要无 Cd 缓冲层材料。2015 年 Solar Frontier 使用 ZnS(O,OH) 作为缓冲层在玻璃衬底上制备了转换效率为 22.3% 的 CIGS 薄膜太阳能电池（图 3 - 48）[21]，打破了当时的 CIGS 薄膜太阳能电池转换效率的世界纪录，也是目前为止无 Cd 缓冲层 CIGS 薄膜太阳能电池的最高转换效率。

图 3 - 48 Solar Frontier 在玻璃衬底上制备的转换效率为 22.3% 的无 CdCIGS 薄膜太阳能电池[21]

表 3 - 7 目前研制的主要无 Cd 缓冲层材料

缓冲层种类	制备方法	电池的最高转换效率		研究单位
		面积/cm²	效率/%	
ZnS(O,OH)	CBD	0.5	22.3	Solar Frontier[21]
ZnS(O,OH)	ALD	0.5	18.7	东京理科大学[92]
ZnS	CBD	0.2	18.1	日本青山学院大学[93]
$ZnIn_xSe_y$	PVD	0.2	15.1	东京工业大学[94]
$(ZnSn)_xO_y$	ALD	0.5	18.0	瑞典乌普萨拉大学[95]
Zn(O,S)	ALD	0.5	18.3	东京理科大学[96]
In_2S_3	ALD	0.5	12.1	瑞典乌普萨拉大学[97]

3.5.3 其他 I - III - VI 族化合物半导体材料

虽然 CIGS 薄膜太阳能电池的最高转换效率已经超过 22%，但是取得最高转换效率的 CIGS 薄膜太阳能电池吸收层的禁带宽度仅为 1.13 eV，距离最佳带隙 1.45 eV 还有很大提升空间。因此，近年来高转换效率 CIGS 薄膜太阳能电池的一个重要研究方向就是提高吸收层的禁带宽度，包括提高 Ga/(In + Ga) 的比例，或者用 S 替代 Se。图 3 - 8 给出了主要的 I - III - V 族化合物半导体材料的禁带宽度，下面简要介绍一下不同材料的具体应用。

$CuGaSe_2$（CGS）和 $CuGa_3Se_5$ 的禁带宽度分别为 1.67 eV 和 1.82 eV，均属于宽带隙的 I - III - V 族化合物。它们可以作为叠层电池的顶电池，理论计算 CGS/CIGS 串联叠层电池的最高转换效率可以达到 33%；其也可以单独作为电池的吸收层，目前最高转换效率的 CGS 薄膜太阳能电池的转换效率已经可以达到 10.2%[98]。由于 CGS 材料无法掺杂形成 n 型，因此 CGS 薄膜太阳能电池不能形成类似 CIGS 薄膜太阳能电池那样的表面层，故难以形成高质量的浅埋结。另外，CGS/CdS 之间的能带边失调值为负值，而 CIGS/CdS 的能带边失调值为正值，所以 CGS 薄膜太阳能电池具有隧穿加强的复合和更大的界面复合。综合以上因素，CGS 薄膜太阳能电池与 CIGS 薄膜太阳能电池相比效率仍然较低。

用 Al 替代 CIGS 中的 Ga 元素获得的 $Cu(In,Al)Se_2$（CIAS），其带隙在 $1.0 \sim 2.6$ eV 范围内可调。Al 不但比 Ga 丰度高，而且带隙可调范围更宽。单结 CIAS 薄膜太阳能电池的转换效率已经可以做到 16.9%[99]。

$CuInS_2$ 的禁带宽度为 1.5eV，更接近理想薄膜太阳电池的带隙，且无毒，因此也是研究的热点之一。目前，德国的 HMI 研究中心在小面积衬底上制备的 $CuInS_2$ 薄膜太阳能电池的最高效率可以达到 12.8%，该研究所与 SULFURCELL 公司合作建立了 35MW 的 $CuInS_2$ 薄膜太阳能电池中试线，可以生产 $1\,200 \times 600$ mm^2 的薄膜太阳能电池组件[100]。用 S 替代部分 Se 元素构成 $Cu(In,Ga)(S,Se)_2$ 也是常见的提高 CIGS 禁带宽度的方法，上一小节提到的无 Cd 缓冲层 CIGS 薄膜太阳能电池就采用了后续硫化处理来提高 CIGS 薄膜太阳能电池的禁带宽度[21]。

3.5.4　叠层铜铟镓硒薄膜太阳能电池

叠层太阳能电池属于第三代薄膜太阳能电池技术，也是最有希望应用于大规模生产的技术之一，因此一直是研究的热点。I−III−V 族化合物中，Cu 基黄铜矿相带隙在 $0.9 \sim 2.9$ eV 可调，Ag 基黄铜矿相带隙 $0.6 \sim 1.3$ eV 可调。理论计算结果表明，叠层太阳能电池的最佳带隙分布应为：顶层 1.72 eV，底层 1.14 eV[101]。

由于 I−III−V 族化合物可以形成一系列多元合金的固溶体，有一些带隙梯度分布的吸收层（例如，底层沉积 $CuGaSe_2$ 后沉积 CIGS = CIGS/CGS 或者 S 表面改性的 $Cu(In,Ga)Se_2 = Cu(In,Ga)S_2/Cu(In,Ga)Se_2$）也被归类为叠层太阳能电池，其实这种带隙分布有梯度的吸收层设计理念确实和叠层太阳能电池很相似，但是两层吸收层之间的固溶特性大大地降低了制备难度，因此电池的转换效率非常高，最高转换效率的 CIGS 薄膜太阳能电池带隙设计基本都属于这个范畴。

从设计理念到实际制备都与其他种类的叠层太阳能电池一致的 CIGS 叠层太阳能电池的转换效率在 10% 左右[102]。制约其转换效率的主要原因在于顶电池生长工艺与底电池生长工艺兼容性不够好，以及缺乏有效的内部连接。另外也有一些研究尝试将 CIGS 薄膜太阳能电池与其他高转换效率电池（例如 Si 电池、钙钛矿电池）做叠层太阳能电池，其中 CIGS/钙钛矿叠层太阳能电池的转换效率已经超过 20%，叠层太阳能电池的结构示意图如图 3−49[103] 所示。

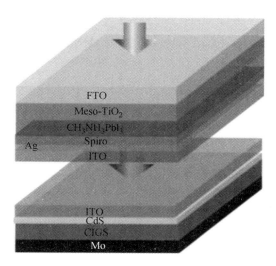

图 3 - 49　CIGS/钙钛矿叠层太阳能电池的结构示意图

参考资料

[1] Hahn H, Frank G, Klingler W, et al. Ubereinige ternare Chalkogenide mit Chalkopyritstruktur. Z. Anog. U. Allg. Chemie, 1953, 271: 153 - 170.

[2] Wangner S, Shay J L, Migliorato P. CuInSe$_2$/CdS heterojunction photovoltaic detectors. Appl. Phys. Lett. , 1974, 25: 434 - 435.

[3] Shay J L, Wangner S, Kasper H M. Efficient CuInSe$_2$/CdS solar cells. Appl. Phys. Lett. , 1975, 27: 89 - 90.

[4] Kazmerski L L, White F R, Morgan G K. Thin - film CuInSe$_2$/CdS heterojunction solar cells. Appl. Phys. Lett. , 1976, 29: 268 - 270.

[5] Mickelsen R A, Chen W S. Development of a 9. 4% efficient thin - film CuInSe$_2$/CdS solar cells. Proceeding of 15th IEEE Photovoltaic Specialist Conf. (PVSC), 1981.

[6] Mickelsen R A, Chen W S. Polycrystalline thin - film CuInSe$_2$ solar cells. Proc. IEEE PVSC, San Diego, California, 1982.

[7] Mickelsen R A, Chen W S, Hsiao Y R. Polycrystalline thin film CuInSe$_2$/CdZnS solar cells. Proc. IEEE PVSC, Kissimmee, Florida, 1984.

[8] Mickelsen R A, Chen W S. Proceeding of 7th International Conference on Ternery and Multinary Compounds, Snowmass, Colorado, 1986.

[9] Mitchell K W, Eberspacher C, Ermer J, et al. Single and tandem junction CuInSe$_2$ cell and module technology. Proceeding of 20th IEEE PVSC, Las Vagas, 1988. .

[10] Bloss W H, Schock H W, Proceedings of the 8th European Photovoltaic Conference. Edited by Solomon I, Equer B, and Helm P(Kluwer, Dordrecht, 1988), p. 1578.

[11] Dimmler B, Dittrich H, Menner R, et al, Proceedings of the 19th Institute of Electrical and

Electronics Engineers Photovoitaic Specialists Conference, New Orleans, May 4 – 8, 1987 (Institute of Electrical and Electronics Engineers, New York1987), p. 1454.

[12] Stolt L, Hedstrom J, Kessler J, et al. , ZnO/CdS/CuInSe$_2$ thin – film solar cells with improved performance. Appl. Phys. Lett. , 1993, 63:597 – 599.

[13] Repins I, Contreras MA, Egaas B, et al. 19. 9% – efficient ZnO/CdS/CuInGaSe$_2$ solar cell with 81. 2% fill factor. Progress in Photovoltaics: Research and Applications 2008; 16(3): 235 – 239.

[14] Jackson P, Hariskos D, Lotter E, et al. New world record efficiency for Cu(In, Ga)Se$_2$ thin – film solar cells beyond 20%. Prog. Photovolt: Res. Appl. , 2011, 19:894 – 897.

[15] http://www. solar – frontier. com/eng/news/2014/C031367. html.

[16] Jackson P, Hariskos D, Wuerz R, et al. Compositional investigation of potassium doped Cu (In, Ga)Se$_2$ solar cells with efficiencies up to 20. 8%. Phys. Status Solidi RRL 8, 2014, 3: 219 – 222.

[17] Herrmann D, Kratzert P, Weeks S, et. al. CIGS module manufacturing with high deposition rates and efficiencies. Presented at 40th IEEE PVSC, Denver, CO, USA, June 8 – 13, 2014.

[18] Jackson P, Hariskos D, Wuerz R, et al. Properties of Cu(In, Ga)Se$_2$ solar cells with new record efficiencies up to 21. 7%. Phys. Status Solidi RRL 9, 2015, 1:28 – 31.

[19] Jackson P, Hariskos D, Wuerz R, et al. Effects of heavy alkali elements in Cu(In, Ga)Se$_2$ solar cells with efficiencies up to 22. 6%. Phys. Status Solidi RRL 10, 2016, 8:583 – 586.

[20] Contreras M A, Egaas B, Ramanathan K, et al. Progress toward 20% efficiency in Cu(In, Ga) Se$_2$ polycrystalline thin – film solar cells. Prog. Photovolt: Res. Appl. , 1999, 7:311 – 316.

[21] http://www. solar – frontier. com/eng/news/2015/C051171. html.

[22] Rudmann D. Effect of sodium on growth and properties of Cu(In, Ga)Se$_2$ thin film and solar cells. Swiss Federal Institute of Technology, 2004.

[23] Stanbery B J. Copper indium selenides and related materials for photovoltaic devices. Crit. Rev. Solid State, 2002, 27:73 – 117.

[24] Beiharz C. Chrakterisierung von aus der Schmelze Gezüchteten Kristallen in den Systemen Kupfer – In – dium – Selen and Kupfer – Indium – Gallium – Selen für photovoltaische Anwendunge3. Albert – ludwigs – Universitaät, Freiburg i. Br. 1999.

[25] Calixto M E, Bhattacharya R N, Noufi R, et al. Compositional and optoelectronic properties of CIS and CIGS thin films formed by electrodeposition. Solar Energy Materials & Solar Cells, 1998, 59(1), 75 – 84.

[26] Zhang S B, Wei S H, Zunger A. Defect physics of the CuInSe$_2$ chalcopyrite semiconductor. Phys. Rev. B, 1998, 57(6):9642 – 9656.

[27] Wasim S M. Transport properties of CuInSe$_2$. Solar Cells, 1986, 16:289 – 316.

[28] Bougnot J, Duchemin S, Savelli M. Spray pyrolysis of CuInSe$_2$. Solar cells, 1986, 16:221 – 220.

[29] Kapur V K, Singh P, Choudary M V, et al. Metallization systems for thin film CuInSe$_2$/CdS

solar cells. Proc. 17th Photovoltaic Specialists Conf. (1984):777 - 780.

[30] Noufi R,Axton R,Herrington C,et al. Appl. Phys. Lett. ,1984,45:668 - 670.

[31] Jaffe J E,Zunger A. Theory of the band - gap anomaly in ABC$_2$ chalcopyrite semiconductors. Physical Review B,1984,29:1882 - 1905.

[32] Huang Yongliang,Han Anjun,Wang Xiang,et al. :Tuning the band gap of Cu(In,Ga)Se$_2$ thin films by simultaneous selenization/sulfurization,Materials Letters,2016,182:114 - 117.

[33] Rockett A,Birkmire R W. CuInSe$_2$ for photovoltaic applications. J. Appl. Phys. ,1991,70:R81 ~ R97.

[34] Romeo A,Terheggen M,Abou - Ras D,et al. Development of thin - film Cu(In,Ga)Se$_2$ and CdTe solar cells. Prog. Photovolt:Res. Appl. ,2004,12:93 - 111.

[35] Ramanathan K,Teeter G,Keane J C,et al. roperties of high - efficiency CUInGaSe$_2$ thin film solar cells. Thin Solid Films,2005,480 - 481:499 - 502.

[36] Huag V,Klugius I,Friedlmeier T M,et al. Cu(In,Ga)Se$_2$ thin - film solar cells based on a simple sputtered alloy precursor and a low - cost selenization step. Journal of Photonics for Energy,2011,1:018002.

[37] Ouyang L,Zhao M,Zhuang D,et al. The relationships between electronic properties and microstructure of Cu(In,Ga)Se$_2$ films prepared by sputtering from a quaternary target. Materials Letters,2014,137:249 - 251.

[38] Ouyang L Q,Zhao M,Zhuang D M,et al. Annealing treatment of Cu(In,Ga)Se - 2 absorbers prepared by sputtering a quaternary target for 13.5% conversion efficiency device. Solar Energy,2015,118:375 - 383.

[39] Ouyang L Q,Zhuang D M,Zhao M,et al. Cu(In,Ga)Se$_2$ solar cell with 16.7% active - area efficiency achieved by sputtering from a quaternary target. Physica Status Solidi A - Applications and Materials Science,2015,212:1774 - 1778.

[40] Ouyang L Q,Zhuang D M,Zhao M,et al. Cu(In,Ga)Se$_2$ solar cells fabricated by sputtering from copper - poor and selenium - rich ceramic target with selenium - free post treatment. Materials Letters,2016,184:69 - 72.

[41] Orbey N,Hichiri H,Birkmire W,et al. Effect of temperature on copper indium selenization. Prog. Photovolt. :Res. Appl. ,1997,5:237 - 247.

[42] 戴松元. 薄膜太阳电池关键科学和技术[M]. 上海:上海科学技术出版社,2013.

[43] Anderson T. Processing of CuInSe$_2$ - based solar cells:characterization of deposition processes in terms of chemical reaction analysis. NREL Phase II Annual Report 6 May 1996 - May 1997.

[44] Ejigu E K. The effect of temperature,time and gas flowrate on the growth and characterization of Cu(In,Ga)Se$_2$(CIGS) absorbers for thin film solar cells. Rand Afrikaans University, Master,2004.

[45] Roux F,Amtablian S,Anton M,et al. Chalcopyrite thin - film solar cells by industry - compatible ink - based process. Solar Energy Materials & Solar Cells,2013,115:86 - 92.

[46] Kou H P,Tsai H A,Huang A N,et al. CIGS absorber preparation by non - vacuum particle -

based screen printing and RTA densification, Applied Energy, 164: 1003 – 1011.

[47] Todorov T K, Gunawan O, Gokmen T, et al. Solution – processed Cu(In, Ga) (S, Se)$_2$ absorber yielding a 15. 2% efficient solar cell. Prog. Photovolt. Res. Appl. , 2013, 21: 82 – 87.

[48] https://www. zsw – bw. de/fileadmin/user_upload/zsw_photovoltaik_01_duennschichtsolarzelle n_content – 04. png.

[49] Paszkowicz W, Minikayev R, Piszora P, et al. Thermal expansion of CuInSe$_2$ in the 11 – 1037 K range: an X – ray diffraction study. Applied Physics A, 2014, 116: 767 – 780.

[50] http://www. kayelaby. npl. co. uk/general_physics/2_3/2_3_5. html.

[51] http://www. upilex. jp/en/upilex_grade. html#01.

[52] Schmid D, Ruckh M, Schock, et al. A comprehensive characterization of the interface in Mo/ CIS/CdS/ZnO solar cell structures. Solar Energy Materials and Solar Cells, 1996, 41 – 42: 281 – 294.

[53] Scofield J H, Duda A, Albin D, et al. Sputtered molybdenum bilayer back contact for copper indium diselenide – based polycrystalline thin – film solar cells. Thin Solid Film, 1995, 260: 26 – 31.

[54] Kim H J, Kim C W, Jung D Y, et al. Effect of reaction temperature of CdS of CdS buffer layers by chemical bath deposition method. Journal of Nanoscience and nanotechnology, 2016, 16: 5114 – 5118.

[55] Kakhaki Z M, Youzbashi A, Sangpour P, et al. Effects of buffer salt concentration on the dominated deposition mechanism and optical characteristics of chemically deposited cadmium sulfide thin films. Surface Review and Letters, 2016, 23: 1650014.

[56] Slonopas A, Ryan H, Foley B, et al. Growth mechanisms and their effects on the opto – electrical properties of CdS thin films prepared by chemical bath deposition. Materials Science in Semiconductor Processing, 2016, 52: 24 – 31.

[57] Seo H K, Ok E A, Kim W M, et al. Electrical and optical characterization of the influence of chemical bath deposition time and temperature on CdS/Cu(In, Ga) Se$_2$ junction properties in Cu(In, Ga) Se$_2$ solar cells. Thin Solid Films, 2013, 546: 289 – 293.

[58] Wang H. Study of compounds related to Cu (In$_{1-x}$, Ga$_x$) Se$_2$ solar cells [D] . McGill University, 2001.

[59] Kin D K, Kim H B. Investigation of ZnO: Al thin films sputtered at different deposition temperatures. Journal of the Korean Physical Society, 2015, 66: 1581 – 1585.

[60] Sahu D R, Huang J L. Development of ZnO – based transparent conductive coatings. Solar Energy Materials & Solar Cells, 2009, 93: 1923 – 1927.

[61] Duygulu N E, Kodolbas A O, Ekerim A. Influence of deposition parameters on ZnO and ZnO: Al thin film. Physica Status Solidi, 2014, 11: 1460 – 1463.

[62] Lu J J, Tsai S Y, Lu Y M, et al. Al – doping effect on structural, transport and optical properties of ZnO films by simultaneous RF and DC magnetron sputtering. Solid State Communications, 2009, 149: 2177 – 2180.

［63］ Yang W, Rossnagel S M, Joo J. The effect of impurity and temperature for transparent conducting oxide properties of Al:ZnO deposited by dc magnetron sputtering. Vacuum, 2012, 86:1452 − 1457.

［64］ Chang J C, Guo J W, Hsieh T P, et al. Effect of substrate temperature on the properties of transparent conducting AZO thin films and CIGS solar cells. Surface and Coating Technology, 2013, 231:573 − 577.

［65］ Malm U, Edoff M. Influence from front contact sheet resistance on extracted diode parameters in CIGS solar cells. Progress in Photovoltaics: Research and Applications, 2008, 16:113 − 121.

［66］ Bednar N, Severino N, Adamovic N. Front grid optimization of $Cu(In,Ga)Se_2$ solar cells using hybrid modeling approach. Journal of Renewable and Sustainable Energy, 2015, 7:011201.

［67］ Rajan G, Aryal K, Ashrafee T, et al. Optimization of anti − reflective coating for CIGS solar cells via real time spectroscopic ellipsometry. Proceedings of IEEE 42nd Photovoltaic Specialist Conference, 2015:1 − 4.

［68］ Pudov Alexei O. Impact of Secondary Barriers on $CuIn_{1-x}Ga_xSe_2$ Solar − Cell Operation. [D]. Colorado State University, 2005.

［69］ Dullveber T, Hanna G, Rau U, et al. A new approach to high − efficiency solar cells by band gap grading in $Cu(In,Ga)Se_2$ chalcopyrite semiconductors. Solar Energy Materials & Solar Cells, 2001, 67:145 − 150.

［70］ Minemoto T, Matsui T, Takakura H, et al. Theoretical analysis of the effect of conduction band offset of window/CIS layers on performance of CIS solar cells using device simulation. Solar Energy Materials & Solar Cells, 2001, 67:83 − 88.

［71］ Hegedus S S, Shafarman N. Thin − film solar cells: device measurements and analysis. Progress in Photovoltaics: Research and Applications, 2004, 12:155 − 176.

［72］ Mialhe P, Charles J P, Khoury A, et al. The diode quality factor of solar cells under illumination. Journal of Physics D: Applied Physics, 1986, 19:483 − 492.

［73］ Yamaguchi M. Radiation resistance of compound semiconductor solar cells. Journal of Applied physics, 1995, 78, 1476 − 1480.

［74］ Jasenek A, Rau U. Defect generation in $Cu(In,Ga)Se_2$ heterojunction solar cells by high − energy electron and proton irradiation. Journal of Applied Physics, 2001, 90:650 − 658.

［75］ Mrig L. Outdoor stability performance of thin − film photovoltaic modules at SERI. IEEE Photovoltaic Specialist Conference. 1989:761 − 763.

［76］ Gay R R. Prerequisites to manufacturing thin − film photovoltaics. Progress in Photovoltaics: Research and Applications, 1997, 5:337 − 343.

［77］ Kushiya K, Kuriyagawa S, Tazawa K, et al. Improved stability of CIGS − based thin − film PV modules. IEEE Photovoltaic Specialist Conference, 2006:348 − 351.

［78］ Makrides G, Zinsser B, Schubert M, et al. Performance loss rate of twelve photovoltaic technologies under field conditions using statistical techniques. Solar Energy, 2014, 103:

28 – 42.

[79] Phinikarides A, Makrides G, Zinsser B, et al. Analysis of photovoltaic system performance time series: seasonality and performance loss, Renewable Energy, 2015, 77: 51 – 63.

[80] Dhere N G, Kaul A, Pethe S A. Long – term performance analysis of CIGS thin – film PV modules. Proceeding of SPIE, 2011, 8112: 81120R.

[81] Musikowski H, Styczynski Z. Analysis of the operational behavior and long – term performance of a CIS PV system. Proceeding of 25th EUPVSEC, 2010, pp. 3942 – 3946.

[82] Del Cueto J A, Rummel S, Kroposki B, et al. Stability of CIS/CIGS modules at the outdoor test facility over two decades. IEEE 33rd Photovoltaic Specialists Conference, 2008, 1 – 6.

[83] Jordan D C, Kurtz S R. Thin – film reliability trends toward improved stability. IEEE 37th Photovoltaic Specialists Conference, 2011, 827 – 832.

[84] Myers D R, Gueymard C A. Description and availability of the SMARTS spectral model for photovoltaic applications. NREL conference paper NREL/CP – 560 – 36320.

[85] Niki S, Contreras M, Repins I, et al. CIGS absorbers and process. Progress in Photovoltaics: Research and Applications, 2010, 18: 453 – 466.

[86] Eermer J, Fredric C, Hummel J, et al. Advances in large area $CuInSe_2$ thin film modules. IEEE 21st Photovoltaic Specialists Conference, 1990, 595 – 599.

[87] Tarrant D E, Gay R R. Process R&D for CIS – based thin film PV. 2006, NREL/SR – 520 – 38805.

[88] Radue C, van Dyk E E. Degradation analysis of thin film photovoltaic modules. Physica B, 2009, 404: 4449 – 4451.

[89] IEC 61646(Ed. 2) – Thin – film terrestrial photovoltaic(PV)modules e design qualification and type approval.

[90] Kapur V K, Bansal A, Le P, et al. Non – vacuum processing of CIGS solar cells on flexible polymeric substrates. Proceedings of the 3rd World Conference on Photovoltaic Energy Coversion, 2003.

[91] https://www. empa. ch/web/s604/weltrekord? inheritRedirect = true.

[92] Kobayashi T, Kao Z, Nakada T. Temperature dependent current – voltage and admittance spectroscopy on heat – light soaking effects of $Cu(In, Ga)Se_2$ solar cells with ALD – $Zn(O, S)$ and CBD – $ZnS(O, OH)$ buffer layers. Solar Energy Materials & Solar Cells, 2015, 143: 159 – 167.

[93] Pudov A, Sites J, Nakada T. Performance and loss analyses of high – efficiency chemical bath deposition(CBD) – $ZnS/Cu(In_{1-x}Ga_x)Se_2$ thin – film solar cells. Japanese Journal of Applied Physics, 2002, 41: L672 – L674.

[94] Shimizu A, Chaisitsak S, Sugiyama T. Zinc – based buffer layer in the $Cu(In, Ga)Se_2$ thin film solar cells. Thin Solid Films, 2000, 361: 193 – 197.

[95] Lindahl J, Watjen J T, Hultqvist A, et al. The effect of $Zn_{1-x}Sn_xO_y$ buffer layer thickness in 18. 0% efficient Cd – free $Cu(In, Ga)Se_2$ solar cells. Progress in Photovoltaics: Research and

Applications,2013,21:1588 – 1597.

[96] Kobayashi T,Kumazawa T,Kao Z,et al. Cu(In,Ga)Se$_2$ thin film solar cells with a combined ALD – Zn(O,S)buffer and MOCVD – ZnO:B window layers. Solar Energy Materials & Solar Cells,2013,119:129 – 133.

[97] Sterner J,Malmstrom J,Stolt L. Study on ALD In$_2$S$_3$/Cu(In,Ga)Se$_2$ interface formation. Progress in Photovoltaics:Research and Applications,2005,13:179 – 193.

[98] Abushama J,Noufi R,Johnston S,et al. Improved performance in CuInSe$_2$ and surface – modified CuGaSe$_2$ solar cells. IEEE Photovoltaic Specialists Conference,2005:299 – 302.

[99] Marsillac S,Paulson P,Haimbodi M,et al. High – efficiency solar cells based on Cu(InAl)Se$_2$ thin films. Applied Physics Letters,2002,81:1350 – 1352..

[100] Klenk R,Klaer J,Koble C,et al. Development of CuInS$_2$ – based solar cells and modules. Solar Energy Materials & Solar Cells,2011,95:1441 – 1445.

[101] Coutts T J,Emery K,Ward J S. Modeled performance of polycrystalline thin – film tandem solar cells. Progress in Photovoltaics:Research and Applications,2002,10:195 – 203.

[102] Nakada T,Kijima S,Kuromiya Y,et al. Chalcopyrite thin – film tandem solar cells with 1.5V open – circuit – voltage. IEEE 4th World Conference on Photovoltaic Energy Conference,2006:400 – 403.

[103] Guchhait A,Dewi H A,Leow S W,et al. Over 20% efficient CIGS – perovskite tandem solar cells. ACS Energy Letters,2017,2:807 – 812.

第四章

铜锌锡硫薄膜太阳能电池

4.1 引言

进入工业化时代以后，由于化石能源储量有限而出现了能源危机，人类对新能源的需求越来越迫切。太阳能储量丰富，具有零排放应用的优势，成为各种新能源技术的首要选择。第一代太阳能电池是晶体硅太阳能电池（单晶硅太阳能、多晶硅太阳能），其技术成熟并已经大规模产业化，但高成本导致无法完全摆脱对政府补贴的依赖，至今还未实现平价上网，同时在产业链上游环节存在的高能耗、高污染等问题。第二代的太阳能电池是薄膜太阳能电池，以碲化镉（CdTe）薄膜太阳能电池和铜铟镓硒（CIGS）薄膜太阳能电池为代表，目前正在进行产业化技术研发。但由于主要材料中包含了低丰度、重金属元素，尤其是 CIGS 薄膜太阳能电池中的稀有贵重金属 In、Ga，以及 CdTe 薄膜太阳能电池中的重金属 Cd 和稀有元素 Te，这些材料带来的成本和环保问题都为将来大规模应用留下隐患[1]。因此，2002 年 Alternative Nobel Prize 的获得者，澳大利亚新南威尔士大学的马丁·格林教授提出了第三代太阳电池材料的四个入选标准：（1）易制成薄膜；（2）高光电转换效率；（3）丰富的含量；（4）安全无毒。铜锌锡硫（Cu_2ZnSnS_4，CZTS）正是完全符合上述四项标准的一类光吸收材料，它是由黄铜矿结构的铜铟硒（CIS）衍生而来，两个相邻的 In 原子分别被一个 Zn 原子和一个 Sn 原子所替代。CZTS 材料的光吸收系数超过 10^4 cm^{-1}，禁带宽度 1.4~1.5 eV，理论转换效率达到 32%[2]，从光学性能上来说是一种优异的太阳能电池吸收层材料。另外，类似于 $CuIn_{1-x}Ga_xSe_{2-y}S_y$ 谱系，通过同族元素替代也可获得化学分子式为 $Cu_2ZnSn_{1-x}Ge_xSe_yS_{4-y}$ 的谱系材料，实现对禁带宽度的大范围调节（1.0~2.25 eV）和电子能带结构的优化[3]。更加重要的是，组成 CZTS 材料的四种主要元素的地壳丰度分别为 Cu（50 ppm）、Zn（75 ppm）、Sn（2.2 ppm）、S（260 ppm），储量丰富且均为环境友好型元素，在大规模应用中不存在材料丰度和环境污染的瓶颈，具有广阔的发展空间，如图 4-1 所示。

CZTS 薄膜太阳能电池的研究历史可以追溯到 20 世纪 50 年代，Goodman 和 Pamplin[4,5] 在 I-III-VI$_2$ 黄铜矿结构中通过替代 III 族元素，设计形成四元 I$_2$-II-IV-VI$_4$ 半导体。1988 年，日本学者 Ito 和 Nakazawa[6] 首次在实验室中合成了 CZTS 薄膜材料，其具有

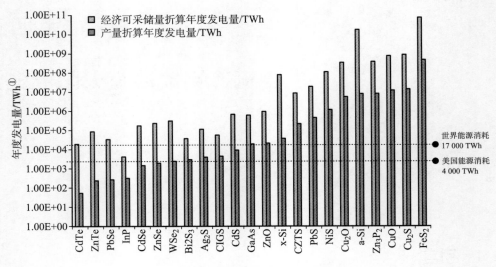

图 4-1　各种太阳能电池的发电潜力[1]

1.45 eV 的直接带隙宽度，以及高达 10^4 cm^{-1} 的吸收系数，随后该团队基于 CZTS 薄膜材料为吸收层制备出了电池器件[7]。经过一系列设计和工艺的优化，到 90 年代末期，CZTS 薄膜太阳能电池的光电转换效率提升至 2%~3%[8]。从 2005 年开始，研究 CZTS 及相关材料和器件的热度迅速提升，发展出材料的各种制备工艺和器件结构的优化方法。其中，具有代表性的是 IBM Watson 研发中心[9-12]发明的一种混合溶液/颗粒的液相方法。其采用该方法合成了 CZTS 薄膜并制成电池器件，经过工艺优化最终获得了 12.6% 的光电转换效率，成为目前 CZTS 薄膜太阳能电池的最高转换效率[13]。本章内容将从材料的基本性质出发，讲述 CZTS 的晶体结构、光学特性和电学特性，介绍材料的几种主要合成方法，最后分析 CZTS 薄膜太阳能电池目前存在的问题，展望未来的发展方向。由于 CZTS 是从 CIS 衍生而来，二者具有很多的相似之处，因此本章中的内容重点介绍 CZTS 在材料特性和工艺路线中有别于 CIGS 之处，而对于器件结构和制备过程中的相似点不再重复。希望为读者提供简洁而全面的参考。为了方便表述，下文中将 $Cu_2ZnSn_{1-x}Ge_xSe_yS_{4-y}$ 的整个谱系材料统一简称为 CZTS，而用 Cu_2ZnSnS_4 特指纯硫系材料，$Cu_2ZnSnSe_4$ 特指纯硒系材料。

▇ 4.2　铜锌锡硫的材料特性

4.2.1　晶体结构

　　CZTS 由 CIS 的黄铜矿（Chalcopyrite）结构设计演变而来，是四方晶系闪锌矿（Sphalerite）结构的一种多元化变种。在 CIS 晶格中，与每一个Ⅵ族原子成键的分别是两个

---

　　① 1 TWh = 1×10^9 kWh。

Cu 原子和两个 In 原子，将这两个 In 原子用一个 Zn 原子和一个 Sn 原子代替，就形成了锌黄锡矿（Kesterite）结构的 CZTS 晶格，如图 4-2 所示。然而，在研究的过程中发现 CZTS 多晶薄膜中还存在另一种晶型的变种，即锌黄锡矿晶格中部分 Zn 和 Cu 互换位置，而 Sn 和 S 维持原有排布方式，形成黄锡矿（Stannite）结构，如图 4-2（c）所示。

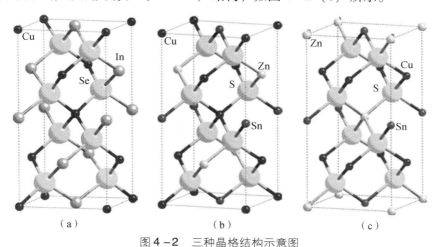

图 4-2 三种晶格结构示意图
(a) 黄铜矿；(b) 锌黄锡矿；(c) 黄锡矿

关于黄锡矿晶型的 CZTS 是否真实存在的问题是早期研究的热点。从缺陷的角度来看，这是晶体内部换位引起的本征缺陷，没有引入外部原子也没有改变材料的化学计量比，而且晶格中的 Cu^+ 和 Zn^{2+} 是同周期相邻原子的等电子体，二者的换位并不能通过 X 射线衍射等常规检测手段加以区分。X 射线衍射谱（XRD）无法分辨是锌黄锡矿结构还是黄锡矿结构，或者二者兼有。采用中子粉末衍射（Neutron Powder Diffraction）可以区分这两种晶型[14,15]，有研究发现 Cu_2ZnSnS_4 和 $Cu_2ZnSnSe_4$ 都属于锌黄锡矿晶型[15,16]，但这种测试方法的样品用量较大（约 $1cm^3$），并不适用于薄膜。而薄膜样品可以借助匹配波长的同步辐射 X 射线在 Cu 原子散射因子上引起的反常色散效应，来确定 CZTS 材料的晶型[17]。测试结果表明二者在薄膜中处于伴生状态。第一性原理的计算，从热力学和材料缺陷的角度解释了产生这种伴生现象的原因：Cu 和 Zn 交换位置所形成的 $[Cu_{Zn} + Zn_{Cu}]$ 缺陷簇具有极低的形成能（≈ 0.2 eV）[18]。另外，如果这种换位缺陷簇按照特定的方式排布（例如 <001> 晶面），那么形成能将进一步降低[19,20]。因此，Cu 和 Zn 的换位在 CZTS 多晶薄膜中较为常见，造成了黄锡矿和锌黄锡矿两种晶型的伴生。CZTS 晶格中另一个重要的结构特征是四方晶格畸变（Tetragonal Distort）：长轴和短轴之比偏离 2，即 $c/(2a) \neq 1$。单晶样品和粉末样品，在处于化学计量比的情况下 $c/(2a)$ 非常接近理论值 1。当晶体中元素偏离 2:1:1:4 的计量比时，偏离量越大晶格畸变越严重。这个规律同样适用于多晶薄膜样品，说明 CZTS 晶格本身对于化学组分和部分内部缺陷（包括 $[Cu_{Zn} + Zn_{Cu}]$）具有较高的容忍度，是一种结构稳定的材料体系，其稳定性有利于制备成为薄膜太阳能电池的主吸收层。各种 CZTS 样品的晶格参数对比如表 4-1 所示。

表 4 −1　各种 CZTS 样品的晶格参数对比

种类	性质	$a/Å$	$c/Å$	$c/(2a)$
理论值[21−23]	化学计量比	5.465 0	10.944 0	1.000 0
单晶[24]	化学计量比	5.434 0	10.856 0	0.998 9
	$Cu/(Zn+Sn)=0.99$ $Zn/Sn=0.90$	5.434 4	10.838 2	0.997 2
	$Cu/(Zn+Sn)=0.89$ $Zn/Sn=1.10$	5.433 4	10.831 1	0.996 9
	$Cu/(Zn+Sn)=0.79$ $Zn/Sn=1.19$	5.430 1	10.822 2	0.996 5
	$Cu/(Zn+Sn)=0.96$ $Zn/Sn=1.08$	5.427 9	10.828 9	0.997 5
	$Cu/(Zn+Sn)=1.17$ $Zn/Sn=0.75$	5.429 4	10.839 1	0.998 2
粉末[14]	化学计量比； 固相反应750℃淬火	5.428 0	10.864 0	1.000 8
	化学计量比； 降温速率1K/h	5.419 0	10.854 0	1.001 5
	$Cu/(Zn+Sn)=1.03$ $Zn/Sn=1.07$	5.434 0	10.872 0	0.996 2
薄膜[25,26]	$Cu/(Zn+Sn)=0.90$ $Zn/Sn=1.0$；共蒸发	5.431 0	10.840 0	0.997 9
	$Cu/(Zn+Sn)=1.03$ $Zn/Sn=0.97$；喷沫热解	5.423 0	10.860 0	1.001 3
	$Cu/(Zn+Sn)=0.89$ $Zn/Sn=0.81$；喷沫热解	5.428 0	10.829 0	0.997 5
	$Cu/(Zn+Sn)=0.92$ $Zn/Sn=0.72$；喷沫热解	5.428 0	10.823 0	0.997 0

4.2.2　电子能带结构和光学特性

　　CZTS 对太阳光谱的选择性吸收，是作为光伏材料的最重要特征之一。光学特性决定了材料对光的吸收和转换能力，与材料的电子能带结构紧密相关。和其他晶体材料一样，CZTS 的电子能带结构决定了材料的禁带宽度、态密度、掺杂难易度，从而影响载流子的行为。电子能带结构的研究，主要通过第一性原理计算。该方法被广泛应用于各种材料学研究，不需要经验参数，除了能解释已知的物理现象，也可用于对材料性质的预测和设计。结合常用的密度泛函软件包对不同化学组分或不同缺陷的几何结构进行优化，可以得到它们的能量最优构型；再针对不同构型，计算得到不同的缺陷形成能在化学环境下的变化，并进一步预测各种缺陷的浓度。目前的第一性原理计算已经可以考虑准粒子近似和激子效应，并结合不同的交换关联势来较准确地计算出材料的光学带隙和光吸收性质。

采用密度泛函理论并结合 GGA + QP 方法得到的锌黄锡矿型 Cu_2ZnSnS_4、黄锡矿型 Cu_2ZnSnS_4、锌黄锡矿型 $Cu_2ZnSnSe_4$ 以及黄锡矿型 $Cu_2ZnSnSe_4$ 的电子能带结构如图 4 – 3 所示。在这四种晶体材料中，导带能量最低值和价带能量最高值均对应于 k 空间的同一点，说明

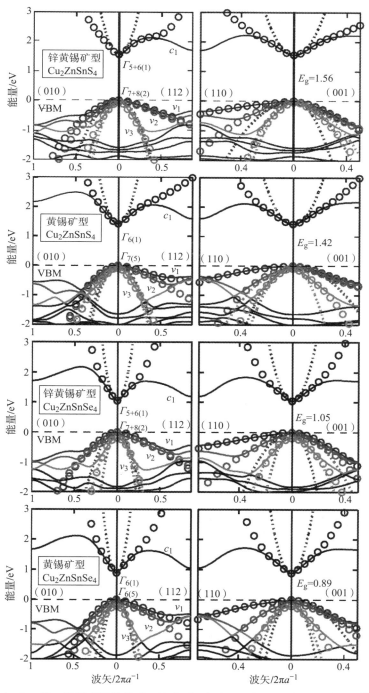

图 4 – 3　第一性原理计算的 Cu_2ZnSnS_4 和 $Cu_2ZnSnSe_4$ 电子能带结构[27]

二者都是典型的直接带隙半导体材料。在 GGA + QP 方法下，Γ 点处带隙分别为 1.56 eV、1.42 eV、1.05 eV 和 0.89 eV。采用其他交换关联势也可获得相应的计算带隙，这些数值大都分布在 1.4 ~ 1.6 eV（Cu_2ZnSnS_4）和 0.8 ~ 1.1 eV（$Cu_2ZnSnSe_4$）的范围内，与实验中测试得到的数据有较好的吻合度（表 4-2）。目前普遍认为，Cu_2ZnSnS_4 的带隙为 1.45 ~ 1.5 eV，而 $Cu_2ZnSnSe_4$ 的带隙在 1.0 eV 左右。采用 HSE06 方法计算结果显示 Cu_2ZnSnS_4 和 $Cu_2ZnSnSe_4$ 可以形成各种比例的共融合金 $Cu_2ZnSn(S_{1-x}Se_x)_4$，其中 x 在 0 ~ 1 的范围内变化取值。带隙 E_g 随 x 呈准线性关系[28]，这个重要的特性被多组实验所验证[29-31]，可以用来在实验中通过化学组分设计材料的带隙，以优化器件的性能，在 CZTS 薄膜太阳能电池的研究过程中起到了非常关键的作用。

表 4-2　第一性原理计算和实验测试 CZTS 材料禁带宽度的对比（eV）

E_g 数据来源	Cu_2ZnSnS_4		$Cu_2ZnSnSe_4$	
	锌黄锡矿型	黄锡矿型	锌黄锡矿型	黄锡矿型
GGA + QP	1.56	1.42	1.05	0.89
HSE06	1.47	1.27	0.90	0.70
GW_0	1.57	1.40	0.72	0.85
其他 HSE06[20,32,33]	1.50，1.487，1.52	1.38，1.295，1.27	0.96，0.94	0.82，0.75
其他 GW[33,34]	1.64，1.65	1.33，1.40	1.02，1.08	0.87
实测值[6,29-31,35-40]	1.45，1.5，1.51	1.5，1.45	1.05，1.0，0.95	0.96，0.96

　　锌黄锡矿型的 Cu_2ZnSnS_4 和 $Cu_2ZnSnSe_4$ 电子态密度分布由图 4-4 给出，二者具有很高的相似度。在价带顶部 Cu-d 轨道电子对于附近位置较高的态密度分布起到了重要的作用，与 Zn-sp、Sn-sp 和 S(Se)-p 轨道电子的耦合状态共同影响了态密度和价带顶位置[41]。在导带中，接近导带底能量最低的能带主要由 Sn-s 和 S(Se)-p 的轨道电子耦合形成，能量更高的能带由 Zn-s，Sn-p 和 S(Se)-p 轨道电子共同影响。其中，Sn-s 和 Sn-p 对于导带底附近电子态密度起到决定性的作用，这也是 CZTS 薄膜太阳能电池主要的有效吸收发

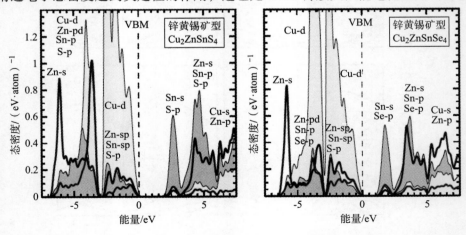

图 4-4　原子角动量相关态密度分布[41]

生的区域，更高能量的光子被电池窗口层吸收。通过态密度分布趋势的分析，可以指导实验中的能带调控进行界面优化（调节 ΔE_c），比如改变 Se/S 比例可以线性调节带隙，同时也改变了价带顶和导带底的位置；采用 Ge 替代部分 Sn，也可以改变带隙，主要影响导带底的位置。

作为薄膜太阳能电池的光吸收材料，光吸收系数是光学特性中最重要的参数。CZTS 谱系中各种典型材料的光吸收系数如图 4-5（a）所示，Cu_2ZnSnS_4 和 $Cu_2ZnSnSe_4$ 在锌黄锡矿和黄锡矿两种晶型下吸收系数 α 都具有一致性的变化规律，Cu_2ZnSnS_4 比 $Cu_2ZnSnSe_4$ 在起点上右移大约 0.5 eV，对应于二者在带隙上 0.5 eV 左右的差距。锌黄锡矿晶型的 Cu_2ZnSnS_4 和 $Cu_2ZnSnSe_4$ 分别在 3.25 eV、2.5 eV 附近有明显的吸收峰，对应于图 4-4 导带底最低能量带 Sn-s 轨道电子态密度的峰值。吸收系数反映了带隙和态密度分布的信息，是二者具象化的体现。另外，CZTS 材料在禁带边的吸收能力很强，从吸收系数 α 的图谱 [见图 4-5 (b)] 中可以看出，当光子能量达到带隙以后，CZTS 的吸收系数迅速上升，在光子能量为 $(E_g + 1)$ eV 时吸收系数达到 10^5 cm^{-1}。将 $\hbar\omega - E_g$ 作为横坐标，对比 CZTS 和其他光伏材料的吸收系数可见，CZTS 材料对于低能量光子的吸收能力强，远超一些常见的光吸收材料，例如 III-V 族的 GaAs 以及 II-VI 族的 ZnSe。这些数据都说明 CZTS 的光学特性优异，是一种理想的薄膜太阳电池光吸收材料。

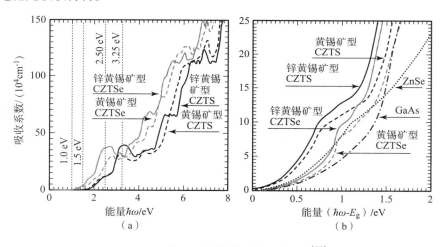

图 4-5　CZTS 材料的吸收系数曲线[27]

4.2.3　铜锌锡硫体系的多相平衡

CZTS 由一个 IV 族原子（例如 Sn）和一个 II 族原子（Zn）替代 CIS 中的两个 III 族原子（In）而成。这种满足价电子匹配的非对称置换引入了更多的原子种类，特别是多价态 Sn 原子（+2，+4）的引入造成在 CZTS 合成过程中存在多种二元（CuS、Cu_2S、ZnS、SnS、SnS_2 等）、三元（Cu_2SnS_3）中间产物，导致了较为复杂的多相体系。同时，由于 Cu^+ 和 Zn^{2+} 是化学元素周期表中相邻原子的等电子体，而 ZnS、Cu_2SnS_3 和 CZTS 具有相似的晶体结构，因此从实验上很难依靠常规的分析测试手段来辨识和测量这些二次相，无法确定 CZTS 四元相的纯度和偏析状况。此外，反应过程中还存在易挥发的气相中间产物 SnS，因此制备单一相的 CZTS 存在较大的困难。这是 CZTS 体系的多相平衡中区别于 CIS 的特点：单一相的合成和二次相的表征都存在技术困难。这一直以来都是研究的热点问题，本节将详细阐述相关内容的最新进展。

实验上有多种方法可以成功合成 CZTS 的多晶薄膜（详见 4.3 节），所用的反应物不尽相同、工艺路线也多种多样。直接生成 CZTS 四元相的反应是三种二元硫（硒）化物在含硫（硒）环境中按照下列反应进行的：

$$Cu_2S(s) + ZnS(s) + SnS(s) + \frac{1}{2}S_2(g) \rightleftharpoons CZTS \qquad (4-1)$$

如果反应物是 Cu、Zn、Sn 的金属或合金，则金属(M) 预先发生反应：

$$2M(s) + S_2(g) \rightleftharpoons 2MS(s) \qquad (4-2)$$

其中比较复杂的情况是硫锡二元化合物的状态，即：

$$SnS(s) \rightleftharpoons SnS(g) \qquad (4-3)$$

$$SnS_2(s) \rightleftharpoons SnS(s) + \frac{1}{2}S_2(g) \qquad (4-4)$$

在反应过程中，存在 2 种硫锡化合物：Sn(Ⅱ)S 和 Sn(Ⅳ)S$_2$，同时 Sn(Ⅱ)S 存在固相和气相 2 种状态。在完美的 CZTS 晶格中，锡以 Sn(Ⅳ)的形式存在。如果因为某种原因出现 S 的流失，S(−Ⅱ)将归还成键的 2 个电子形成 S(0)，而 Sn(Ⅳ)接受这 2 个电子被还原成 Sn(Ⅱ)。在生成 CZTS 和 CZTS 分解的化学反应中，这两个过程必须同时发生，因此生成 CZTS 的反应物需要有气态的 S$_2$ 的存在，同时 CZTS 分解也会伴随着气态的 S$_2$ 的产生。另外，SnS 的状态会打破平衡，气态的 SnS 挥发，它的缺失将导致反应（4−1）逆向（沿 CZTS 分解）偏移。因此，SnS 和 S$_2$ 在反应中起到了决定平衡的关键性作用。研究 CZTS 的相反应过程时常常把 SnS 作为反应物（或 CZTS 分解产物）而不是 SnS$_2$。根据这个结果分析，在实验中得到更多 CZTS 相的方法是使反应（4−1）向正向进行，抑制 CZTS 的分解。实现的方法主要有两种：一种是在较为封闭的加热空间中提供过量的 SnS 和 S$_2$；另一种是提高反应过程的气压，抑制这两种气相产物的生成和扩散。

除了气相产物的挥发，另一个重要问题是单一相的 CZTS 在相图中的稳定区域非常小，且伴随着其他二次相生成反应的强烈竞争。根据理论计算的结果[42]，以三种金属的化学势为参考坐标，CZTS 体系中各个相的稳定区域分布如图 4−6 所示。在 Cu$_2$ZnSnS$_4$ 中，为了使 CZTS 相能够稳定存在，三种金属的化学势必须为负，即 $\mu_{Cu} < 0$、$\mu_{Zn} < 0$、$\mu_{Sn} < 0$，且三者作为独立变量取值。μ_{Cu} 取特征值 −0.20 eV 时，可以将 3D 图简化为 2D 图，如图 4−6（a）所示，由 MNPQ 四个点围成的四边形区域是四元 Cu$_2$ZnSnS$_4$ 相非常狭小的稳定区域，说明单一四元相的化学势取值条件非常苛刻，极易生成其他二元、三元杂相。如果 μ_{Cu} 取值 −0.55 eV，那么四元相的区域缩聚为一个点，仅存在理论上的可能性。类似的情况也发生在 Cu$_2$ZnSnSe$_4$ 中，但 μ_{Cu} 取值 −0.40 eV 时四元相区域就已经缩聚为一个点。从图 4−6 可见，在各种二次相中限制四元相稳定区域的最苛刻因素来自 ZnS(ZnSe) 和 Cu$_2$SnS$_3$(Cu$_2$SnSe$_3$)，由它们所代表的直线 PQ 和 MN 的界线将四元相限制在了 Zn 化学势窗口，即是 $\Delta\mu_{Zn} < 0.2$ eV 的狭窄范围内，二者分别代表了组分中 Zn 的过量和缺失。而 Cu、Sn、S 和 Se 的化学势窗口相对较宽，均高于 0.40 eV。CuInSe$_2$ 中元素的化学势窗口更宽，$\Delta\mu_{In}$ 大约为 1 eV[19,20]，因此三

元相的稳定区域非常大，从实验的角度更加容易合成单一相的 CuInSe$_2$，例如单一相对 Cu 缺失的容忍度高达 8%[53]。而在 CZTS 体系中，组分偏离化学计量比容易导致 CZTS 中伴生一种或者多种二次相。在 CZTS 的二次相中，材料性质的差异对电池器件带来的影响也不同。其中，对器件性能危害最大的是窄带隙二次相（表 4－3）：Cu$_2$ZnSnS$_4$ 中的 Cu$_2$SnS$_3$ 和 Cu$_2$ZnSnSe$_4$ 中的 Cu$_2$SnSe$_3$，它们的带隙分别是 1.0 eV 和 0.8 eV，明显低于吸收层，这种高导电性的三元窄带隙材料会导致器件开路电压 V_{OC} 的显著降低，另外带隙为 1.2 eV 的 Cu$_2$S 和 Cu$_2$Se 也属于这一类的二次相。材料带隙较宽的二次相，对电池性能的直接影响相对较小，但仍然可能起到一定的负面作用：位于异质结区形成阻碍载流子传输的势垒；位于电极层界面附近增大了电池内阻。总体来说，由于形成单一相的 CZTS 比较困难，故危害更大的 Cu$_2$SnS$_3$ 和 Cu$_2$SnSe$_3$ 是在制备过程中首要避免的二次相，其次是二元 Cu－Ⅵ化合物 Cu$_2$S 和 Cu$_2$Se，而其余二次相负面影响相对较小。因此，实验中往往采用贫铜［Cu/（Zn＋Sn）＜1］富锌（Zn/Sn＞1）的经验组分来实现对有害二次相的控制。

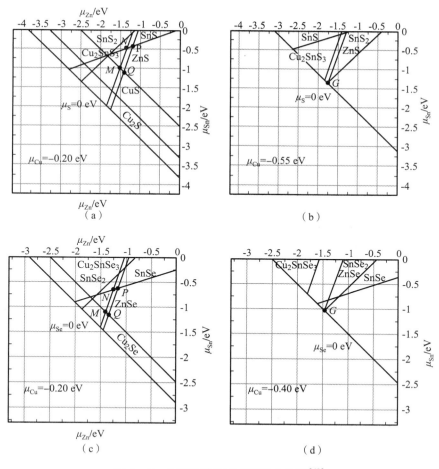

图 4－6　CZTS 的稳定化学势分布图[42]

（a）Cu$_2$ZnSnS$_4$　$\mu_{Cu} = -0.20$ eV；（b）Cu$_2$ZnSnS$_4$　$\mu_{Cu} = -0.55$ eV；
（c）Cu$_2$ZnSnSe$_4$　$\mu_{Cu} = -0.20$ eV；（d）Cu$_2$ZnSnSe$_4$　$\mu_{Cu} = -0.40$ eV

表 4 - 3 CZTS 体系中各种化合物的带隙[43-52]

化合物	带隙/eV	化合物	带隙/eV
Cu_2ZnSnS_4	1.5	$Cu_2ZnSnSe_4$	1.0
Cu_2SnS_3	0.9	Cu_2SnSe_3	0.8
ZnS	3.7	ZnSe	2.7
SnS_2	约为 2.5	$SnSe_2$	1.0 ~ 1.6
SnS	直接带隙 1.0，间接带隙 1.3	SnSe	1.3
Cu_2S	1.2	Cu_2Se	1.2

在 CZTS 体系中部分二次相的表征存在技术困难。X 射线衍射谱 （XRD） 是最为常用的表征手段之一，通过布拉格定律

$$2d\sin\theta = n\lambda \qquad\qquad (4-5)$$

测量晶格常数、分析晶格结构可以得到晶体材料的物相信息。理论上，衍射特征峰的位置和多个特征峰的组合模式可以像 "指纹" 一样具有独特性。但由于现实中材料均非理想晶体，测试仪器的分辨也存在极限，实际测量过程中每个特征峰都有展宽 （半高宽：FWHM），导致技术上难以将位置接近的两个特征峰 （$\Delta 2\theta \sim$ FWHM） 完全区分。图 4 - 7 （a） 显示了 Cu_2ZnSnS_4 中几种物相的衍射峰位置的对比，可以看出 Cu_2ZnSnS_4 和 Cu_2SnS_3、ZnS 的衍射谱中的三个最强峰的位置和相互之间的强度关系几乎完全相同。从局部放大的衍射谱可以发现三者在 28°附近衍射峰中心位置有细微差别，但这样的差别不足以将相互混合的三种物相区分。拉曼光谱 （Raman Spectroscopy） 是另一种常用的无损测试技术，通过测量晶格对入射光子的散射所造成的频率变化，分析晶体物相的分子振动信息，然后再对比标准谱得到特征物相。常用的拉曼入射波长包括 488 nm、532 nm、514 nm 以及 633 nm[54]。然而 CZTS 材料是一种光吸收材料，强烈吸收能量高于其带隙的光子，其他的大部分的二次相也都对可见光 （特别是绿光） 具有明显的吸收，因此入射光在 CZTS 中的穿透深度非常有限，只能反映出一个深度低于 100 nm 的近表面物相信息。常规的 CZTS 吸收层厚度达到了 2 ~ 3 μm，采用拉曼光谱测试无法得到 100 nm 深度以外的物相信息，需要结合对样品表面的刻蚀 （离子束刻蚀、化学刻蚀等） 来获取物相的分布。另外，有研究也指出[55]，即便是在样品表面，仅仅单色光的拉曼光谱 （532 nm 和 514 nm） 也无法分辨 Cu_2ZnSnS_4 中含有少量 Cu_2SnS_3 （少于30%） 状况下的物相信息。此外，其他一些方法也被用来直接或间接表征 CZTS 体系的物相，比如室温荧光光谱 （RT - PL）、二次离子质谱 （SIMS）、X 射线光电子谱 （XPS）、俄歇电子能谱 （AES），但至今仍然没有一种方法能够简便、快速、有效地表征 CZTS 物相，特别是其精确的分布和定量信息，故需要多种测试手段的结合来获取准确的物相。例如，将组分为 Cu/（Zn + Sn） = 0.8，Zn/Sn = 1.2 的 Cu - Zn - Sn 金属预制层置于富硫气氛中退火，基于 XRD 的 Rietveld 拟合，结合拉曼光谱和其他辅助测试手段，可以得到金属/合金体系的预制层在含硫气氛中的物相反应和演变过程，如图 4 - 8 所示[56]。这是一个定性半定量的结果，可以用四个步骤来简单概括体系在升温过程中的整体相变过程：（1） 在 200℃之前，主要发生 Cu、Zn、Sn 三种金属的合金化过程；（2） 200℃ ~ 300℃，大量蒸发的 S_2（g） 参与反

应，与金属/合金预制层分别生成多种二元硫化物，它们的反应速率由快至慢分别是 Cu_2S、SnS、ZnS；（3）300℃～400℃，在富硫气氛下二元硫铜化合物（Cu_2S、CuS）和二元硫锡化合物（SnS、SnS_2）继续反应生成三元相 Cu_2SnS_3；（4）从350℃开始，随着 ZnS 组分的积累和温度进一步升高，达到生成四元 CZTS 化合物的条件，体系中的二元相 Cu_2S、CuS、SnS、SnS_2 和三元相 Cu_2SnS_3 开始呈现出明显减少的趋势，并通过多条路径反应生成 Cu_2ZnSnS_4。图 4-8 中由于 ZnS 和 Cu_2ZnSnS_4 无法完全区分，因此采用同一条曲线示意，代表含 Zn 化合物组分的变化规律。

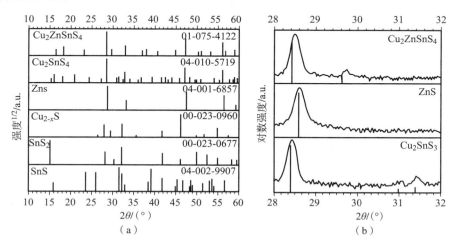

图 4-7　CZTS 与几种常见二次相的 X 射线衍射谱对比

（a）：CZTS 与几种二次相的衍射标准 PDF 卡片对比[27]；

（b）：Cu_2ZnSnS_4 的（112）峰、ZnS 的（111）峰和 Cu_2SnS_3 的（131）峰位置对比

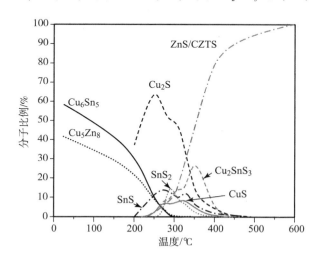

图 4-8　Rietveld 拟合 CZTS 体系物相演变规律示意图[56]

最新的研究结果显示，部分二次相可以采用化学刻蚀的方法进行选择性祛除，比如采用 KCN 溶液刻蚀 Cu_xSe_y[26,57-59]；盐酸溶液既能够刻蚀 ZnS/Se 相[57]，还能缓慢刻蚀残存的固相 SnS[59]；采用 Br_2-MeOH 溶液刻蚀 Cu_2SnSe_3[57,60]；而 $KMnO_4$-H_2SO_4 溶液可用于刻蚀

$ZnSe^{[61]}$。但这些方法只能用于刻蚀样品表面的二次相，无法解决薄膜内部的问题，长时间的化学刻蚀可能导致薄膜本身的损坏。

4.2.4 本征缺陷

半导体材料的电子能带结构决定其对光子的吸收和电子的跃迁，缺陷则影响了跃迁后电子的输运、复合等一系列电学行为，是材料宏观电学特性的微观机理。有关缺陷的研究内容包括缺陷的种类、形成能、在能带中的位置以及离化能等。由于实验上对缺陷的测试表征方法还比较有限，特别在复杂缺陷种类的材料体系中，缺乏对各种缺陷的特征辨识手段，因此有关缺陷的研究主要基于第一性原理的理论计算方法，辅以实验测试数据的对比分析。

在 CZTS 体系中，主要存在的本征点缺陷种类包括：晶格中缺失的原子空位缺陷 V_{Cu}、V_{Sn}、V_{Zn}、V_S 和 V_{Se}；原子 A 占据原子 B 在晶格中位置的替位缺陷（A_B）Cu_{Zn}、Zn_{Cu}、Cu_{Sn}、Sn_{Cu}、Zn_{Sn} 和 Sn_{Zn}；间隙原子缺陷 Cu_i、Zn_i、Sn_i、Se_i 和 S_i。这些缺陷有的属于受主缺陷（如 V_{Cu}），有的属于施主缺陷（如 Zn_{Cu}），在能带中起到不同的作用。从缺陷形成的难易程度上来看，根据理论计算的结果（图 4 - 9），不论是在 Cu_2ZnSnS_4 还是在 $Cu_2ZnSnSe_4$ 中，体系处于化学计量比时形成能最低的都是 Cu_{Zn} 受主缺陷，形成能均低于 0.4 eV。因此，Cu_{Zn} 替位缺陷是整个体系中最容易形成的本征缺陷种类，在四元相稳定存在的化学势区域占据明显的支配地位。另一种具有低形成能的受主缺陷是空位缺陷 V_{Cu}，其形成能在 Cu_2ZnSnS_4 中明显高于 Cu_{Zn}（但是低于 1 eV），在 $Cu_2ZnSnSe_4$ 中甚至更低。这种情况与黄铜矿结构的 CIS 材料体系略有差别，在 CIS 中 V_{Cu} 是形成能最低的缺陷，也是其呈现本征 p 型导电性的主要来源，而在处于化学计量比的 CZTS 中扮演了这一角色的是 Cu_{Zn}。锌黄锡矿晶型的 Cu_2ZnSnS_4，是由一个 Zn 原子和一个 Sn 原子替代黄铜矿结构的 CIS 中两个相邻 In 原子衍生而来的。而 Cu^+ 和 Zn^{2+} 是相邻元素的等电子体，因此这种晶格上的替代 Cu_{Zn} 比较容易实现，同理在 $Cu_2ZnSnSe_4$ 中的情况类似。除了这两种主要的缺陷之外，其余的受主缺陷包括 V_{Zn}、Zn_{Sn} 和 Cu_{Sn}，但它们形成能均高于 1 eV。另外，在 CZTS 体系中，所有的施主缺陷均具有较高的形成能，例如 Zn_{Cu} 和 Cu_i。在体系偏离化学计量比的情况下，例如 $Cu/(Zn + Sn) = 0.8$，$Zn/Sn = 1.2$ 的贫 Cu 富 Zn 条件下受到化学势的影响，各种缺陷的形成能将发生变化。在贫 Cu 环境中 Cu 的空位缺陷 V_{Cu} 更容易形成，而富 Zn 环境中替位缺陷 Zn_{Sn} 形成能降低。同时，Cu_{Zn} 和 Sn_{Zn} 的形成能明显提升，导致 V_{Cu} 取代 Cu_{Zn} 成为占据支配地位的缺陷类型。因此，综合以上因素，CZTS 材料一般呈现出的本征的 p 型导电性主要来源于 V_{Cu} 和 Cu_{Zn} 两种低形成能的本征缺陷。另一个影响形成能的因素的是缺陷的电离态，根据计算结果显示，处于电离态的部分缺陷（Zn_{Cu}^+，Sn_{Zn}^{2+}，V_S^{2+}）比其电中性状态具有更低的形成能，这些带正电的复合中心在 p 型半导体中大多起到负面的作用，特别是 Cu_2ZnSnS_4 中的 S 空位缺陷电离态 V_S^{2+}，其位置位于禁带中间的深能级位置，会造成严重的载流子复合，是一种需要避免和钝化的恶性缺陷。这也被认为是目前 $Cu_2ZnSn(S, Se)_4$ 薄膜太阳能电池性能优于 Cu_2ZnSnS_4 薄膜太阳能电池的主要原因之一，虽然 Cu_2ZnSnS_4 具有 1.5 eV 的理想禁带宽度，但是其更为复杂的缺陷结构导致其材料的电学性能受到严重影响，进而影响了电池器件的性能。

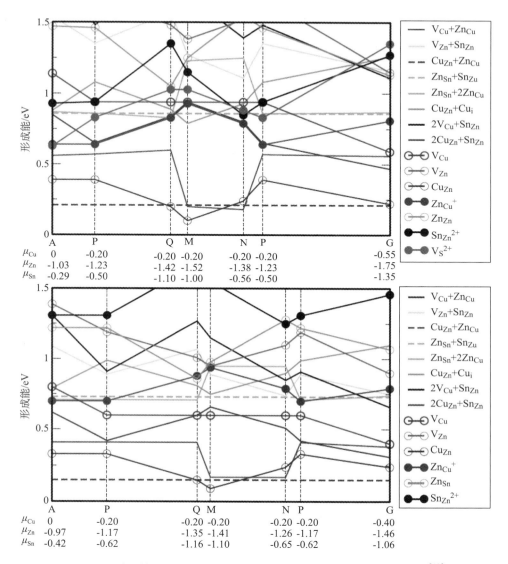

图 4-9　第一性原理计算的 CZTS 体系中各种缺陷和缺陷簇的形成能[18]

　　形成的缺陷所起到的作用主要取决于电离后在能带中所处的具体位置，即电离态的离化能。图 4-10 描述了在 Cu_2ZnSnS_4 和 $Cu_2ZnSnSe_4$ 中各种缺陷电离态在禁带中的位置。在一般情况下，受主缺陷容易接收从价带跃迁的电子而电离，显示出更高的负电性，其位置也相对靠近价带顶；而施主缺陷容易向导带注入电子，电离产生更高的正电性，位置靠近导带底。在 CZTS 体系中代表性的受主缺陷是 V_{Cu} 和 Cu_{Zn}，二者均为（-/0）单电离态，Cu_{Zn} 的电离能大约为 0.1 eV 左右，而 V_{Cu} 的电离能甚至低于 0.05 eV。因此，结合二者同时具有较低缺陷形成能的特性，可以判断它们就是 CZTS 体系材料具有本征 p 型导电性的主要机制。在实验中，Gunawan 等[63]采用导纳谱测得 $Cu_2ZnSn(S,Se)_4$ 薄膜太阳能电池在 0.13 ~ 0.2 eV 附近有一个主要的受主缺陷能级，根据上述判断分析应该是 Cu_{Zn}（-/0）缺陷能级；Fernandes 等[64]通过测试 Cu_2ZnSnS_4 发现两个激发能级 45 meV 和 113 meV，分别指向 V_{Cu}

（ -/0）缺陷能级和 Cu_{Zn}（ -/0）缺陷能级；Barkhouse 等[10]在转换效率为 10.1% 且具有贫 Cu 富 Zn 组分的 $Cu_2ZnSn(S,Se)_4$ 薄膜太阳能电池中观察到一个 156 meV 的缺陷能级，其态密度为 $1.2 \times 10^{15} cm^{-3}$，考虑到测试的误差，其最有可能是 V_{Cu} 和 Cu_{Zn}。其余受主缺陷的电离能都高于 V_{Cu}（ -/0）和 Cu_{Zn}（ -/0），例如 V_{Zn} 和 Zn_{Sn}，它们对材料的本征 p 型导电性的贡献较小。还有一些缺陷具有多个电离态（ V_{Sn} 和 Cu_{Sn}），故可以根据不同的环境条件分步激发出不同的状态。而这些缺陷大都跟 Sn 相关，主要是因为 Sn 本身的化学价态比较复杂，但它们的形成能和电离能都比较高，因此也不是占据支配地位的缺陷种类。另一方面，在各种施主缺陷中，Zn_{Cu}（0/ + ）和 Cu_i（0/ + ）是两种浅能级的施主，电离后距导带底非常近，理论上是最有可能限制材料 p 型导电性的因素。然而在现实中，贫 Cu 的组分设置、化学势使得 Cu_i（0/ + ）的形成能较高，故这种缺陷不易生成。而 Zn_{Cu}（0/ + ）的情况比较特殊，虽然由图 4 -9可见其电离态的形成能可以低于 1 eV，但其可被一些受主缺陷所补偿形成缺陷簇，例如 $[V_{Cu}^- + Zn_{Cu}^+]$ 和 $[Cu_{Zn}^- + Zn_{Cu}^+]$，这种缺陷簇抵消了 Zn_{Cu} 对 n 型导电性的贡献。

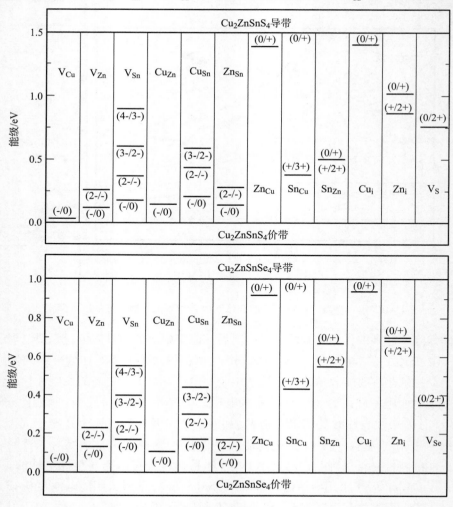

图 4 -10　第一性原理计算的 CZTS 体系各缺陷态的离化能[62]

材料中的施主缺陷和受主缺陷在电离后分别带一定量的正电荷和负电荷，由于库伦作用的相互吸引，二者常常会相互补偿形成电中性的缺陷簇。从形成能的角度来看，相比于孤立点缺陷的形成能之和，以缺陷簇的形式生成往往具有更低的形成能。因此，缺陷簇是材料体系中更实际的缺陷存在方式，缺陷簇的存在形式受到化学势的影响，决定了材料的电学性能。在 CZTS 体系中，缺陷簇大致可以分为两类：一类可以看成是两个原子相互交换位置所形成的换位缺陷簇，例如 $[Zn_{Cu} + Cu_{Zn}]$、$[Sn_{Cu} + Cu_{Sn}]$ 和 $[Zn_{Sn} + Sn_{Zn}]$。这一类缺陷簇除了满足电荷平衡条件之外，体系中没有元素的引入或缺失，因此不会造成化学组分的变化，不会受到化学组分是否偏离计量比的影响。在前面的讨论中，已经阐述过 CZTS 中 $[Zn_{Cu} + Cu_{Zn}]$ 是一种形成能只有 0.2 eV 的缺陷簇，如此低的形成能使大量的铜锌换位缺陷存在，锌黄锡矿型与黄锡矿型始终处于伴生状态。由于 Zn_{Cu} 和 Cu_{Zn} 分别是浅能级的施主和受主，电离态的位置离禁带边较近，因此 $[Zn_{Cu} + Cu_{Zn}]$ 是一种良性的缺陷簇，它的存在并不会影响带隙。而 $[Sn_{Cu} + Cu_{Sn}]$ 和 $[Zn_{Sn} + Sn_{Zn}]$ 两种缺陷簇的情况较为复杂，因为替位缺陷能级位置较深，这两种缺陷簇的大量存在会造成禁带边的偏移，严重降低带隙宽度，如图 4 – 11 所示，致使电池器件的性能下降。所幸二者的形成能较高，浓度较低，一般情况下影响可以忽略。另外一类缺陷簇并非原子间的"对称交换"，而是偏离化学计量比，例如 $[Zn_{Cu} + V_{Cu}]$、$[2Zn_{Cu} + Zn_{Sn}]$ 等。由于涉及与外界原子的交换，因此这一类缺陷的形成能对元素化学势的影响非常敏感。在整体处于化学计量比、稳定四元相的化学势环境中，$[2Cu_{Zn} + Sn_{Zn}]$ 的形成能非常低，只有 0.2 ~ 0.6 eV，是一种极易形成的缺陷簇，而其在 Cu_2ZnSnS_4 和 $Cu_2ZnSnSe_4$ 中分

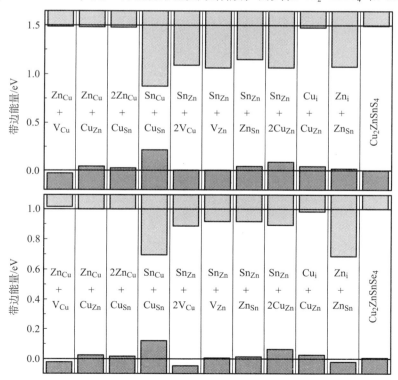

图 4 – 11　第一性原理计算得到的 CZTS 体系缺陷簇导致禁带边的偏移[18]

别造成 0.5 eV 和 0.2 eV 的带边偏移量，缺陷能级的位置较深，对电池器件的性能造成不良影响。另一种低形成能的缺陷簇是 $[Zn_{Cu} + V_{Cu}]$，在贫 Cu 富 Zn 的条件下更加有利于其生成，这种缺陷簇几乎不造成禁带边的偏移，是一种良性的缺陷，类似情况还有 $[2Zn_{Cu} + Zn_{Sn}]$。

综上所述，在 CZTS 材料体系中存在多种缺陷类型，其中 V_{Cu} 和 Cu_{Zn} 是两种最主要的受主缺陷，二者具有最低的形成能，也具有较低的电离能，是 CZTS 材料显示出本征 p 型导电性的根源。由于施主和受主缺陷相互之间的补偿机制，V_{Cu}、Cu_{Zn} 和 Zn_{Cu} 等缺陷主要以 $[Zn_{Cu} + Cu_{Zn}]$ 和 $[Zn_{Cu} + V_{Cu}]$ 缺陷簇的形式存在。在体系处于化学计量比附近时，$[2Cu_{Zn} + Sn_{Zn}]$ 缺陷簇的形成能非常低，而且是一种对性能有着不良影响的恶性缺陷簇。从缺陷的角度出发，可以解释贫 Cu 富 Zn 的组分更容易获得高性能 CZTS 电池器件：极负的 μ_{Cu} 和 μ_{Sn} 确保了体系中主要存在 $[Zn_{Cu} + V_{Cu}]$、$[2Zn_{Cu} + Zn_{Sn}]$ 和 $[Zn_{Cu} + Cu_{Zn}]$ 等良性缺陷簇，而抑制了 $[2Cu_{Zn} + Sn_{Zn}]$ 等恶性缺陷簇的生成，是整个电池器件运行的重要内部机制。

■ 4.3 铜锌锡硫薄膜的制备

实验上可以采用多种工艺路线制备 CZTS 多晶薄膜，大体分为两类：一类是利用物理气相沉积、化学气相沉积等真空镀膜技术制备 CZTS 薄膜或其预制层，代表性的有共蒸发、溅射/蒸发后退火、脉冲激光沉积等；另一类是基于液相镀膜技术制备 CZTS 的预制层，如溶液/纳米晶涂覆、电化学沉积、溶胶凝胶以及喷墨热解等，而后再采用退火重结晶的工艺制备多晶 CZTS 薄膜，虽然退火工艺可能涉及真空或惰性气氛环境，但总体来说对真空设备的要求较低，工艺路线主要是以液相镀膜为核心。一般情况下，真空技术可以提供更加清洁、可靠的镀膜环境，容易获得性能更加优越的半导体材料和器件，但目前转换效率最高的 CZTS 薄膜太阳能电池却是通过基于肼基溶液的液相镀膜方法获得的。CZTS 薄膜太阳能电池的这个特性，再加上材料本身环保、高丰度的优势，使其有机会成为真正意义上对环境友好、低成本、低能耗的薄膜太阳能电池制备技术，具有良好的发展前景。本节将介绍几种典型的 CZTS 薄膜制备方法。

4.3.1 共蒸发法

共蒸发法是一种制备多元化合物的常用方法，在 CIGS 薄膜的制备中取得了极大的成功，转换效率超过 20% 的 CIGS 薄膜太阳能电池吸收层薄膜多采用这种方法制备[65]。共蒸发法是指利用多个蒸发源同时蒸发若干不同的材料，辅以衬底的加热原位生长晶体薄膜的方法。共蒸发可以一步完成，也可以分为多步；蒸发的材料可以是单质或者化合物。

从原理上来说，蒸发是一种发生在高真空下的多次物相转换，主要包括三个过程：蒸镀料在蒸镀源中从固相到气相或液相到气相的转变，气相分子/原子的转运以及在衬底上的重新凝结进而成膜生长。气体分子的平均自由程可表示为：

$$\bar{\lambda} = \frac{k_B T}{\sqrt{2} p \pi d^2} \qquad (4-6)$$

式中，k_B 是玻尔兹曼常数；T 是温度；p 是压强；d 是气体分子半径。为了让气体分子具有更高的能量从而有利于薄膜生长，要求其在到达衬底表面前不与别的分子和腔室壁碰撞，$\bar{\lambda} \geq 10h$，h 指蒸发源到衬底之间的距离。因此，蒸发大多在 $10^{-3} \sim 10^{-5}$ Pa 的高真空条件下进行，膜层致密度高但绕射性差。同时，蒸发条件依赖于所蒸材料的饱和蒸气压，即在一定温度下材料气相与固相、液相达到动态平衡下的压力。一般来说，饱和蒸气压高的材料容易蒸发、速率也更快。饱和蒸气压由式（4-7）表示，即：

$$\ln p = A - \frac{B}{T} \tag{4-7}$$

其中，A 是材料常数；B 与汽化热和气体常数有关，二者都可以通过实验测量，常见单质材料的蒸气压详见表4-4。图4-12给出了CZTS相关几种材料的饱和蒸气压随温度的变化趋势，

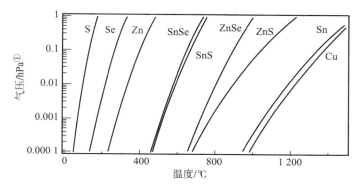

图4-12　CZTS 相关材料的饱和蒸气压随温度的变化趋势[66-71]

从图中可以看出，相关的几种单质和化合物材料，随温度的上升其饱和蒸气压迅速的达到或接近1Pa，这表明所有材料都属于易蒸发材料。其中，金属 Zn 的蒸气压变化趋势已经接近非金属元素 S 和 Se，易于蒸发制膜。另外，化合物 SnSe 和 SnS 在同温度下的蒸气压远远高于金属 Sn 单质，说明在体系中的 SnSe 和 SnS 二次相容易以气相形式挥发，这也是实验中发现的 Sn 流失问题的原因。

表4-4　常见单质材料的蒸气压公式中的 A、B 值

元素	A	B	元素	A	B	元素	A	B
Li	23.930	185 890	Al	25.132	36 706	Mo	24.787	71 035
Na	22.669	12 641	La	24.695	48 009	W	26.537	93 669
K	21.655	19 339	Ga	24.695	31 868	U	24.537	53 673
Cs	20.803	8749.8	In	23.843	28 736	Mn	25.938	31 637
Cu	25.524	39 098	C	34.204	92 103	Fe	26.629	45 983
Ag	25.270	32 852	Si	27.274	49 045	Co	27.228	49 607
Au	25.363	49 479	Ti	26.767	53 420	Ni	27.343	48 262
Be	25.639	37 923	Zr	26.376	69 768	Ru	39.070	77 827
Mg	24.787	17 615	Th	26.813	65 393	Rh	27.780	63 828
Ca	23.820	20 585	Ge	24.948	41 516	Pd	25.109	45 384

① 1 hPa = 100 Pa。

元素	A	B	元素	A	B	元素	A	B
Sr	22.646	18 029	Sn	23.037	34 239	Os	29.277	85 195
Ba	22.622	20 171	Pb	22.784	22 358	Ir	28.080	71 910
Zn	24.764	15 059	Sb	23.659	19 871	Pt	26.836	62 814
Cd	24.603	13 171	Bi	23.728	21 944	V	28.080	59 222
B	28.080	68 202	Cr	27.78	46 052	Ta	28.011	92 587

采用共蒸发方法制备 CZTS 薄膜，最简单的工艺就是一步共蒸发。Redinger 等[72]首先采用分子束外延（MBE）的方法同时蒸发 Cu、Zn、Sn、Se 四种单质元素，辅以衬底加热一步合成 $Cu_2ZnSnSe_4$ 薄膜。但是，衬底温度高于 430℃ 时 Zn 在薄膜表面有严重的去吸附现象，而温度过低时 Sn 很难有效地进入到膜层中。为了解决这个问题，Schubert 等[73]用 ZnS 做源代替单质 Zn，同时蒸发 Cu、Sn、S 三种单质源，如图 4-13（a）所示。由于 ZnS 不会出现单质 Zn 的去吸附现象，因此蒸发时可将衬底温度提高至 550℃。同时，ZnS 的饱和蒸气压与 Cu、Sn 接近，共蒸发时容易控制三种金属的比例。采用这种方法制备的 Cu_2ZnSnS_4 薄膜，其结晶度对 Cu/Zn + Sn 的比例非常敏感，虽富 Cu 薄膜的晶粒尺寸可达到微米量级，但残存大量的 Cu-S 有害二次相，故后期需要采用 KCN 溶液进行刻蚀。采用这种方法也可以制备 $Cu_2ZnSnSe_4$ 薄膜。通过控制贫 Cu 富 Zn 的组分（Cu/Zn + Sn ≈ 0.9，Zn/Sn ≈ 1.1），获得了最高光电转换效率为 5% 的 CZTS 薄膜太阳能电池。影响器件效率的主要问题在于 ZnS 二次相的残存，导致电池内阻增加而短路电流 J_{sc} 偏低，同时在高真空环境下 S 和 SnS 的蒸气压较高，容易从薄膜中流失。无法通过不同阶段的组分控制优化膜层体系的相结构，这也是一步共蒸法的主要问题之一。

多步共蒸法则是将 CZTS 薄膜的生长过程分为多个步骤，每一步可以设置不同的衬底温度，同时可以控制蒸发不同的组分，安排合理的蒸发镀膜顺序。多步共蒸法最大的优势就在于可以很好地控制体系的整体相变过程，通过不同的衬底温度和生长材料的组分，有效抑制一些有害二次相的生成，使膜层的整体组分和物相沿着一条最优化的反应路径进行。同时，在含 Cu 体系中利用 $Cu_{2-x}Se$ 等高扩散迁移能力的"准液相"特征，局部阶段采用富 Cu 生长以提高整体结晶质量，也是多步共蒸法的优势之一，这种优化手段被视为三步共蒸法制备高性能 CIGS 薄膜太阳能电池的技术关键。另外，利用多个步骤蒸发不同的材料，有利于进行调控带隙变化梯度等能带工程方面的优化工作，Weber 等[74,75]设计了一种两步法制备 CZTS 薄膜的工艺路线，第一步先在低温下蒸发 ZnS 和 S，第二步提高衬底温度至 380℃，共蒸发 Sn、Cu、S 反应形成 Cu_2SnS_3，进而使 ZnS 和 Cu_2SnS_3 反应生成 Cu_2ZnSnS_4，如图 4-13（b）所示。这种设计思路是利用 ZnS、Cu_2SnS_3 和 Cu_2ZnSnS_4 具有相似的晶体结构的特性，利用 ZnS/Cu_2SnS_3 预制层的外延生长来制备 Cu_2ZnSnS_4。这种两步共蒸法可以得到致密且大尺寸晶粒的 CZTS 薄膜，但器件转换效率很低，仅达到 1.1%，尤其是短路电流只有 6 mA/cm^2，因为这是膜层中存在大量的 ZnS 二次相，其高阻特性导致电池的串联电阻较高。Repins 等[40]采用类似于 CIGS 生长的工艺路线，在第一步中先蒸发过量的 Cu，使薄膜处于富 Cu 状态下生长结晶；第二步关闭 Cu 蒸发源，蒸发 Zn、Sn 和 Se，使薄膜最终整体处于贫

Cu 富 Zn 的组分特性（Cu/Zn + Sn = 0.86，Zn/Sn = 1.15），如图 4 – 13（c）。采用这种工艺制备的 $Cu_2ZnSnSe_4$ 薄膜太阳能电池器件的光电转换效率可达到 9.15%（V_{OC} = 377 mV，J_{SC} = 37.4 mA/cm^{-2}，FF = 0.65），其中二极管因子 A 为 1.8。电池器件的性能主要受制于开路电压，但其他参数说明这种工艺路线制备的薄膜质量要优于前几种共蒸发法。此外，在第一步中改变蒸镀 Zn 的比例，也可以获得性能相近的薄膜和电池器件，说明该方法的关键在于第一步中生成的 $Cu_{2-x}Se$ 和薄膜的富 Cu 生长。综上所述，采用两步共蒸发的方法制备 CZTS 薄膜，利用对每一阶段相变的控制优化 CZTS 的生长过程，能够制备光电转换效率为 10% 左右的电池器件，是一种比较典型的 CZTS 薄膜真空制备工艺，后期通过继续优化步骤工艺，引入能带的梯度调控，器件性能还有进一步上升的空间。

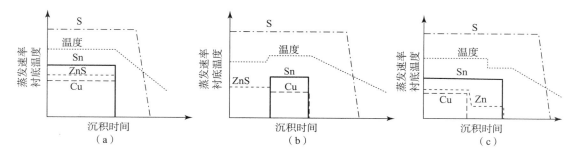

图 4 – 13　制备 CZTS 薄膜的三种共蒸发法工艺曲线示意图

4.3.2　溅射/蒸发后退火法

溅射/蒸发后退火方法分为两步：第一步是采用磁控溅射或者真空蒸发等方式将含有 Cu、Zn、Sn 以及 S 或 Se 的几种元素按一定配比沉积到基底上形成预制层；第二步将其置于惰性或含有 S、Se、Sn 的气氛中退火，使预制层组分重结晶形成多晶 CZTS 薄膜。虽然同为真空制备方法，但是溅射/蒸发后退火法与共蒸发法（详见 4.3.1 节）有着显著的差异。共蒸发法是一种类似于原位生长的方法，在沉积相关元素时辅以衬底的高温加热使得晶体同步生长。部分共蒸发法也将沉积过程分为不同的阶段，但每个阶段都处于边沉积边生长的状态。而溅射/蒸发后退火法将元素沉积和薄膜结晶生长的过程分开，在沉积的过程中基底处于较低的温度，甚至为室温。在预制层样品的退火重结晶过程中，为了防止部分元素的流失，可以在气氛中添加相应的补充源，比如 H_2S、单质 S 和 Se 以及 SnS 等，主要是对环境气氛的补充，而非直接沉积到样品上。采用这种方法的优势之一在于将沉积过程和结晶生长分开，降低了对真空设备的要求。特别是对于工业化生产中的大面积产品，预制层沉积的均匀性和退火中温度的不均匀性都是导致产线成品率下降的关键性问题，沉积设备主要解决沉积均匀性问题，而退火设备主要解决温度均匀性问题，有利于设备的简化和流水线生产的保障。这种方法在 CIGS 薄膜太阳能电池生产中有着很好的成功范例，日本的 Solar Frontier 公司[76]采用溅射后退火的方法，生产出效率为 22.3% 的中试尺寸组件（30 cm × 30 cm），其性能几乎和采用其他工艺的实验室尺寸样品一致，从而体现出这种方法在大面积样品制备中的巨大优势。

采用蒸发制备预制层再进行后期退火处理的一种典型工艺是：第一步，在分立的蒸发源中同时分别蒸发 Cu（纯度 99.999 9%）、Zn（纯度 99.999 9%）、Sn（纯度 99.999%）三种金属单质，常规使用的蒸发源温度分别为 1 080 ~ 1 115℃、190 ~ 290℃、1 010 ~ 1 050℃，相应的蒸发原子流量分压为（2 ~ 3）× 10^{-8}Torr①、（1 ~ 2）× 10^{-7}Torr、（5 ~ 6）× 10^{-8}Torr，最终在 150℃ 加热的衬底上获得的原子比例为：Cu/Sn ≈ 1.7 ~ 1.8，Zn/Sn ≈ 1.2 ~ 1.3。对 S 和 Se 两种非金属元素采用热蒸发裂解技术，其蒸发温度分别为 170℃ 和 270℃，裂解温度分别为 350 ~ 500℃ 和 520℃，二者的流量分压均控制在（3 ~ 4）× 10^{-6}Torr。经过裂解以后的 S 蒸气，90% 以上为 S 和 S_2 的小分子（原子）状态，且裂解后的 Se 蒸气都是以原子状态的 Se 形式存在，这样提高了二者的反应活性，有利于其在 150℃ 的衬底温度下与金属反应，最终的预制层为 CZTS 或 CZTSe 四元组分；第二步，将 CZTS 预制层在含 S 气氛中加热至 570℃，保温时间 5 min，可得到结晶良好的 Cu_2ZnSnS_4 薄膜（如图 4 – 14 所示），通过测量吸收光谱计算得其带隙为 1.46 eV。采用 Mo/Cu_2ZnSnS_4/CdS/i: ZnO/AZO/MgF_2 结构将其制备成完整结构的薄膜太阳能电池器件，其光电转换效率为 8.4%[77]。而采用 570℃ 的高温对 CZTSe 四元预制层进行退火处理时，金属 Mo 电极发生严重的硒化反应，生成了相当厚度的 $MoSe_2$ 层。虽然适当厚度（100 ~ 200 nm）的 $MoSe_2$ 层有利于使 Mo/$Cu_2ZnSnSe_4$ 形成欧姆接触，但是过厚的 $MoSe_2$ 层会导致电池内阻增加，影响器件性能。降低退火温度可以显著降低 Se 对 Mo 的腐蚀程度（$MoSe_2$ 层厚度降低），但同时结晶质量下降。如图 4 – 15 所示，为四种在不同温度下退火的样品 A1 ~ A4，其 $MoSe_2$ 层的厚度依次为 600 nm、700 nm、1 000 nm 和 1 300 nm，而相应的薄膜太阳能电池器件的光电转换效率分别为 5.95%、5.26%、4.08% 和 2.95%。在 Mo 和 $Cu_2ZnSnSe_4$ 之间添加一层 20 nm 厚的 TiN 层，可以在高温硒环境下对金属 Mo 起到有效的保护作用。经过 570℃ 高温下退火，在 TiN 层存在的情况下，$MoSe_2$ 层厚度约为 220 nm，这相比于无 TiN 层时的 1 300 nm 大大降低。因此，在保障高结晶度的同时应防止 Mo 的过度腐蚀，此时，$Cu_2ZnSnSe_4$ 薄膜太阳能电池器件的转换效率可达到 8.9%[78]。

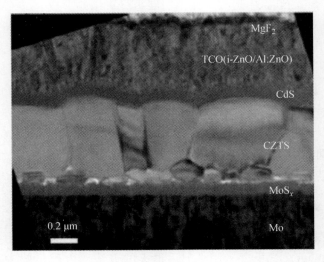

图 4 – 14　采用蒸发预制层后退火法制备 Cu_2ZnSnS_4 薄膜太阳能电池截面 SEM 照片[77]

---

① 1 Torr = 133.3 Pa。

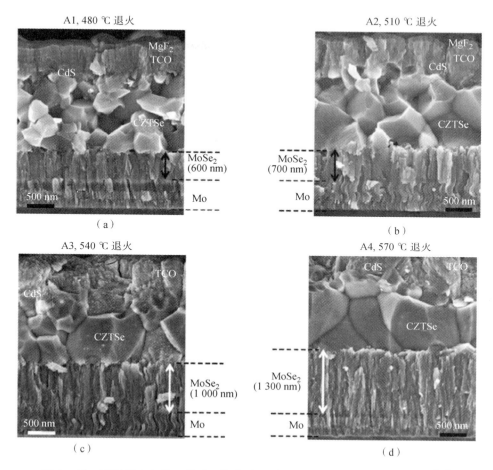

图 4-15　不同退火条件下的 $Cu_2ZnSnSe_4$ 薄膜太阳能电池截面 SEM 照片[78]

同理，也可以基于磁控溅射的技术进行预制层的制备，再对预制层退火形成 CZTS 薄膜。采用磁控溅射技术需要解决预制层中 S、Se 等非金属元素的沉积问题，其中一种工艺路线是采用反应溅射技术制备 Cu-Zn-Sn-S 四元预制层。可选用 Zn 靶和 Cu-Sn 合金靶（含 Sn 约为 33%，原子百分数），将二者置于 Ar 和 H_2S 的混合载气下溅射制膜，控制 H_2S 和 Ar 的比例可以调节预制层中 S 的含量，在纯 H_2S 作载气时预制层中的 S 含量达到化学计量比。而在溅射过程中对衬底加热可以使预制层更加致密，但温度过高（>300℃）容易导致预制层在低气压中分解造成 Sn 的流失。将此预制层样品与单质 S 一起置于封闭的石墨腔室加热至 560~570℃，退火 10 min 后得到 Cu_2ZnSnS_4 吸收层，电池器件的转换效率达到了 7.9%[79]。另一种较为成熟的工艺路线是采用包含 S、Se 元素的化合物陶瓷靶材，直接溅射使预制层中获得一定量的 S 和 Se。混合物质的量比为 Cu_2S: ZnS: SnS_2 = 0.9:1.1:0.9 的三种二元硫化物粉末[80]（三者的纯度均为 99.99%），在行星球磨仪中以 400 r/min 的速度混合并球磨至少 10 小时以上，再经过 60℃ 温度下 4 个小时的干燥和 300 目的筛选，对所获原料进行氩气惰性氛围下 2MPa 压力和 750℃ 的热压烧结 120 min，最终得到相对密度为 96% 的 CZTS 四元靶材[81]。将磁控溅射所获的 CZTS 预制层至于 Ar 和 H_2Se 的混合气（含 H_2Se 比例为 1%～5%）下进行退火。退火分为两步：第一步为 200℃ 温度下 50kPa 气压下的预加热，并且通入混合气有助于在低温下形成更稳定的 CZTS（防止 Zn 的挥发）；第二步在退火中加入一定量的元素 Se，加热温度升至 550℃，时长 5～30 min[82]，提高结晶质量。随着加热时间的延长，薄膜中 S 含量降低而 Se 含量提升，且薄膜的结晶度有明显的优化。采用这种工艺路线制备的 CZTS 薄膜太阳能电池，其光电转换效率高达 11%。除此之外，日本 Soalr Frontier 公司[83]直接采用金属预制层在含 S 和 Se 的气氛中反应，在热处理过程中通过控制工艺实现梯度带隙，在 Mo/CZTS 界面 S 含量更高带隙更宽，在 CZTS/CdS 界面附近 Se 含量相对较高带隙更窄，这种结构优化有利于载流子的收集，单电池器件的转换效率可达 11%，而 14 cm² 的小型电池组件的转换效率也达到了 9.2%[84]，是一条具有代表性的工艺路线。

4.3.3　肼基溶液合成法

在 CZTS 薄膜的所有液相制备工艺中，肼基溶液合成是一个重要的代表。这种方法主要基于肼（N_2H_4）和肼基甲酸（$H_2NHCOOH$，HD）作为介质，溶解或分散包含 Cu、Zn、Sn、S、Se 等成分的原料，形成特殊的溶液或悬浮液，再通过旋涂、刮涂、打印、提拉等方式制成前驱薄膜，最后经过烘干和退火工艺获得多晶 CZTS 薄膜。这种工艺方法的优势在于：（1）薄膜元素的沉积是一种纯液相的方法，不需要昂贵、复杂的 PVD、CVD 设备来沉积前驱体或预制层，且制作简单，有利于控制成本；（2）易于控制 CZTS 薄膜中的金属元素 Cu、Zn、Sn 之间的比例，实现最优化的元素配比；（3）膜层均匀性好；（4）各种元素之间充分混合，在退火中对原子扩散距离的要求较低，容易获得均一的 CZTS 四元相。在此基础上，由于肼和肼基甲酸都是还原性的小分子溶剂，主要成分为 N 和 H，包含部分的 C 和 O 但含量不高，因此在退火过程中很容易使之完全挥发，不会在膜层中造成碳残留影响结晶，如图 4–16 所示。另外，肼和肼基甲酸本身具有一定的络合作用，无须额外添加高分子的络合剂，因此只需控制 Cu、Zn、Sn、S、Se 等成分的原料和肼、肼基甲酸的纯度，并在惰性气氛下进行实验操作，就可以达到 PVD、CVD 级别的镀层质量。正是基于以上的一些优势，采用这种工艺方法获得的薄膜太阳能电池性能最高可达 12.6%[12]，高于其他所有的方法制备的 CZTS 薄膜太阳能电池器件。

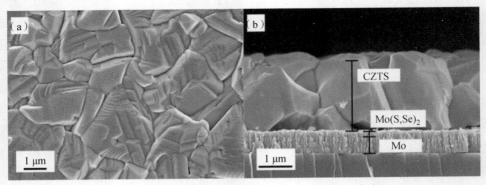

图 4–16　肼基溶液合成 CZTS 薄膜 SEM 照片[12]

肼基溶液合成 CZTS 薄膜的常规步骤为：将一定量的 Cu₂X（X = Se、S）搅拌溶解于肼中形成溶液，此为母液 A；一定量的 SnX 或 SnX₂（X = Se、S）搅拌溶解于肼中形成溶液，为母液 B；将 Zn 单质粉末（纳米粉末）加入母液 B。Zn 无法直接溶解于母液 B，但充分搅拌混合后，可以 $ZnSe(N_2H_4)$ 的形式形成稳定的悬浮液母液 C。将母液 A 和母液 C 按照一定的比例混合后，完成最终包含 Cu、Zn、Sn、S、Se 等元素的溶液 D（悬浮液），配置过程中控制 $Cu/(Zn+Sn)$ 比例为 0.8~0.9，而 Zn/Sn 比例为 1.1~1.2。将最终的配制完成的溶液 D 经一次或多次涂覆的方式在衬底上制成前驱体薄膜，经过 500~540℃ 的高温退火形成最终的 Cu_2ZnSnS_4、$Cu_2ZnSnSe_4$、$Cu_2ZnSn(S,Se)_4$ 吸收层。在溶液配置过程中常常加入 S、Se 粉末单质形成硫族元素的过量，有助于溶解 Cu_2X、SnX、SnX_2，并与 Zn 粉末反应络合形成稳定的悬浮液。2010 年前后，Mitzi 等[9,10,85]采用此方法制备的 CZTS 薄膜太阳能电池的转换效率就已经达到 10% 左右；之后经对退火条件的优化和 $MoSe_2$ 厚度的控制，将电池转换效率提升至 11%[11]；再通过优化窗口层，提升载流子收集将转换效率最终提升至 12.6%[12]，这也是目前 CZTS 材料体系太阳电池的最高性能。Yang 等[86]对肼基溶液法进一步优化，Cu、Sn 组分仍然采用纯肼溶液，但采用肼基甲酸替代肼来实现对 Zn 的溶解。其中，肼基甲酸通过在肼中溶解过量的固体二氧化碳生成：

$$CO_2 + N_2H_4 \rightarrow NH_2NHCOOH \tag{4-8}$$

将分别含有 Cu、Sn、Zn 组分的三种母液混合，形成最终的溶液并用于涂覆。此方法可以获得真正的溶液，如图 4-17 所示，Cu、Zn、Sn、S 和 Se 在溶液中以分子的形式均匀混合，进一步提高了涂层的均匀性，并且在退火过程中无须过多的原子扩散即可形成单一相的 CZTS，最终此方法获得的电池转换效率为 8.08%。

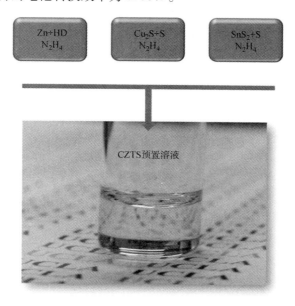

图 4-17 采用肼基甲酸优化 Zn 的溶解形成的溶液[86]

上述这两种肼基溶液方法都能制备出性能较高的 CZTS 薄膜太阳能电池器件，它们的区别主要在于前者是溶液－悬浮液混合，悬浮颗粒的尺寸主要取决于 Zn 粉末的尺寸，而后者是一种纯溶液。纯溶液实现了分子尺度的分散和混合，但纯溶液涂覆烘干得到的薄膜容易因内应力而皲裂。另外，需要强调的是，这种方法最大的问题在于，肼和肼基甲酸都是非常危险的化学试剂，长期暴露空气中或短时间受热会爆炸分解，且具有很高的毒性，会强烈地侵蚀皮肤，并对眼睛和肝脏有损害作用。因此，相关的实验必须在充满氮气等惰性气体的手套箱中进行，不利于大规模的量产。在实验室中可以实现小规模的安全制备，获得高性能的 CZTS 薄膜和相关的电池器件，并协助分析 CZTS 材料和电池器件的优缺点，认识各种制约性能的因素，掌握工艺优化的方法，这种工艺仍然很重要。

4.3.4　非肼基溶液合成法

由于肼基溶液法的种种限制因素，虽然通过此法获得了目前最高的器件性能，但其进一步发展受到了限制。有研究表明，CZTS 薄膜也可以采用非肼基溶剂，溶解或分散含有 Cu、Zn、Sn、Ge、S、Se 成分的溶质或纳米晶，形成"墨水"并通过涂覆的方法制备预制层薄膜。溶剂以及各种添加剂一般为环保、稳定和安全的试剂，大多可以在空气环境或者氮气手套箱环境中进行合成操作，小面积的实验室尺寸样品可以通过旋涂、刮涂、提拉等方式制备，而量产可以采用喷墨打印的方式实现。其环保性、低能耗工艺、设备低成本优势以及通过"卷对卷"方式进行大规模量产的潜力，符合 CZTS 薄膜太阳能电池的发展定位。因此，非肼基的溶液合成方法一直以来都是学界和工业界研究的热点，发展出了多种合成工艺路线。本节将选取几种典型的工艺，介绍 CZTS 非肼基溶液合成方法，以及在电池器件上取得的最新进展。

胶体纳米晶的合成工艺多种多样，其中热注入合成技术是一种重要的方法，已经被成功地应用到了 CZTS 纳米晶的合成。Guo 等[87,88]发展出了一种将含有阴/阳离子的前驱液混合的方法，在一定温度下利用化学反应产物过饱和析出，获得四元纳米晶。这种方法中，将 Cu、Zn、Sn 三种金属元素的乙酰丙酮化合物（Acetylacetonate）按照需求比例配置，溶解于油胺（Oleylamine，OLA）中形成前驱液 A 并加热至 225℃，油胺同时具有溶剂和表面活性剂的双重作用。然后向前驱液 A 中缓慢注入溶解有 S 的阴离子前驱液 B，前驱液 B 的溶剂同样为油胺。在注入过程中，前驱液 A 的温度保持在 225℃，注入的阴离子和阳离子在这个温度下开始反应生成 CZTS 并且形核生长形成纳米晶体，过程中主要通过控制温度和时间条件来控制纳米晶的生长。生长完成后降温，用乙烷、异丙醇等小分子溶剂清洗包覆有油胺的 CZTS 纳米晶，祛除残余反应物和油胺溶剂，过滤烘干得到 CZTS 四元纳米晶，经过 0.5 h 生长的纳米晶粒径分布在 15～25 nm 的范围之内，如图 4 - 18（a）。经过紫外 - 可见吸收光谱计算可得纳米晶带隙为 1.5 eV 左右，与锌黄锡矿结构的 CZTS 的带隙基本吻合。将此纳米晶重新分散于溶剂中形成"墨水"，采用刮涂的方式在 Mo 玻璃基底上成膜，每次成膜后在空气中加热至 300℃并维持 1 min 左右，以挥发溶剂和其他一些添加剂。将获得的预制层薄膜（≈1 μm）在含 Se 的气氛中加热至 500℃以上并维持 20 min，进行硒化退火最终得到 CZTSSe 吸收层，完成的电池器件转换效率可达 7.2%[87,88]。在这种方法中，可以将溶剂/表面活性剂种类、金属盐的种类、注入顺序和方式、加热温度和时间等参数作为变量进行各种优化，以获得不同特性的纳米晶和"墨水"。例如，将阳离子的油胺前驱液和阴离子的油胺前驱液同时注入 300℃的三辛基氧化膦（Trioctylphosphine Oxide，TOPO）中，三辛基氧化膦是新引入的表面活性剂。在注入之前，阳离子的油胺前驱液控制在 150℃以下，以限制还原性的金属纳米粒子这种副产物的生成。这种工艺[89]被验证可以获得粒径均匀、分散良好的 CZTS 纳米晶，尺寸为（12.8 ± 1.8）nm。另外，金属盐的种类可以选择乙酸盐或氯化盐，阴离子也可以选择

Se、硫脲等，注入温度分布在 150 ~ 325℃ 不等，均可通过类似的方法获得 CZTS 纳米晶。

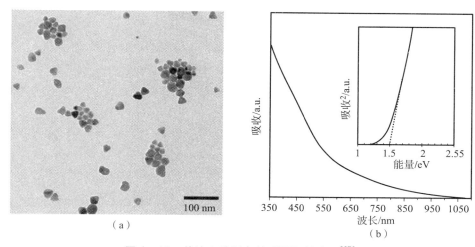

（a）

（b）

图 4 - 18 热注入法制备的 CZTS 纳米晶[87]

（a）高分辨透射电子显微照片；（b）紫外 - 可见吸收光谱

纳米晶"墨水"涂覆法的另一种思路是分别合成多种二元/三元纳米晶，按比例混合后分散在"墨水"中，以取代一步合成四元纳米晶。二元/三元纳米晶种类包括 ZnS、SnS、CuS、Cu_2SnS_3、Cu_7S_4 等，合成方法与四元纳米晶合成方法类似，可以采用油胺/三辛基氧化膦的热注入法。多种二元/三元纳米晶按照需求比例（贫铜富锌）混合后分散于"墨水"中，经涂覆退火形成大尺寸晶粒的多晶 CZTSSe 薄膜（图 4 - 19）。在退火工艺中，从二元/三元相生成四元相的反应如式（4 - 9）和式（4 - 10）所示：

$$Cu_2SnS_3 + ZnS + SnS \xrightarrow{Se} Cu_2ZnSnS_xSe_{4-x} \tag{4-9}$$

$$CuS(Cu_7S_4) + ZnS + SnS \xrightarrow{Se} Cu_2ZnSnS_xSe_{4-x} \tag{4-10}$$

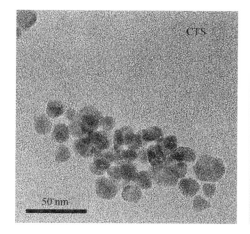
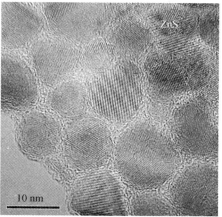

图 4 - 19 CTS 三元纳米晶和 ZnS 二元纳米晶的高分辨透射电子显微照片[90]

其中，反应式（4 - 9）中的 SnS 的主要作用为补偿退火中的 Sn 流失。而反应式（4 - 10）中的 Cu - S 二元反应物的种类主要取决于热注入过程中所采用的铜盐种类和化学价态，二者亦常常共存于热注入的产物中。采用这种方法的主要优势在于，可以更加自由地控制目标薄膜中的 Cu/(Zn + Sn) 和 Zn/Sn 比例，使其趋于经验法则中的最优值，有利于提升电池器件的性能。另外，在退火过程中，从二元/三元相向四元相的化学反应，会进一步驱动原子的扩散迁移，使膜层更加密实，有助于提升薄膜结晶度。引入 Se 替代部分 S，也可以起到提升反应活性增进晶粒生长的作用。因此，基于此工艺的 CZTSSe 薄膜制备成电池器件，在没有减反层的条件下全面积转换效率就已经达到 8.5%，而有效光照区域的转换效率可达到 9.6%，相比于一步合成四元纳米晶，性能有明显的提升[90]。

纳米晶涂覆法的另一个优势是在纳米晶合成时可以控制金属元素比例，进而对其带隙进行调控。多数情况下，CZTS 薄膜太阳能电池的带隙调节都是依靠 S、Se 组分控制来实现，但对于这种易挥发的非金属成分，可重复性差。在退火过程中通过添加 Se 气氛往往使大部分的 S 被 Se 取代，无法实现精准调控。Ford 等[91]基于热注入法，在前驱液中添加 $GeCl_4$、GeI_4 等锗盐，用 Ge 替代部分的 Sn 形成 $Cu_2ZnSn_{1-x}Ge_xS_4$ 纳米晶。具体的制备方法与油胺/三辛基氧化膦热注入合成 CZTS 纳米晶类似，重点在于对 Ge/Sn 比例的控制。根据图 4-20（a）中的特征峰位置可以看出不同的 Ge 含量对于晶格常数的细微影响，图 4-20（b）展示了不同 Ge 含量对于纳米晶禁带宽度的影响。Hages 等[92]基于 Ge/(Sn + Ge) ≈ 0.3 的比例，制备出最高转换效率为 9.4% 的 $Cu_2ZnSn_{1-x}Ge_xS_ySe_{4-y}$ 薄膜太阳能电池器件。尽管如此，GeS(Se) 的蒸气压高于 SnS(Se)，且在制备过程中挥发损失的问题更加严重，特别是薄膜表面（<3 nm）的 Ge 损失被认为是限制电池器件性能的主要因素之一。

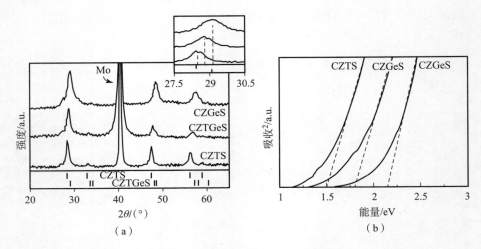

图 4-20 不同 Ge 含量纳米晶[91]

（a）XRD 图谱；（b）紫外-可见吸收光谱

同样，非肼基液相合成也可以实现分子级别分散的纯溶液方法。Ki 等[2]将按比例的 $Cu(CH_3COO)_2 \cdot H_2O$、$ZnCl_2$、$SnCl_2 \cdot 2H_2O$ 和硫脲溶于二甲亚砜（Dimethyl Sulfoxide，DMSO），在温室下经过搅拌形成可以直接用于旋涂制膜的清澈黄色溶液。Schnabel 等[93]在此基础上添加一定量的丙酮以改善其润湿性，采用刮涂的方式制膜并在 300℃ 的氮气氛围下烘烤 1 min，多次重复得到合适厚度的 CZTS 预制层薄膜。经过 540℃ 下 50 mbar① 压力的氮气氛围下硒化退火，获得带隙为 1.07 eV 的 CZTSSe 多晶薄膜，制备完成的电池器件的转换效率为 7.5%。

大量的研究表明，采用非肼基溶液合成的方法制备 CZTS 薄膜及电池器件，具备绿色环保、工艺简单、低能耗、低成本、易量产等多重优势，结合 CZTS 薄膜太阳能电池自身的特点，是一个很有潜力的发展方向，多方研究的结果也已经证明具备制备高性能电池器件的可行性。目前，这种工艺路线所面临的一个最大问题，是"墨水"制备过程中所使用的溶剂和添加剂的残留，主要是含碳成分的残留。由于肼和肼基甲酸都是小分子溶剂，且具备一定的络合和分散功能，因此整个合成体系不含高碳物质，适当的加热即可完全挥发残留溶剂。而非肼基溶剂采用油胺、三辛基氧化膦以及其他一些含碳量较高的有机试剂，加热过程中不易完全挥发，在膜层中残留阻碍结晶形成高碳的细碎晶粒层（图 4-21）是一种普遍现象，造成载流子的大量复合从而限制了电池性能。有研究表明，通过提升退火温度和延长退火时间，可以降低碎晶层的厚度，但仍然无法完全消除。目前，结合纳米晶合成工艺、预加热环节和硒化退火过程中的优化，多方面因素同时考虑来解决这个问题仍然是一个研究的热点，已经获得的最优效转换率接近 10%[94]。

图 4-21　不同硒化退火条件下所得 CZTSSe 薄膜扫描电子显微镜照片[94]
(a) 550℃，15 min；(b) 500℃，40 min；(c) 500℃，15 min

4.3.5　电化学沉积法

电化学沉积是一种非常典型的液相镀膜技术，与真空方法相比电化学沉积具有设备成本低、材料利用率高、涂层保形、工艺简单、易于大规模生产等优势，在防腐蚀涂层、装饰装潢涂层、电极电接触涂层等领域中已经有大量的成功应用范例。在薄膜太阳能电池领域中，美国 BP Solar 公司[95] 利用电化学沉积法制备出了小面积碲化镉薄膜太阳能电池，其转换效率为 10.6%；美国的 Solopower 公司[96,97] 采用"卷对卷"的方式，实现 CIGS 薄膜太阳能电池的工业化生产，其转换效率达到 13.4%。电化学沉积的原理是金属阳离子在阴极（基体）处得到电子被还原，以金属或合金的形式析出，因此主要被用于制备金属或者合金预制层。

---

① 1 mbar = 100 Pa。

电化学沉积法其实也是一种两步制备工艺,需结合后期的硒化/硫化热处理,才能获得多晶化合物薄膜。在 CZTS 薄膜中,电化学沉积的对象主要是 Cu、Zn、Sn 三种元素的单质或者合金。S 和 Se 虽然也可通过沉积金属的过程中原位反应获得,但工艺的稳定性和可控性低,目前暂时不是主流的发展方向。

电化学沉积法最简单的工艺是分步依次沉积三种金属,常规的顺序为 Cu/Zn/Sn 或 Cu/Sn/Zn。在水溶液电化学中,Cu 是一种比较容易析出的金属,在基底上形成均匀覆盖的层状生长,不易生长枝晶,镀层具有很高的光洁度。同时,Cu 本身的导电性极佳,适合作为后续薄膜生长的基体,因此宜先沉积 Cu,后沉积 Zn 和 Sn。一般选择三种金属氯化盐、硫酸盐和醋酸盐作为原材料。金属层总厚度为 500~700 nm,每一层的厚度按照比例控制。沉积完成后对金属层进行预退火,温度为 210~350℃,使三种金属相互扩散形成合金,然后在含 S 氛围中进行 10~15 min、550~600℃的退火得到 CZTS 薄膜。Ahmed 等[98]通过这种工艺获得了转换效率为 7.3% 的 CZTS 薄膜太阳能电池器件,如图 4-22 所示;Jiang 等[99]通过延长预退火时间至 150 min,大大提高了合金预制层的组分均匀性和表面平整度,同时将电池转换效率提升至 8%。在沉积过程中,也可以采用一步共沉积的方式,同时沉积 Cu、Sn、Zn 三种金属。由于三者具有不同的沉积电位,因此共沉积需要利用络合剂调控的手段,实现三者还原电位峰位置基本重合(图 4-23),另外还可通过调节浓度等其他因素控制不同

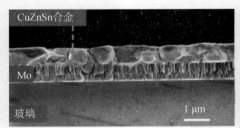
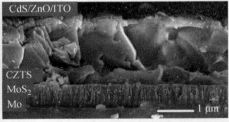

图 4-22　电化学沉积法制备的 CuZnSn 合金和 CZTS 薄膜扫描电子显微照片[98]

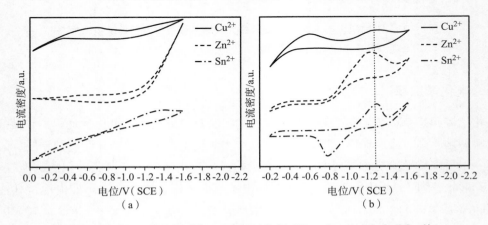

图 4-23　4 mmol/L CuSO₄、2 mmol/L ZnSO₄、3 mmol/L SnSO₄ 的
水溶液体系的循环伏安曲线(CV)[100]
(a)无添加剂;(b)添加柠檬酸/柠檬酸钠

金属的沉积速率，实现对最优比例的调控。Zhang 等[100] 在 4 mmol/L CuSO$_4$、2 mmol/L ZnSO$_4$、3 mmol/L SnSO$_4$ 的水溶液体系中，以 Ag/AgCl 为参比，通过添加柠檬酸/柠檬酸钠作为络合剂，将三者的沉积电位均调节到 −1.3V 左右，实现了在这个电位下的 Cu – Zn – Sn 共沉积，所获预制层中金属比例为：Cu/(Zn + Sn) = 0.8；Zn/Sn = 1.15。

电化学沉积也可以在非水溶液中进行。水溶液成本低、不易燃、电导率高和溶解性强，这些都是有利的因素。然而，水溶液电沉积也存在一些缺陷：电化学窗口较窄，不能沉积电位较负的元素；水电解释放出气体，容易造成工件镀层氢脆；水容易引起阴极和阳极材料的钝化；水溶液电镀对于剧毒络合物（比如氰化物）有很强的依赖性，并由此带来环保问题；水溶液蒸汽压较高。针对水的不足，近年来发展起来一种在非水溶液中电沉积的技术，以弥补水溶液的缺陷。这种非水溶液也被称为熔盐，一般按照温度区分为高温熔盐和低温熔盐。其中，更有发展前景的是低温熔盐技术，低温熔盐也被称为离子液体，即在 100℃ 以下处于液态的离子材料。从电沉积的角度看，离子液体具有宽电位窗、高电导率等特点，使其能够沉积电位较负的元素（比如 Al、Mg 等），且镀层致密无氢脆。另外，离子液体的络合性，使共沉积更容易实现，避免了很多有毒添加剂的使用。Chan 等[101] 首先在尿素 – 氯化胆碱（Reline）体系的离子液中实现了 Cu – Zn – Sn 三元金属层的电化学共沉积，而 Chen 等[102] 在这个体系中通过进一步优化镀液配置和沉积工艺，提高了镀层质量，并最终获得了转换效率接近 4% 的 CZTS 薄膜太阳能电池器件。总体而言，电化学沉积法在 CZTS 薄膜的制备中已经展示出了优势和前景，但目前的水平与推广应用还有很大的差距。

4.4 铜锌锡硫薄膜太阳能电池的发展现状

4.4.1 铜锌锡硫薄膜太阳能电池的问题

从各种薄膜太阳能电池发展的历程来看，小面积薄膜太阳能电池器件的转换效率超过 10% 只可视作初步具有长远发展的潜力，超过 15% 才具备工艺放大甚至产业化的基础。CZTS 薄膜太阳能电池已经被证明是一种有前景的绿色低成本光伏技术。目前的最优性能为 12.6%，距离 32% 的理论转换效率还有相当大的差距。同样作为硫族化合物半导体的薄膜太阳能电池，CdTe 和 CIGS 薄膜太阳能电池的最高转换效率已经超过 20%[13]，而实用规模组件的性能均超过 15%，正在发展高成品率、低成本的产业化技术，CZTS 薄膜太阳能电池还远远没有达到人们的预期。

从 4.3 节的内容可以看出，CZTS 薄膜可以通过多种真空、非真空工艺合成，并且每一种具有代表性的工艺路线都能够满足正向型的 CZTS 薄膜太阳能电池制备的要求，每一种工艺路线所获得的最佳性能大致分布在 8% ~ 13% 的范围内，相互之间的差距并不大，说明现阶段限制 CZTS 薄膜太阳能电池性能的瓶颈因素并不在制备工艺上。以目前最高转换效率的 CZTS 薄膜太阳能电池为例，其禁带宽度为 1.13 eV，由肖克莱 – 奎塞尔极限（Shockley – Queisser Limit，SQ 极限）所限制的最大 V_{oc}、J_{sc} 和 FF 分别为 820 mV、43.4 mA/cm^2 以及 0.871，而 IBM 公司所制备的转换效率为 12.6% 的薄膜太阳能电池的三个参数分别为 513.4 mV、35.2 mA/cm^2 和 0.698，分别达到上述极限值的 62.6%、81.1% 和 80.1%。表

4-5列举了IBM公司采用肼溶液工艺研发的转换效率为12.6%的CZTS薄膜太阳能电池、转换效率为15.2%的CIGS薄膜太阳能电池和ZSW公司采用共蒸发法研发的转换效率为20.3%的CIGS薄膜太阳能电池各项光电性能参数的对比。可以看出，在带隙接近的情况下，IBM-CZTS薄膜太阳能的开路电压V_{OC}仅仅0.513 V，离E_g/q的差距超过0.6V，远高于ZSW-CIGS薄膜太阳能电池的0.4 V，而二者在短路电流J_{SC}和填充因子FF上的差距并不大。另外IBM-CZTS薄膜太阳能电池和ZSW-CIGS薄膜太阳能电池的反向饱和电流密度J_0相差三个数量级。以上这些数据表明，缺陷仍然是限制IBM-CZTS薄膜太阳能电池性能的最大瓶颈。为了探明缺陷的来源，Wang等[12]采用"电容-电压测试"（C-V）和"深能级变幅电容测试"（DLCP）等表征手段，对比分析了表4-5中的IBM-CZTS薄膜太阳能电池和IBM-CIGS薄膜太阳能电池，如图4-24所示。其中，从零开始逐渐增大反向偏压直至有效的测试范围，两个电池的DLCP测试的态密度N_{DL}数值保持大体一致的变化趋势并且数量相当。DLCP测试主要反映的是体材料的缺陷态密度，说明IBM-CZTS薄膜太阳能电池和IBM-CIGS薄膜太阳能电池的体材料在这一方面的电学性能是相似的。在C-V测试中，二者在数量上有显著差距，IBM-CZTS薄膜太阳能电池的N_{CV}明显高于IBM-CIGS薄膜太阳能电池。另一方面，在零偏压处IBM-CZTS薄膜太阳能电池的C-V与DLCP存在较大差距。由于C-V测试中包含界面缺陷态的信息，因此该结果说明其差距主要是CZTS/CdS的界面附近的界面态构成。反观IBM-CIGS薄膜太阳能电池，在零偏压处的C-V和DLCP曲线基本重合，说明其界面缺陷问题并不突出。因此，对比可知除了CZTS体材料的本征缺陷外，由界面附近的缺陷造成的载流子复合问题，要比CIGS薄膜太阳能电池更加突出。

表4-5 三种电池各项光电性能参数的对比[12]

种类	转换效率/%	FF/%	V_{OC}/mV	J_{SC}/(mA·cm⁻²)	A	J_0/(A·cm⁻²)	E_g/eV	$E_g/q - V_{OC}$/V
IBM-CZTS	12.6	69.8	513.4	35.2	1.45(1.24)	7.0×10^{-8}	1.13	0.617
IBM-CIGS	15.2	75.1	623.1	32.6	1.49(1.37)	3.7×10^{-9}	1.17	0.547
ZSW-CIGS	20.3	77.7	730	35.7	1.38	4.2×10^{-11}	1.14	0.410

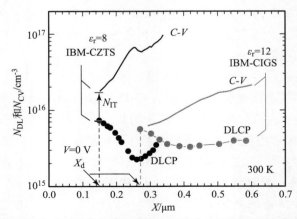

图4-24 IBM-CZTS和IBM-CIGS薄膜太阳能电池的C-V和DLCP测试分析[12]

根据 CZTS 薄膜太阳能电池的发展历程可知,其是由 CIGS 薄膜太阳能电池衍生而来。因此在早期的研究中,为了尽快摸索 CZTS 材料本身的特性,电池器件沿袭了 CIGS 薄膜太阳能电池的结构和各功能层材料(图 4 - 25),以及制备工艺和顺序。因此,与 CZTS 直接接触的 Mo 和 CdS 两种材料,其界面的性能并没有经过严格的考察和优选。CIGS 在高温硒化退火工艺中,Mo/CIGS 之间形成了合适厚度的 $MoSe_2$ 层,对界面欧姆接触起到关键作用;而 CIGS/CdS 界面除了具有较低的晶格失配率之外,$0.1 \sim 0.3$ eV 的"尖峰型"(Spike)导带带阶对载流子的传输起到有益作用。然而,种种迹象表明,在 CZTS 薄膜太阳能电池中,这两个关键的界面均存在一定的问题。本节内容中将系统介绍目前 CZTS 薄膜太阳能电池中所存在的相关问题。

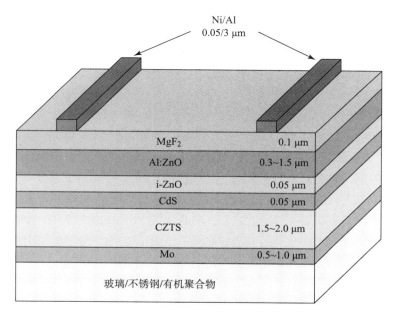

图 4 - 25 CZTS 薄膜太阳能电池的常规结构

4.4.2 Mo/CZTS 的界面

作为正向结构的 CIGS 薄膜太阳能电池的金属电极层材料,Mo 具有以下几个主要的优势:(1)化学稳定性高,在高温下不易被 S、Se 腐蚀;(2)不与 Cu 形成合金;(3)与玻璃、金属箔片、聚酰亚胺等衬底材料具有良好的结合力;(4)线性热膨胀系数与衬底和吸收层薄膜接近,在升降温工艺中能够保持良好的附着;(5)易于制备薄膜,导电性良好;(6)合适厚度的 $MoSe_2$ 有利于形成良好的欧姆接触。有大量的研究工作报道了其他多种金属电极材料,包括 Au、W、Ta、Pd、Ni、Pt、Ag、Al 等[103 - 106],综合评估认为 Mo 是 CIGS 薄膜太阳能电池最佳的金属电极材料,因此也被作为 CZTS 薄膜太阳能电池的电极材料选择。

然而,在 CZTS 薄膜太阳能电池中,由于四元相的不稳定性,高温下反应(4 - 1)是一个双向的可逆反应,与式(4 - 3)结合可以获得在 CZTS 表面处发生的分解反应:

$$Cu_2ZnSnS_4 \rightleftharpoons Cu_2S(s) + ZnS(s) + SnS(g) + \frac{1}{2}S_2(g) \qquad (4-11)$$

即 S 和 Sn 很容易以气态形式流失。而在 Mo/CZTS 界面附近的一侧，S 与 Mo 发生如下反应：

$$Mo + S_2 \rightarrow MoS_2 \qquad (4-12)$$

式（4-12）与式（4-11）结合可得反应式（4-13）：

$$2Cu_2ZnSnS_4 + Mo \rightarrow 2Cu_2S + 2ZnS + 2SnS + MoS_2 \qquad (4-13)$$

从式（4-13）可以推测，CZTS 的分解在局部形成的高分压硫蒸气，会促进 MoS_2 的生成。由于消耗掉式（4-11）生成物的 S_2，以及气相 SnS 流失，因此会进一步加剧 CZTS 的分解，同样也就进一步加速了 MoS_2 的生成。因此，在 CZTS 薄膜太阳能电池中会具有更高厚度的 MoS_2 层，这一现象已经被多篇论文报道[78,107]。MoS_2 层虽然可以起到形成欧姆接触的作用，但厚度过大说明 Mo 被 S 过度腐蚀，造成金属电极薄膜横向传输电子的能力下降，增加了系统的串联电阻 R_s。另外，MoS_2 本身机械性能不佳，过厚容易造成膜层剥落和针孔等一系列问题，这在后续薄膜制备工艺中存在风险。而在含 Se 体系中，情况也与含 S 体系类似。因此，在 CZTS 基薄膜太阳能电池中，由 CZTS 分解引起的 Mo 过度腐蚀是一个新的问题。

为了解决这个问题，很多研究组尝试不同的中间层来阻止 S 或 Se 对 Mo 的过度腐蚀。Scragg 等[108] 在 Mo 表面，采用纯 Ti 靶在含氮量为 20% 氩气中反应溅射 10~20 nm 厚度的致密 TiN 层作为中间层，再生长 CZTS 薄膜。经过测试发现，致密 TiN 层可以完全阻挡硫族元素对 Mo 的腐蚀，并且不会影响 Na 元素的扩散。但由于没有 MoS_2 形成欧姆接触，有 TiN 层时电池性能反而降低。Shin 等[78] 采用氮离子辅助蒸发 Ti 的方式获取 20 nm 厚度的 TiN 层。吸收层经过高温（570℃）退火，在 TiN 层存在的情况下 MoSe_2 层厚度约为 220 nm，相比于无 TiN 层时的 1 300 nm 大大降低（图 4-15）。这种工艺改进，既形成了有效的欧姆接触，又抑制了 MoSe_2 层的厚度，使电池器件的效率明显提升。此外，Marino 等[109-111] 用 ZnO、Liu 等[112] 用 TiB_2 分别做中间层，都有观察到其有效的硫族元素阻隔作用，从而对器件性能的提升起到一定作用。

另一方面，Mo 作为金属电极存在反射率低的缺点，对于长波段的光谱响应能力较弱。在 CIGS 薄膜太阳能电池中，在 Mo 表面生长一层 ZrN 层可以提升反射率[113]，但 ZrN/CIGS 界面复合严重，因此在 ZrN 层表面沉积几纳米厚的 Mo 层，硒化后形成 Mo/ZrN/MoSe_2/CIGS 的结构，可以有效地解决这个问题。而在 CZTS 薄膜太阳能电池中还未有相关研究报道 Mo/CZTS 的界面问题还有进一步优化的空间。

4.4.3 CZTS/CdS 的界面

CdS 缓冲层是一种直接带隙的 n 型半导体，带宽约 2.4 eV，一般呈闪锌矿结构，是异质结光伏电池中非常重要的一种材料。如果不考虑重金属 Cd 的环境问题，那么目前 CdS 是 CIGS 薄膜太阳能电池性能最好的缓冲层材料。首先，CdS 与 CIS 的晶格失配度不足 1%，降低了位错、悬挂键等界面缺陷。从能带结构看，目前高性能的 CIGS 薄膜太阳能电池中 Ga/(In+Ga) 比例都控制在 0.2~0.3，这个组分范围的 CIGS 和 CdS 界面呈现弱"尖峰型"带阶（$0 < \Delta E_c \leqslant 0.3$ eV），有利于降低界面缺陷态且不会过分阻碍电子的传输。另外，CIGS/CdS 异质

结至少存在三种机制能够促进 CIGS 的"表面反型"现象：（1）CdS 沉积过程中 Cd 扩散，进入 CIGS 表面形成施主掺杂；（2）异质结导带界面处"尖峰型"的带阶，使 CIGS 导带弯曲靠近费米面；（3）CIGS 表面的有序缺陷结构 OVC，使 CIGS 价带弯曲远离费米面。"表面反型"现象是指由于能带在 CIGS/CdS 界面附近的弯曲，这个区域的费米面更加靠近导带，表现出明显的 n 型导电性。它的形成主要取决于两种材料费米面的高低和亲和势的大小，上述三种机制起到了一定的促进作用。"表面反型"意味着 p 型 CIGS 表面出现一层 n 型同质发射极，这种同质结构可以降低界面复合中心的浓度，减少光生载流子的复合损失。

然而，在 CZTS 薄膜太阳能电池中关于 CZTS/CdS 界面的导带带阶类型还存在争议。Haight 等[30]用紫外飞秒激光光电子谱对肼基液相法制备的 $Cu_2ZnSnS_xSe_{4-x}$ 与 CdS 界面进行表征，发现在 x 可取的所有范围内 $Cu_2ZnSnS_xSe_{4-x}$/CdS 都是 $\Delta E_C < 0.5$ eV 的"尖峰型"带阶，是一种理想的界面能带结构。其中材料表面采用 150～170℃ 的 5 s 退火以除去表面吸附的水蒸气和污染物。而另有研究指出[114]，对不含 Se 的 Cu_2ZnSnS_4/CdS 样品表面进行 10 min 能量为 100 eV 的 Ar^+ 溅射清洗的预处理，并采用逆向光电子能谱测试，发现其存在 -0.33 eV 的"台阶型"的导带带阶。这种带阶被认为是界面复合严重的有害类型。Kato 等采用深度分辨的紫外光电子能谱测量发现，Cu_2ZnSnS_4/CdS 界面是 $\Delta E_C \approx 0.1$ eV 的弱"尖峰型"带阶，而 $Cu_2ZnSnSe_4$/CdS 界面存在 $\Delta E_C \approx 0.6$ eV 的强"尖峰型"带阶，同时也指出 $Cu_2ZnSnSe_4$/CdS 异质结中，带阶大小受到 CdS 薄膜制备工艺的影响。因此，针对 CZTS/CdS 界面的能带结构，目前的意见还不统一，并且测量的结果严重依赖样品的制备和后处理工艺，准确性存疑。大量的研究都指出 CZTS/CdS 的界面并非理想，需要优化和改进。

Kato 等[115]进一步研究发现，造成 $Cu_2ZnSnSe_4$/CdS 界面强"尖峰型"带阶的原因是：$Cu_2ZnSnSe_4$ 中的 Zn、Se 和 CdS 中的 Cd 在界面附近互扩散现象远比 Cu_2ZnSnS_4/CdS 异质结中严重，结果同时增大了导带带阶 ΔE_C 和价带带阶 ΔE_V。ΔE_C 高于 0.5 eV 的强"尖峰型"带阶的存在是载流子传输的势垒，易造成载流子复合，因此这种情况下的电池 $I-V$ 曲线呈现出低填充因子的"S"形曲线，电池器件的转换效率仅有 5.42%，明显低于 Cu_2ZnSnS_4/CdS 所得的电池转换效率 8.82%。这种在相同制备工艺的情况下，Cd 更加容易向 $Cu_2ZnSnSe_4$ 中扩散的现象，得到了一些理论计算的解释，其原因是 $Cu_2ZnSnSe_4$ 中 Cd_{Cu} 和 Cd_{Zn} 的形成能更低[116]。通过改进在水浴制备 CdS 薄膜工艺过程中的参数，抑制了 Zn、Se 和 Cd 的相互扩散，可以将 $Cu_2ZnSnSe_4$/CdS 的 ΔE_C 降低到 0.3 eV 以内，缓解了带阶的电子势垒作用，明显改善了电池器件的性能，$I-V$ 曲线不再呈现"S"形且 $Cu_2ZnSnSe_4$/CdS 薄膜太阳能电池的转换效率提升至 10.8%[115]。

除此之外，优化 CZTS/CdS 界面的另一种方法是寻找 CdS 的替代材料，替换全部或者部分的 CdS。典型的替代材料是二元氧化物、硫化物、硒化物等 n 型硫族化合物半导体，例如 ZnO、ZnS、In_2S_3 等[117]。肼基溶液法制备的 $Cu_2ZnSn(S,Se)_4$ 吸收层，与 ZnO 之间存在 -0.1 eV 的"台阶型"导带带阶，与 ZnS 之间存在 1.1 eV 的"尖峰型"带阶，因此二者直接作为 CdS 的替代材料，都不能获得令人满意的结果。而采用化学水浴方法制备的 ZnS，包含 ZnO、ZnS 和 $Zn(OH)_2$ 等材料的混合，能够获得更加匹配的缓冲层能带结构。In_2S_3 与 CZTS 之间，可以得到 0.15 eV 的"尖峰型"带阶，因此替代 CdS 后电池器件的转换效率达到了 7.19%[117]。另外，复合缓冲层经 250～300℃ 的短时间退火，利用 In 的高扩散能力在

CZTS 中形成 In_{Sn} 受主缺陷以提高 p 型导电性，在 CdS 中形成 In_{Cd} 施主缺陷提高 n 型导电性，Hiroi 等[118]采用类似的 In/Cd 复合缓冲层获得了转换效率为 9.2% 的电池器件。ZnO 的导带边位置较 CZTS 更低，而 Mg 的加入可以提高导带边的位置，形成合适位置的导带边，同时价带顶位置基本保持不变。因此，(Zn,Mg)O 也是一种有发展潜力的复合缓冲层材料，并且在 CIGS 薄膜太阳能电池中已经取得 18.1% 的高转换效率[119]，但 (Zn,Mg)O 的制备必须采用化学水浴、原子层沉积等相对比较温和的方式，否则将会对 CZTS 吸收层造成损伤。

此外，还有一些工作开展了对 CZTS 和 CdS 后处理的研究，以获取更优化的界面能带结构，例如对 CZTS 表面的 ZnSe 层用 O 进行钝化，形成 CZTS/Zn(Se,O)/CdS 结构，并获得了9.15% 的转换效率[40]；对 CdS 层进行大气氛围下的退火形成 CZTS/Cd(S,O) 结构等[120]。这些工作都为 CZTS/CdS 的界面优化提供了新的思路，但目前并没有一种材料替代或者制备优化的方法可以大幅度提高 CZTS 薄膜太阳能电池的性能。很多工作都显示，导带带阶可以被优化到合理的范围之内，但是材料和结构的改变又带来了新的界面缺陷。这是一个复杂的系统工程，需要继续探索来寻求合理的解决方案。

4.4.4　铜锌锡硫的晶界

除了异质界面，CZTS 多晶材料中的晶界也是一个需要研究的问题，特别是晶界在载流子输运和复合过程中所扮演的角色。以多晶 CIGS 薄膜太阳能电池和 CdTe 薄膜太阳能电池为例，二者最高转换效率都已经超过了 20%[13]，但是对应的单晶电池最高效率仅为12%[121]和13.5%[122]。这与晶体硅太阳能电池和 Ⅲ-Ⅴ 族太阳能电池存在明显的差异，说明在 CIGS 和 CdTe 中，晶界总体来说没有负面影响，反而提高了多晶电池的性能，因此晶界处的缺陷大体上是良性的。研究表明，在二者晶界中存在的本征缺陷和其他一些外来掺杂，能够俘获材料中的多数载流子空穴，形成晶界电势和空间电荷区，并通过晶界的传导协助少子收集，增强电荷分离，因此良性的晶界正是多晶 CIGS 和 CdTe 薄膜太阳能电池高性能的重要原因之一[123,124]。

在 CZTS 薄膜太阳能电池中，关于晶界的作用已有一些初步的研究结果。采用密度泛函理论（DFT）计算模拟结合相位衬度成像和原子序数衬度成像技术，发现 $Cu_2ZnSnSe_4$ 晶粒中缺陷处于禁带中浅能级位置，而 Si 和 CdTe 的晶界缺陷处于深能级位置[125]。因此 Si 和CdTe 的晶界需要钝化，而 $Cu_2ZnSnSe_4$ 晶界钝化的必要性不大。但是在另外的研究中[126]，同样采用 DFT 模拟发现 $Cu_2ZnSnSe_4$ 晶界上的部分原子产生局域缺陷态，将会促使光生载流子的复合，需要钝化或者采取其他手段去除这些缺陷，这对于提高电池器件性能非常关键。由此可以看出，在 CZTS 薄膜太阳能电池中，对晶界是否起到负面的作用，存在不同的意见。另有理论研究指出[127]，晶界上的组分偏析影响到缺陷态能级位置，富 Cu 的表面组分会诱导产生深能级缺陷，是载流子的复合中心，而贫 Cu 组分不会有类似的效果，这一结果与高性能 CZTS 薄膜太阳能电池的经验组分是吻合的。此外，理论上对于 Na 元素的掺杂对晶界缺陷的影响也有研究报道，Yin 等[128]认为间隙点缺陷 Na_i^+ 会引起导带和价带的带边弯曲，能够吸引电子到晶界并排斥空穴，起到增进电荷分离的作用。但对于一些本征缺陷造成的费米能级钉轧，Na_i^+ 无法钝化这些深能级的缺陷，需要其他的手段来减少这些深缺陷态，才能提高电池性能。

在实验上，有研究指出 Cu_2ZnSnS_4 的晶界具有和体相一致的组分或者富 Cu 的组分[129]，而 $Cu_2ZnSnSe_4$ 晶界组分表现出富 Cu 特性[85]。根据之前理论的结果，这一状态是不利的。而 Mendis 等[130]进一步对晶界处可能存在的二次相以及二次相与 CZTS 四元相的异质界面进行表征，发现 CZTS 分别与 ZnS 和 Cu_2SnS_3 的界面具有较低的复合速率，而 CZTS 与 SnS 的界面由于晶格失配度大，复合速率较高。说明晶界处的 ZnS 和 Cu_2SnS_3 可以提供一定程度上的钝化作用。然而，二次相 Cu_2SnS_3 的带隙较窄，将与 CZTS 争夺入射光子，而同时载流子激发和收集的效率较低，是吸收的"死区"，从光学性能上分析，这对电池器件无益。高带宽的 ZnS，虽然降低了无效吸收，但是 4.4.3 小结内容已经分析了 CZTS/ZnS 界面的导带边的高势垒，并不利于电子的传输。美国国家能源实验室[131]采用电子束感应电流测试分析 $Cu_2ZnSnSe_4$ 吸收层的截面，发现从电池顶部到底部的信号衰减程度，比从晶粒内部到晶界要更强，这说明主要的复合并非来源于晶界，而是材料体内复合或上下界面的复合。

综上所述，分别采用理论和实验的方法研究晶界的作用，各自都得出了不同的结论，同时理论和实验的结果也无法很好地统一。因此，在 CZTS 薄膜太阳能电池中，晶界仍然是一个有待研究的课题，如果是类似于 CIGS 和 CdTe 晶界的良性作用，那么无疑对于 CZTS 的发展是一个重要的积极因素。如果 CZTS 中晶界更多地扮演了复合中心的作用，那么进一步研究合理的钝化手段以及制备更大晶粒的吸收层材料的方法就是下一步研究的核心。

4.5 展望

总体来说，CZTS 是一类很有发展潜力的光伏材料，组成材料的元素大多为环境友好的高丰度元素。它具有锌黄锡矿和黄锡矿两种晶型，且晶格本身对于化学组分和内部缺陷具有较高的容忍度，是一种结构稳定的材料体系。另外，CZTS 是具有高吸收系数的直接带隙半导体，带隙宽度在可见光波段大范围可调，光学特性优异，是一种理想的太阳能电池光吸收材料。CZTS 材料体系的相组成比较复杂，四元单一相空间狭窄。实验上采用人为手段控制其贫铜富锌的组分，有助于尽量实现四元单一相，抑制有害二次相。同时，通过组分控制化学势，V_{Cu} 和 Cu_{Zn} 是两种最主要的受主缺陷，使 CZTS 材料显示出本征 p 型导电性，并主要以 $[Zn_{Cu} + Cu_{Zn}]$ 和 $[Zn_{Cu} + V_{Cu}]$ 缺陷簇的形式存在。从补偿的角度抑制了 $[2Cu_{Zn} + Sn_{Zn}]$ 等有害的缺陷簇的产生，在这种情况下 CZTS 材料体系的本征缺陷表现为良性。因此，从各方面特征看来，CZTS 都是一种理想的太阳能电池光吸收材料。另外，CZTS 多晶薄膜可以采用多种方法制备，几乎包括常规的所有真空和非真空镀膜方法，并且通过几种主要的方法获得的 CZTS 薄膜太阳能电池器件的最高性能差别不大，显示出多种工艺的发展空间，特别是一些低成本的非真空方法潜力巨大。

然而，目前 CZTS 薄膜太阳能电池的发展远没有达到预期，最高性能 12.6% 距离理论转换效率还有很大的差距，低开路电压是限制电池器件性能的最主要原因。很多研究工作分析了造成此问题的各种微观因素，但目前并没有取得统一的认识，缺乏有效改进的手段。CZTS 薄膜太阳能电池的实验室效率需要尽快提高到 15% 以上，甚至达到 CIGS 和 CdTe 薄膜太阳能电池的水平，才能进入下一个发展阶段。为了实现这个目标，后续研究需要重点围绕以下几个问题来展开：（1）透过相关的宏观现象分析，认识造成低 V_{oc} 问题的微观机理，探索有效的解决方案；（2）开发更加理想的制备工艺，实现大面积均匀、可控的组分优化，将二次相和有害缺陷控制在可接受的范围之内；（3）解决 Mo/CZTS 界面的问题，防止金属电极的过度腐蚀，同时实现良好的电极接触，并采取措施进一步提高金属电极的反射率，增进长波吸收能力；（4）优化 CZTS/CdS 界面存在的问题，最理想的是寻找到一种不含重金属的环保材料作为 CZTS 薄膜太阳能电池的缓冲层，形成具有优良窗口效应的第一类异质结，并在导带边形成弱尖峰势垒，尽量消除费米能级钉轧，降低界面复合电流；（5）明确晶界在 CZTS 薄膜太阳能电池中的作用以及相关的机理，如存在有害缺陷，则应掌握钝化的方法。如果能够解决以上几个问题，那么 CZTS 薄膜太阳能电池将获得更广阔的发展前景。

参考资料

[1] Wadia C, Alivisatos A P, Kammen D M. Materials Availability Expands the Opportunity for Large - Scale Photovoltaics Deployment. Environmental Science & Technology, 2009:43, 2072 - 2077.

[2] Ki W, Hillhouse H W. Earth - Abundant Element Photovoltaics Directly from Soluble Precursors with High Yield Using a Non - Toxic Solvent. Advanced Energy Materials, 2011:1, 732 - 735.

[3] León M, Levcenko S, Serna R, et al. Optical constants of Cu_2ZnGeS_4 bulk crystals. 2010.

[4] Goodman C H L. The prediction of semiconducting properties in inorganic compounds. Journal of Physics and Chemistry of Solids, 1958:6, 305 - 314.

[5] Pamplin B R. A systematic method of deriving new semiconducting compounds by structural analogy. Journal of Physics and Chemistry of Solids, 1964:25, 675 - 684.

[6] Ito K, Nakazawa T. Electrical and Optical Properties of Stannite-Type Quaternary Semiconductor Thin Films. Japanese Journal of Applied Physics, 1988:27, 2094.

[7] Ito K, Nakazawa T. In Stannite - type photovoltaic thin films, 4th Int Conf Photovoltaic Sci Eng, Sydney, Australia, 1989, 341 - 345.

[8] Katagiri H, Saitoh K, Washio T, et al. Development of thin film solar cell based on Cu_2ZnSnS_4 thin films. Solar Energy Materials and Solar Cells, 2001:65, 141 - 148.

[9] Todorov T K, Reuter K B, Mitzi D B. High - Efficiency Solar Cell with Earth - Abundant Liquid - Processed Absorber. Advanced Materials, 2010:22, 156 - 159.

[10] Barkhouse D A R, Gunawan O, Gokmen T, et al. Device characteristics of a 10.1% hydrazine - processed $Cu_2ZnSn(Se,S)_4$ solar cell. Progress in Photovoltaics: Research and Applications, 2012:20, 6 - 11.

[11] Todorov T K, Tang J, Bag S, et al. Beyond 11% efficiency: characteristics of state - of - the - Art $Cu_2ZnSn(S,Se)_4$ Solar Cells. Advanced Energy Materials, 2013:3, 34 - 38.

[12] Wang W, Winkler M T, Gunawan O, et al. Device characteristics of CZTSSe thin - film solar cells with 12.6% efficiency. Advanced Energy Materials, 2013, 4:1301465.

[13] Green M A, Emery K, Hishikawa Y, et al. Solar cell efficiency tables (Version 45). Progress in Photovoltaics: Research and Applications, 2015:23, 1 - 9.

［14］ Schorr S, Tovar M, Hoebler H－J, et al. Structure and phase relations in the 2（CuInS$_2$）－ Cu$_2$ZnSnS$_4$ solid solution system. Thin Solid Films,2009:517,2508－2510.

［15］ Schorr S, Hoebler H－J, Tovar M. A neutron diffraction study of the stannite－kesterite solid solution series. European Journal of Mineralogy,2007:19,65－73.

［16］ Schorr S. The crystal structure of kesterite type compounds:A neutron and X－ray diffraction study. Solar Energy Materials and Solar Cells,2011:95,1482－1488.

［17］ Washio T, Nozaki H, Fukano T, et al. Analysis of lattice site occupancy in kesterite structure of Cu$_2$ZnSnS$_4$ films using synchrotron radiation X－ray diffraction. Journal of Applied Physics, 2011:110,074511.

［18］ Chen S, Walsh A, Gong X－G, et al. Classification of Lattice Defects in the Kesterite Cu$_2$ZnSnS$_4$ and Cu$_2$ZnSnSe$_4$ Earth－Abundant Solar Cell Absorbers. Advanced Materials, 2013:25,1522－1539.

［19］ Chen S, Gong X G, Walsh A, et al. Electronic structure and stability of quaternary chalcogenide semiconductors derived from cation cross－substitution of II－VI and I－III－ VI$_2$ compounds. Physical Review B,2009:79,165211.

［20］ Chen S, Gong X G, Walsh A, et al. Crystal and electronic band structure of Cu$_2$ZnSnX$_4$（X＝S and Se）photovoltaic absorbers:first－principles insights. Applied Physics Letters, 2009: 94,041903.

［21］ Tsuyoshi M, Satoshi N, Takahiro W. First Principles Calculations of Defect Formation in In-Free Photovoltaic Semiconductors Cu$_2$ZnSnS$_4$ and Cu$_2$ZnSnSe$_4$. Japanese Journal of Applied Physics,2011:50,04DP07.

［22］ Zhang Y, Sun X, Zhang P, et al. Structural properties and quasiparticle band structures of Cu-based quaternary semiconductors for photovoltaic applications. Journal of Applied Physics, 2012:111,063709.

［23］ Chen S, Walsh A, Luo Y, et al. Wurtzite－derived polytypes of kesterite and stannite quaternary chalcogenide semiconductors. Physical Review B,2010:82,195203.

［24］ Choubrac L, Lafond A, Guillot－Deudon C, et al. Structure flexibility of the Cu$_2$ZnSnS$_4$ absorber in low－cost photovoltaic cells:from the stoichiometric to the copper－poor compounds. Inorganic Chemistry,2012:51,3346－3348.

［25］ Bruc L, Guc M, Rusu M, et al. In Kesterite thin films of Cu$_2$ZnSnS$_4$ obtained by spray pyrolysis,Proceedings of 27th European Photovoltaic Solar Energy Conference and Exhibition, 2012,2763－2766.

［26］ Schubert B A, Marsen B, Cinque S, et al. Cu$_2$ZnSnS$_4$ thin film solar cells by fast coevaporation. Progress in Photovoltaics:Research and Applications,2011:19,93－96.

［27］ Kentaro I. Copper zinc tin sulfide－based thin film solar cells,John Wiley & Sons,Ltd:2015.

［28］ Kumar M, Zhao H, Persson C. Cation vacancies in the alloy compounds of Cu$_2$ZnSn（S$_{1-x}$ Se$_x$）$_4$ and CuIn（S$_{1-x}$Se$_x$）$_2$. Thin Solid Films,2013:535,318－321.

［29］ Gao F, Yamazoe S, Maeda T, et al. Structural and optical properties of In－free Cu$_2$ZnSn（S,

Se)$_4$ solar cell materials. Japanese Journal of Applied Physics,2012:51,10NC29.

[30] Haight R,Barkhouse A,Gunawan O,et al. Band alignment at the $Cu_2ZnSn(S_xSe_{1-x})_4/CdS$ interface. Applied Physics Letters,2011:98,253502.

[31] He J,Sun L,Chen S,et al. Composition dependence of structure and optical properties of $Cu_2ZnSn(S,Se)_4$ solid solutions:An experimental study. Journal of Alloys and Compounds, 2012:511,129 – 132.

[32] Paier J,Asahi R,Nagoya A,et al. Cu_2ZnSnS_4 as a potential photovoltaic material:A hybrid Hartree – Fock density functional theory study. Physical Review B,2009:79.

[33] Botti S,Kammerlander D,Marque M A. Band structures of Cu_2ZnSnS_4 and $Cu_2ZnSnSe_4$ from many – body methods. arXiv preprint arXiv:1105. 4968,2011.

[34] Zhang Y,Yuan X,Sun X,et al. Comparative study of structural and electronic properties of Cu – based multinary semiconductors. Physical Review B,2011:84,075127.

[35] Nakayama N,Ito K. Sprayed films of stannite Cu_2ZnSnS_4. Applied Surface Science,1996:92, 171 – 175.

[36] Kamoun N,Bouzouita H,Rezig B. Fabrication and characterization of Cu_2ZnSnS_4 thin films deposited by spray pyrolysis technique. Thin Solid Films,2007:515,5949 – 5952.

[37] Tanaka T,Nagatomo T,Kawasaki D,et al. Preparation of Cu_2ZnSnS_4 thin films by hybrid sputtering. Journal of Physics and Chemistry of Solids,2005:66,1978 – 1981.

[38] Patel M,Mukhopadhyay I,Ray A. Structural,optical and electrical properties of spray – deposited CZTS thin films under a non – equilibrium growth condition. Journal of Physics D: Applied Physics,2012:45,445103.

[39] Ahn S,Jung S,Gwak J,et al. Determination of band gap energy (Eg) of Cu₂ZnSnSe4 thin films:On the discrepancies of reported band gap values. Appl. Phys. Lett,2010:97,021905.

[40] Repins I,Beall C,Vora N,et al. Co – evaporated $Cu_2ZnSnSe_4$ films and devices. Solar Energy Materials and Solar Cells,2012:101,154 – 159.

[41] Persson C. Electronic and optical properties of Cu_2ZnSnS_4 and $Cu_2ZnSnSe_4$. Journal of Applied Physics,2010:107,3710.

[42] Siebentritt S,Schorr S. Kesterites – a challenging material for solar cells. Progress in Photovoltaics:Research and Applications,2012:20,512 – 519.

[43] Berg D M,Djemour R,Gütay L,et al. Thin film solar cells based on the ternary compound Cu_2SnS_3. Thin Solid Films,2012:520,6291 – 6294.

[44] Marcano G,Rincon C,De Chalbaud L,et al. Crystal growth and structure,electrical,and optical characterization of the semiconductor Cu_2SnSe_3. Journal of Applied Physics,2001:90, 1847 – 1853.

[45] Lin Y – T,Shi J – B,Chen Y – C,et al. Synthesis and Characterization of Tin Disulfide (SnS_2) Nanowires. Nanoscale Research Letters,2009:4,694.

[46] Sava F,Lorinczi A,Popescu M,et al. Amorphous $SnSe_2$ films. Journal of optoelectronics and advanced materials,2006:8,1367.

［47］ Vidal J, Lany S, d'Avezac M, et al. Band – structure, optical properties, and defect physics of the photovoltaic semiconductor SnS. Applied Physics Letters, 2012: 100, 032104.

［48］ Franzman M A, Schlenker C W, Thompson M E, et al. Solution – phase synthesis of SnSe nanocrystals for use in solar cells. Journal of the American Chemical Society, 2010: 132, 4060 – 4061.

［49］ Sinsermsuksakul P, Heo J, Noh W, et al. Atomic layer deposition of tin monosulfide thin films. Advanced Energy Materials, 2011: 1, 1116 – 1125.

［50］ Kashida S, Shimosaka W, Mori M, et al. Valence band photoemission study of the copper chalcogenide compounds, Cu_2S, Cu_2Se and Cu_2Te. Journal of Physics and Chemistry of Solids, 2003: 64, 2357 – 2363.

［51］ Liu G, Schulmeyer T, Brötz J, et al. Interface properties and band alignment of Cu_2S/CdS thin film solar cells. Thin Solid Films, 2003: 431, 477 – 482.

［52］ Chen S, Gong X G, Walsh A, et al. Defect physics of the kesterite thin – film solar cell absorber Cu_2ZnSnS_4. Applied Physics Letters, 2010: 96, 021902.

［53］ Stanbery B J. Copper indium selenides and related materials for photovoltaic devices. Critical reviews in solid state and materials sciences, 2002: 27, 73 – 117.

［54］ Fernandes P A, Salomé P M P, da Cunha A F. Study of polycrystalline Cu_2ZnSnS_4 films by Raman scattering. Journal of Alloys and Compounds, 2011: 509, 7600 – 7606.

［55］ Berg D. Kesterite equilibrium reaction and the discrimination of secondary phases from Cu_2ZnSnS_4. University of Luxembourg, Luxembourg, Luxembourg, 2012.

［56］ Zhang Y, Han J, Liao C. Investigation on the role of sodium in Cu_2ZnSnS_4 film and the resulting phase evolution during sulfurization. CrystEngComm, 2016.

［57］ Mousel M, Redinger A, Djemour R, et al. HCl and Br_2 – MeOH etching of $Cu_2ZnSnSe_4$ polycrystalline absorbers. Thin Solid Films, 2013: 535, 83 – 87.

［58］ Fernandes P, Salomé P, Da Cunha A. Precursors' order effect on the properties of sulfurized Cu2ZnSnS4 thin films. Semiconductor Science and Technology, 2009: 24, 105013.

［59］ Fairbrother A, García – Hemme E, Izquierdo – Roca V, et al. Development of a selective chemical etch to improve the conversion efficiency of Zn – rich Cu_2ZnSnS_4 solar cells. Journal of the American Chemical Society, 2012: 134, 8018 – 8021.

［60］ Timmo K, Altosaar M, Raudoja J, et al. In Chemical etching of $Cu_2ZnSn(S, Se)_4$ monograin powder, Photovoltaic Specialists Conference (PVSC), 2010 35th IEEE, IEEE: 2010, pp 001982 – 001985.

［61］ López – Marino S, Sánchez Y, Placidi M, et al. ZnSe Etching of Zn – Rich $Cu_2ZnSnSe_4$: An Oxidation Route for Improved Solar – Cell Efficiency. Chemistry – A European Journal, 2013: 19, 14814 – 14822.

［62］ Chen S, Yang J – H, Gong X G, et al. Intrinsic point defects and complexes in the quaternary kesterite semiconductor Cu_2ZnSnS_4. Physical Review B, 2010: 81, 245204.

［63］ Gunawan O, Gokmen T, Warren C W, et al. Electronic properties of the $Cu_2ZnSn(Se, S)_4$

absorber layer in solar cells as revealed by admittance spectroscopy and related methods. Applied Physics Letters,2012:100,253905.

[64] Fernandes P A,Sartori A F,Salomé P M P,et al. Admittance spectroscopy of Cu_2ZnSnS_4 based thin film solar cells. Applied Physics Letters,2012:100,233504.

[65] Jackson P,Hariskos D,Lotter E,et al. New world record efficiency for $Cu(In,Ga)Se_2$ thin − film solar cells beyond 20%. Progress in Photovoltaics:Research and Applications,2011:19, 894 − 897.

[66] Klimova A M,Ananichev V A,Arif M,et al. Investigation of the Saturated Vapor Pressure of Zinc,Selenium,and Zinc Selenide. Glass Physics and Chemistry,2005:31,760 − 762.

[67] Tukhlibaev O,Alimov U Z. Laser photoionization spectroscopy of the zinc atom and the study of zinc sulfide evaporation. Optics and Spectroscopy,2000:88,506 − 509.

[68] Piacente V,Foglia S,Scardala P. Sublimation study of the tin sulphides SnS_2, Sn_2S_3 and SnS. Journal of Alloys and Compounds,1991:177,17 − 30.

[69] Peng D − Y,Zhao J. Representation of the vapour pressures of sulfur. The Journal of Chemical Thermodynamics,2001:33,1121 − 1131.

[70] Hirayama C,Ichikawa Y,DeRoo A M. Vapor pressures of tin selenide and tin telluride. The Journal of Physical Chemistry,1963:67,1039 − 1042.

[71] Geiger F,Busse C A,Loehrke R I. The vapor pressure of indium,silver,gallium,copper,tin, and gold between 0.1 and 3.0 bar. International Journal of Thermophysics,1987:8,425 − 436.

[72] Redinger A,Siebentritt S. Coevaporation of $Cu_2ZnSnSe_4$ thin films. Applied Physics Letters, 2010:97,092111.

[73] Schubert B − A, Marsen B, Cinque S, et al. Cu_2ZnSnS_4 thin film solar cells by fast coevaporation. Progress in Photovoltaics:Research and Applications,2011:19,93 − 96.

[74] Weber A,Krauth H,Perlt S,et al. Multi − stage evaporation of Cu_2ZnSnS_4 thin films. Thin Solid Films,2009:517,2524 − 2526.

[75] Weber A,Schmidt S,Abou − Ras D,et al. Texture inheritance in thin − film growth of Cu_2ZnSnS_4. Applied Physics Letters,2009:95,041904.

[76] Kamada R,Yagioka T,Adachi S,et al. In new world record $Cu(In,Ga)(Se,S)_2$ thin film solar cell efficiency beyond 22%, 2016 IEEE 43rd Photovoltaic Specialists Conference (PVSC),5 − 10 June 2016,2016,pp 1287 − 1291.

[77] Shin B,Gunawan O,Zhu Y,et al. Thin film solar cell with 8.4% power conversion efficiency using an earth − abundant Cu_2ZnSnS_4 absorber. Progress in Photovoltaics:Research and Applications,2013:21,72 − 76.

[78] Shin B,Zhu Y,Bojarczuk N A,et al. Control of an interfacial $MoSe_2$ layer in $Cu_2ZnSnSe_4$ thin film solar cells:8.9% power conversion efficiency with a TiN diffusion barrier. Applied Physics Letters,2012:101,053903.

[79] Scragg J J,Kubart T,Watjen J T,et al. Effects of back contact instability on Cu_2ZnSnS_4

devices and processes. Chemistry of Materials,2013:25,3162 –3171.

[80] Xie M, Zhuang D, Zhao M, et al. Fabrication of Cu_2ZnSnS_4 thin films using a ceramic quaternary target. Vacuum,2014:101,146 –150.

[81] Sun R, Zhao M, Zhuang D, et al. Cu_2ZnSnS_4 ceramic target: Determination of sintering temperature by TG –DSC. Ceramics International,2016:42,9630 –9635.

[82] Sun R, Zhao M, Zhuang D, et al. Effects of selenization on phase transition and S/(S + Se) ratios of as –deposited Cu_2ZnSnS_4 absorbers sputtered by a quaternary target. Materials Letters,2016:164,140 –143.

[83] Kato T, Sakai N, Sugimoto H In Efficiency improvement of $Cu_2ZnSn(S,Se)_4$ submodule with graded bandgap and reduced backside ZnS segregation, 2014 IEEE 40th Photovoltaic Specialist Conference (PVSC),IEEE:2014,0844 –0846.

[84] Kato T, Hiroi H, Sakai N, et al. In characterization of front and back interfaces on Cu_2ZnSnS_4 thin –film solar cells,Proceedings of the 27th European photovoltaic solar energy conference and exhibition,2012,2236 –2239.

[85] Bag S, Gunawan O, Gokmen T, et al. Low band gap liquid –processed CZTSe solar cell with 10. 1% efficiency. Energy & Environmental Science,2012:5,7060.

[86] Yang W, Duan H –S, Bob B, et al. Novel solution processing of high –efficiency earth –abundant $Cu_2ZnSn(S,Se)_4$ solar cells. Advanced Materials,2012:24,6323 –6329.

[87] Guo Q, Ford G M, Agrawal R, et al. Ink formulation and low –temperature incorporation of sodium to yield 12% efficient $Cu(In,Ga)(S,Se)_2$ solar cells from sulfide nanocrystal inks. Progress in Photovoltaics:Research and Applications,2013:21,64 –71.

[88] Guo L, Zhu Y, Gunawan O, et al. Electrodeposited $Cu_2ZnSnSe_4$ thin film solar cell with 7% power conversion efficiency. Progress in Photovoltaics:Research and Applications,2014:22, 58 –68.

[89] Riha S C, Parkinson B A, Prieto A L. Solution-Based Synthesis and Characterization of Cu_2ZnSnS_4 Nanocrystals. Journal of the American Chemical Society,2009:131,12054 –12055.

[90] Cao Y, Denny M S, Caspar J V, et al. High –efficiency solution –processed $Cu_2ZnSn(S,Se)_4$ thin –film solar cells prepared from binary and ternary nanoparticles. Journal of the American Chemical Society,2012:134,15644 –15647.

[91] Ford G M, Guo Q, Agrawal R, et al. Earth Abundant Element $Cu_2Zn(Sn_{1-x}Ge_x)S_4$ nanocrystals for tunable band gap solar cells:6. 8% efficient device fabrication. Chemistry of Materials,2011:23,2626 –2629.

[92] Hages C J, Levcenco S, Miskin C K, et al. Improved performance of Ge –alloyed CZTGeSSe thin –film solar cells through control of elemental losses. Progress in Photovoltaics:Research and Applications,2015:23,376 –384.

[93] Schnabel T, Löw M, Ahlswede E. Vacuum –free preparation of 7. 5% efficient $Cu_2ZnSn(S,Se)_4$ solar cells based on metal salt precursors. Solar Energy Materials and Solar Cells,2013: 117,324 –328.

[94] Miskin C K, Yang W – C, Hages C J, et al. 9. 0% efficient $Cu_2ZnSn(S,Se)_4$ solar cells from selenized nanoparticle inks. Progress in Photovoltaics: Research and Applications, 2015: 23, 654 – 659.

[95] Nel J M, Gaigher H L, Auret F D. Microstructures of electrodeposited CdS layers. Thin Solid Films, 2003: 436, 186 – 195.

[96] Taunier S, Sicx – Kurdi J, Grand P, et al. $Cu(In,Ga)(S,Se)_2$ solar cells and modules by electrodeposition. Thin Solid Films, 2005: 480, 526 – 531.

[97] Bhattacharya R N. CIGS – based solar cells prepared from electrodeposited stacked Cu/In/Ga layers. Solar Energy Materials and Solar Cells, 2013: 113, 96 – 99.

[98] Ahmed S, Reuter K B, Gunawan O, et al. A high efficiency electrodeposited Cu_2ZnSnS_4 solar cell. Advanced Energy Materials, 2012: 2, 253 – 259.

[99] Jiang F, Ikeda S, Harada T, et al. Pure sulfide Cu_2ZnSnS_4 thin film solar cells fabricated by preheating an electrodeposited metallic stack. Advanced Energy Materials, 2013, 2: 400 – 409.

[100] Zhang Y, Liao C, Zong K, et al. $Cu_2ZnSnSe_4$ thin film solar cells prepared by rapid thermal annealing of co – electroplated Cu – Zn – Sn precursors. Solar Energy, 2013: 94, 1 – 7.

[101] Chan C P, Lam H, Surya C. Preparation of Cu_2ZnSnS_4 films by electrodeposition using ionic liquids. Solar Energy Materials and Solar Cells, 2010: 94, 207 – 211.

[102] Chen H, Ye Q, He X, et al. Electrodeposited CZTS solar cells from Reline electrolyte. Green Chemistry, 2014: 16, 3841.

[103] Huang T J, Yin X, Qi G, et al. CZTS – based materials and interfaces and their effects on the performance of thin film solar cells. physica status solidi (RRL) – Rapid Research Letters, 2014: 08, 735 – 762.

[104] Altamura G, Grenet L, Roger C, et al. Alternative back contacts in kesterite $Cu_2ZnSn(S_{1-x}Se_x)_4$ thin film solar cells. Journal of Renewable and Sustainable Energy, 2014: 6, 011401.

[105] Li – Kao Z J, Naghavi N, Erfurth F, et al. Towards ultrathin copper indium gallium diselenide solar cells: proof of concept study by chemical etching and gold back contact engineering. Progress in Photovoltaics: Research and Applications, 2012: 20, 582 – 587.

[106] Orgassa K, Schock H W, Werner J H. Alternative back contact materials for thin film $Cu(In,Ga)Se_2$ solar cells. Thin Solid Films, 2003: 431 – 432, 387 – 391.

[107] Scragg J J, Wätjen J T, Edoff M, et al. A detrimental reaction at the molybdenum back contact in $Cu_2ZnSn(S,Se)_4$ thin – film solar cells. Journal of the American Chemical Society, 2012: 134, 19330 – 19333.

[108] Scragg J J, Kubart T, Wätjen J T, et al. Effects of back contact instability on Cu_2ZnSnS_4 devices and processes. Chemistry of Materials, 2013: 25, 3162 – 3171.

[109] Lopez – Marino S, Placidi M, Perez – Tomas A, et al. Inhibiting the absorber/Mo – back contact decomposition reaction in $Cu_2ZnSnSe_4$ solar cells: the role of a ZnO intermediate nanolayer. Journal of Materials Chemistry A, 2013: 1, 8338 – 8343.

[110] Li W, Chen J, Cui H, et al. Inhibiting MoS_2 formation by introducing a ZnO intermediate layer

for Cu_2ZnSnS_4 solar cells. Materials Letters, 2014: 130, 87 – 90.

[111] Liu X, Cui H, Li W, et al. Improving Cu_2ZnSnS_4 (CZTS) solar cell performance by an ultrathin ZnO intermediate layer between CZTS absorber and Mo back contact. physica status solidi (RRL) – Rapid Research Letters, 2014: 8, 966 – 970.

[112] Liu F, Sun K, Li W, et al. Enhancing the Cu_2ZnSnS_4 solar cell efficiency by back contact modification: Inserting a thin TiB_2 intermediate layer at Cu_2ZnSnS_4/Mo interface. Applied Physics Letters, 2014: 104, 051105.

[113] Malmström J, Schleussner S, Stolt L. Enhanced back reflectance and quantum efficiency in $Cu(In, Ga)Se_2$ thin film solar cells with a ZrN back reflector. Applied Physics Letters, 2004: 85, 2634 – 2636.

[114] Bär M, Schubert B – A, Marsen B, et al. Cliff – like conduction band offset and KCN – induced recombination barrier enhancement at the CdS/Cu_2ZnSnS_4 thin – film solar cell heterojunction. Applied Physics Letters, 2011: 99, 222105.

[115] Kato T, Hiroi H, Sakai N, et al. In Buffer/Absorber interface study on Cu_2ZnSnS_4 and $Cu_2ZnSnSe_4$ based solar cells: band alignment and its impact on the solar cell performance, 28th European Photovoltaic Solar Energy Conference and Exhibition, EU PVSEC: 2013, pp 2125 – 2127.

[116] Tsuyoshi M, Satoshi N, Takahiro W. First – principles study on Cd doping in Cu_2ZnSnS_4 and $Cu_2ZnSnSe_4$. Japanese Journal of Applied Physics, 2012: 51, 10NC11.

[117] Barkhouse D A R, Haight R, Sakai N, et al. Cd – free buffer layer materials on $Cu_2ZnSn(S_xSe_{1-x})_4$: band alignments with ZnO, ZnS, and In_2S_3. Applied Physics Letters, 2012: 100, 193904.

[118] Hiroi H, Sakai N, Kato T, et al. In High voltage Cu_2ZnSnS_4 submodules by hybrid buffer layer, 2013 IEEE 39th Photovoltaic Specialists Conference (PVSC), 16 – 21 June 2013, 2013, pp 0863 – 0866.

[119] Törndahl T, Hultqvist A, Platzer – Björkman C, et al. In Growth and characterization of ZnO – based buffer layers for CIGS solar cells, 2010, pp 76030D – 76030D – 76039.

[120] Tanaka K, Oonuki M, Moritake N, et al. Thin film solar cells prepared by non – vacuum processing. Solar Energy Materials and Solar Cells, 2009: 93, 583 – 587.

[121] Du H, Champness C H, Shih I. Results on monocrystalline $CuInSe_2$ solar cells. Thin Solid Films, 2005: 480 – 481, 37 – 41.

[122] Nakazawa T, Takamizawa K, Ito K. High efficiency indium oxide/cadmium telluride solar cells. Applied Physics Letters, 1987: 50, 279 – 280.

[123] Visoly – Fisher I, Cohen S R, Ruzin A, et al. How polycrystalline devices can outperform single – crystal ones: thin film CdTe/CdS solar cells. Advanced Materials, 2004: 16, 879 – 883.

[124] Jiang C – S, Noufi R, Ramanathan K, et al. Does the local built – in potential on grain boundaries of $Cu(In, Ga)Se_2$ thin films benefit photovoltaic performance of the device?

Applied Physics Letters,2004:85,2625 - 2627.

[125] Yan Y In Understanding of defect physics in polycrystalline photovoltaic materials,2011 37th IEEE Photovoltaic Specialists Conference,19 - 24 June 2011,001218 - 001222.

[126] Li J,Mitzi D B,Shenoy V B. Structure and electronic properties of grain boundaries in earth - abundant photovoltaic absorber $Cu_2ZnSnSe_4$. ACS Nano,2011:5,8613 - 8619.

[127] Xu P,Chen S,Huang B,et al. Stability and electronic structure of Cu_2ZnSnS_4 surfaces:first - principles study. Physical Review B,2013:88,045427.

[128] Yin W - J,Wu Y,Wei S - H,et al. Engineering grain boundaries in $Cu_2ZnSnSe_4$ for better cell performance:a first - principle study. Advanced Energy Materials,2014:4,1300712.

[129] Wang K, Shin B, Reuter K B, et al. Structural and elemental characterization of high efficiency Cu_2ZnSnS_4 solar cells. Applied Physics Letters,2011:98,051912.

[130] Mendis B G,Goodman M C J,Major J D,et al. The role of secondary phase precipitation on grain boundary electrical activity in Cu_2ZnSnS_4 (CZTS) photovoltaic absorber layer material. Journal of Applied Physics,2012:112,124508.

[131] Repins I L,Moutinho H, Choi S G, et al. Indications of short minority - carrier lifetime in kesterite solar cells. Journal of Applied Physics,2013:114,084507.

第五章
钙钛矿薄膜太阳能电池

钙钛矿薄膜太阳能电池主要是以有机/无机杂化卤化物钙钛矿薄膜材料为吸收层的太阳能电池，是近几年发展最为迅猛的一种光伏技术。曾经在短短 4 年（2013—2016 年）时间内，钙钛矿薄膜太阳能电池转换效率由不到 10% 迅速突破 22%，这样的增长速度在以往光伏材料研究中前所未有。随着研究的推进，这类钙钛矿卤素材料的应用范围已不止于太阳能电池，还涉及发光二极管、光电探测器、激光介质、光催化等领域。

本章首先介绍钙钛矿材料的晶体结构，其次回顾钙钛矿薄膜太阳电池的发展历史，最后重点介绍钙钛矿薄膜的制备方法、材料性能、器件结构以及器件稳定性。

5.1 钙钛矿结构

钙钛矿字面意思上是指一种矿物质，即钛酸钙（$CaTiO_3$）。这种矿物质最先是由 Gustav Rose 于 1839 年在俄国的乌拉尔山脉发现的。它的英文名字 Perovskite 是以俄国矿物学家 Counnt Lev Alekseevich Perovski 的名字命名的，因他最先表征了这种晶体结构。从广义上讲，具有这种钙钛矿结构的所有材料都可被称为钙钛矿材料。

钙钛矿材料通常具有 ABX_3 的分子通式。在钙钛矿结构中，如图 5 – 1 所示，阳离子 B 与 6 个阴离子 X 配位形成八面体结构，阳离子 A 与 12 个阴离子 X 配位形成立方八面体结构，每个 $[BX_6]$ 八面体与邻近八面体的角顶共享，即形成钙钛矿结构。能够形成钙钛矿结构的材料非常之多，其中大部分属于无机非金属氧化物材料。在氧化物钙钛矿材料中，离子 A 一般是碱土族或稀土元素，离子 B 为 3d、4d 或 5d 的过渡族金属元素。

本章将重点介绍的钙钛矿材料为金属卤素钙钛矿化合物，这类材料已展现出出色的半导体光电特性。这里的 X 为 F、Cl、Br、I 元素，A 为单价的阳离子或有机官能团，B 为二价 IV 族金属。A 位和 B 位皆可被半径相近的其他金属离子部分取代而保持其晶体结构基本不变。当位置 A 由尺寸较小的单价阳离子占据时，如 Rb、Cs、MA（甲胺基）、FA（甲脒基），可形成三维的钙钛矿结构。但如果采用大尺寸的阳离子，如乙胺基、丁胺基，三维的钙钛矿结构将难以形成，而形成具有 ABX_3、A_2BX_4、A_3BX_5 分子通式的二维层状或一维条状，甚至零维的钙钛矿材料。这些材料的晶体结构有些仍可保持 $[BX_6]$ 八面体共角的连接方式，

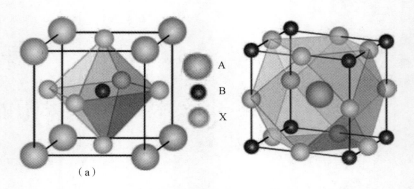

图 5－1　钙钛矿晶体结构[1]

（a）［BX$_6$］八面体；（b）［AX$_{12}$］立方八面体

但仅在二维或一维的方向上长程有序扩展。根据材料特性的不同，八面体的连接方式也可能
从共角连接转变为共面连接和共边连接，如图 5－2 所示，比如常温下存在的 δ－FAPbI$_3$ 和
δ－CsPbI$_3$ 分别为共面连接和共边连接的非钙钛矿结构，而两者的杂化物 FA$_x$Cs$_{1-x}$PbI$_3$ 在常
温下可能形成共角连接的钙钛矿结构。

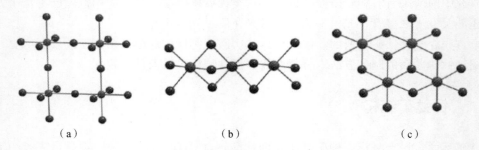

图 5－2　［BX$_6$］八面体的连接方式[2]

（a）CaTiO$_3$ 类型的共角连接；（b）CsNiBr$_3$ 类型共面连接；（c）NH$_4$CdCl$_3$ 类型的共边连接

理想的 ABX$_3$ 钙钛矿结构属于立方体晶系，具有比较高的晶体对称性，空间群为 Pm3m
（No. 221）。由于元素种类的差异或者环境条件（如温度、压力）的变化，钙钛矿结构会发
生一系列的晶体畸变而产生异形结构。理想钙钛矿结构可通过［BX$_6$］八面体的畸变或扭转
以及阳离子 A 或 B 的相对位移转变为四方、斜方或三方等晶系，如 I4/mcm（No. 140），
Pnma（No. 62），P3m1（No. 156）等[3]。这种转变只涉及对称程度的降低，只要不破坏
［BX$_6$］八面体共角连接特性，则仍然属于钙钛矿结构。钙钛矿结构的稳定性和晶体结构主
要是由容差因子（t）和八面体因子（μ）决定[4]，其中 $t = \dfrac{R_A + R_X}{\sqrt{2}(R_B + R_X)}$，$\mu = R_B/R_X$，$R_A$、
R_B、R_X 分别指的是 A 原子、B 原子、X 原子的半径。一般而言，当容差因子 t 处于 0.81 ～
1.11，八面体因子 μ 处于 0.44 ～0.90 时，钙钛矿结构通常是稳定的。当 t 处于 0.89 ～1.0 时，
钙钛矿结构可为立方体结构。随着 t 值的降低，其晶体结构可逐渐转变为低对称性的四方或
正交晶系。这里需要说明的是，利用容差因子并不能充分判断钙钛矿材料在高温和高压条件
下的结构变化。比如常温下属于四方结构的 CH$_3$NH$_3$PbI$_3$（MAPbI$_3$）材料在加热后会发生晶

格转换，转变为高温立方相；非钙钛矿结构的 $\delta - FAPbI_3$ 和 $\delta - CsPbI_3$ 材料在一定的加温条件下会转变为钙钛矿结构。

5.2　有机无机杂化钙钛矿太阳能电池的发展历史

有机无机卤化物钙钛矿薄膜这类材料早在 20 世纪 80 年代就已获得了广泛的研究。IBM 公司的 Mitzi 和他的同事们[5-9]针对层状有机金属钙钛矿材料的光电特性开展了大量的研究工作，研究发现这类材料具有强的激子特性和良好的光电传输性能，能够很好地应用于晶体管和发光二极管中；但奇怪的是，一直没有研究者将它们应用在薄膜太阳能电池中。

自 20 世纪 90 年代以来，染料敏化薄膜太阳能电池的研究一直非常活跃。瑞士洛桑高等工业学院（EPFL）Grätzel 教授在该研究领域取得了大量的突破性进展[10,11]，但直到 2011 年，染料敏化薄膜太阳能电池的光电转换效率才略微超过 12%，电池器件面临着染料昂贵且吸收系数不高、器件稳定性差、电解液易腐蚀泄漏等几个方面的挑战。研究者们在积极尝试量子点（如 CdS，CdSe 材料）、无机敏化剂等材料来克服染料吸收率低的问题。基于这个初衷，日本东京大学 Miyasaka 研究组的博士后 Kojima 等人[12]将甲胺铅卤素钙钛矿材料作为光敏化剂用于太阳能电池器件中，并在 2006 年美国电化学会第 210 次会议上报告了他们的成果，当时的染料敏化薄膜太阳能电池器件的转换效率仅为 2.19%，而且电池器件的稳定性非常差。2009 年，Kojima 等[13]将结果总结发表在美国化学会志期刊（JACS）上，获得了 3.8% 的 $MAPbI_3$ 薄膜太阳能电池转换效率和 3.1% 的 $MAPbBr_3$ 薄膜太阳能电池转换效率。这是研究者首次在期刊上正式报道这种有机无机钙钛矿太阳能电池，但是并没有立刻引起人们的注意。

两年后，韩国成均馆大学的 N. G. Park 等[14]进一步优化了钙钛矿太阳能电池的制备工艺，获得了 6.5% 的液态电解质的 $MAPbI_3$ 薄膜太阳能电池。钙钛矿光伏材料的初步进展开始吸引了一些光伏研究者们的注意，英国牛津大学的 Henry Snaith 正是其中之一。2012 年，他安排了博士生 Lee 去日本学习如何制备钙钛矿材料。Kojima 当时已离开 Miyasaka 研究组去了一家企业工作，虽然他已不再开展钙钛矿相关的研究工作，但 Lee 找到了他并获得了一些钙钛矿材料的合成信息。然而，Snaith 研究组[15]并没有完全依照 Kojima 的工艺配方，他们尝试了不同的钙钛矿预制材料配比，发现采用 3∶1 的物质的量比的 CH_3NH_3I（MAI）和 $PbCl_2$ 混合溶液，可制备出高吸收度且平整的钙钛矿薄膜，他们同时采用小分子有机物 Spiro – OMeTAD[2,2′,7,7′ – 四[N,N – 二(4 – 甲氧基苯基)氨基] – 9,9′ – 螺二芴]作为电池中的空穴传输层，最终使得钙钛矿薄膜太阳能电池的转换效率达到了 10.9%。几乎在同一时间，N. G. Park 等也报道了转换效率为 9.7% 的全固态钙钛矿薄膜太阳能电池。突破新高的转换效率打破了固态染料敏化薄膜太阳能电池之前所保持的转换效率纪录[7]，同时电池结构中不再含有液态电解液，也大大提高了电池器件的稳定性。全固态的电池结构加上突破性的高性能结果，在光伏研究领域中引起了人们广泛的关注，也被认为是钙钛矿材料在太阳能电池领域谱写新篇章的开端。

2013 年，Grätzel 和 Snaith 两个研究组在国际著名期刊 Nature 上相继发表了两篇钙钛矿薄膜太阳能电池的论文[16,17]，刷新了钙钛矿薄膜太阳能电池的转换效率记录。Grätzel 研究组报道了采用二步法制备钙钛矿薄膜，即先制备平整的 PbI_2 薄膜，后与 MAI 的异丙醇溶液反应获得 MAPbI$_3$ 钙钛矿薄膜，该方法可避免 MAI 和 PbI$_2$ 直接反应过快而导致形貌恶化，获得的电池转换效率达到了 15.7%。Snaith 研究组通过查阅早期有机/无机杂化钙钛矿薄膜的制备文献，获得了启发，他们利用两源共蒸发的方法制备 MAPbI$_3$ 薄膜，并获得了 15.0% 电池转换效率，这是首次展示的高性能平面结构钙钛矿薄膜太阳能电池，间接地验证了钙钛矿薄膜具有长的电荷传输长度。

2014 年，韩国化学技术研究所（KRICT）的 Sang Il Seok 教授研究组[18] 提出了在旋涂过程中对薄膜进行非极性溶剂清洗的方法来制备钙钛矿薄膜，该方法可获得极为平整的样品，使得钙钛矿薄膜太阳能电池的转换效率达到了 16.7%。在此后的两年，他们进一步优化了该工艺方法以及钙钛矿薄膜的成分和电池器件结构，一次又一次地刷新了电池的转换效率纪录，最终在 2016 年初获得 22.1% 的电池器件转换效率[19]。

钙钛矿薄膜太阳能电池的发展历史如图 5-3 所示，可简单分为几个阶段：第一个阶段为 2012 年 6 月以前，文献报道的钙钛矿薄膜太阳能电池均为采用液态电解液的电池器件，器件结构完全类似于传统的染料敏化电池，电池光电转换效率低且稳定性差，这段时间累计的相关文献不超过十篇；第二个阶段是从 2012 年 6 月开始，Snaith 和 Park 研究组先后报道了全固态的钙钛矿薄膜太阳能电池，然后相关的文献报道开始猛增，电池器件结构和制备方法不断翻新，电池性能持续改进，效率刷新的间隔时间需按月来计算，该领域在 2013 年被 *Science* 杂志评为年度十大科学进展之一；第三个阶段为 2015 年之后，钙钛矿薄膜太阳能电池的转换效率开始突破 20%，韩国研究机构在 2016 年初获得了目前最高的转换效率记录 22.1%，在这段时间，很多之前专注于其他领域（如染料敏化、有机光伏等）的研究者开始投入大量的精力在钙钛矿领域的研究中，人们在获得钙钛矿薄膜高性能的同时，不断挖掘它在大面积器件、柔性器件、多结光伏、长期稳定性等方面的潜力。

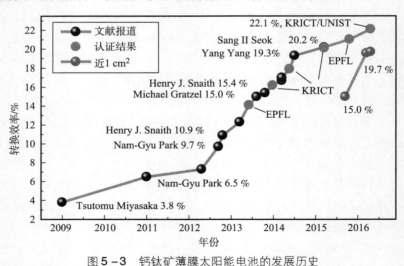

图 5-3　钙钛矿薄膜太阳能电池的发展历史

■ 5.3　卤素钙钛矿薄膜的制备方法

有机无机杂化的薄膜材料通常兼具有机材料和无机材料各自性能上的优势，但也可能由于有机组分和无机组分在物理和化学特性上存在一些差异，其制备工艺面临一些挑战，比如有机材料通常都易溶于多数有机溶剂中，而无机材料在有机溶剂中可能难溶或溶解度较低，这可能会限制它们在溶液加工工艺的应用。庆幸的是，研究者已找到了几种合适溶剂可以溶解有机/无机杂化钙钛矿光伏材料，如 N,N - 二甲基甲酰胺（DMF）、二甲基亚砜（DMSO）和 γ - 丁内酯（GBL）。钙钛矿薄膜的制备方法目前主要是以溶液法为主，这也是钙钛矿薄膜太阳能电池被认为具有潜在的低成本优势的原因。

任何薄膜太阳能电池性能的高低都与制备获得的吸收层薄膜形貌、结晶性、杂质缺陷等息息相关。钙钛矿薄膜的制备和合成相对来说是比较简单的，这是钙钛矿薄膜太阳能电池吸引了众多研究者关注的另一个重要原因。为了获得薄膜材料以及尽可能地控制薄膜的反应过程，人们已经发展出了多种多样的制备方法，简单地从化学反应过程来区分，可分为直接反应和间接反应两类。以常用的甲胺铅碘（MAPbI$_3$）钙钛矿薄膜为例，MAPbI$_3$ 可由 PbI$_2$ 和 MAI 在常温下以 1:1 的物质的量比直接反应获得，并且没有什么副产物。其中 MAI 材料可通过甲胺溶液与氢碘酸直接反应并经过溶液蒸发结晶获得，而 PbI$_2$ 是一种普通的碘化物，人们可直接从试剂供应商处购买高纯度的 PbI$_2$ 材料，也可简单地通过含铅化合物与氢碘酸或碘化物反应获得。为了获得更好的薄膜质量，人们也开发了很多间接反应来控制薄膜形貌和结晶性，比如采用 PbCl$_2$、Pb(CH$_3$COO)$_2$ 或 PbI$_2$(DMSO) 作为前驱反应物，样品反应物在退火过程中排除一些挥发性的副产物后，最终会形成无杂相的钙钛矿薄膜。依照钙钛矿薄膜制备的工艺程序，制备方法又可分为一步法、两步法甚至三步法。表 5 - 1 列出了不同制备工艺方法的特点和获得的钙钛矿太阳能电池器件性能。

表 5 - 1　钙钛矿薄膜制备方法及电池性能总结

工艺方法	主要过程和特点	转换效率及参考文献
采用 PbCl$_2$ 的一步旋涂法	配制 3:1 物质的量比的 PbCl$_2$ 和 MAI 溶液，充分溶解后被直接旋涂，样品需退火一段时间直到反应完成。反应过程：PbCl$_2$ + 3MAI → Intermediate + MAPbI$_{3-x}$Cl$_x$ → MAPbI$_3$ + 2MACl(g)	10.9%[15]，19.3%[20]
采用 PbAc$_2$ 等铅盐的一步旋涂法	PbX$_2$ 和 MAI 以 3:1 摩尔比混合溶解，然后旋涂溶液。反应过程：PbX$_2$ + 3MAI → MAPbI$_3$ + 2MAX，X = Ac,NO$_3$, acac 等	15.2%[21]，18.3%[22]
添加剂辅助的一步旋涂法	在 PbI$_2$ 和 MAI 的钙钛矿溶液中添加少量添加剂，如 HI、MACl 等，然后直接旋涂溶液	12.1%[23]，17.5%[24]，18.1%[25]
热旋涂工艺	钙钛矿溶液和衬底表面先预热至一定温度，滴加溶液后，快速旋涂，钙钛矿薄膜在高温旋涂过程中结晶长大	18.0%[26]
溶剂清洗快速结晶工艺	在钙钛矿溶液的旋涂过程中，往样品表面滴加非极性溶剂，如氯苯、甲苯或乙醚等，使得钙钛矿薄膜从溶剂中快速析出	16.2%[27]，16.7%[18]，20.8%[28]，21.6%[29]
真空闪蒸辅助旋涂工艺	钙钛矿薄膜在旋涂过程中，被置于真空环境中，残余溶剂被迅速蒸发	20.5%[30]

续表

工艺方法	主要过程和特点	转换效率及 参考文献
旋涂浸泡 二步工艺	先溶液旋涂 PbI_2 薄膜，样品冷却后，再浸泡在 MAI 的 异丙醇溶液中，随后取出并退火烘干	15.0%[16]，17.2%[31]
二步旋涂法	先溶液旋涂 PbI_2 薄膜，加热烘干并冷却后，在其表面旋 涂 MAI 的异丙醇溶液，随后退火使得 MAI 层向下扩散与 PbI_2 反应	17.0%[32]，18.3%[33]， 19.9%[34]
气相辅助 溶液法	先获得 PbI_2 薄膜，然后将薄膜表面暴露于 MAI 蒸气中	12.1%[35]， 16.4%[36]
分子间交换 反应工艺	先获得路易斯酸碱加合物薄膜，再通过 FAI 与 PbI_2 （DMSO）反应置换出挥发性的 DMSO，反应过程：PbI_2 - DMSO + FAI → PbI_2 - FAI + DMSO	20.1%[37]，22.1%[19]
真空蒸发法	两种钙钛矿前驱材料在高真空环境下被分别加热，蒸发 至衬底表面反应形成钙钛矿薄膜	15.4%[17]， 16.5%[38]

5.3.1　一步旋涂法

一步旋涂工艺对于实验操作者来说是最简单的，也是最希望采用的。只需要将配制的溶液简单地滴加在衬底表面，设置参数，开启启动按钮即可。一般来说，只要确保工艺配方是准确的，工艺重复性就较好。一步旋涂法获得的薄膜质量会受到后期退火条件的影响，但关键在于溶液配方，包括溶液浓度、溶液成分、溶剂选择等。早期，人们试图采用等物质的量比的 MAI 和 PbI_2 混合溶液直接旋涂制备钙钛矿薄膜，但获得的薄膜覆盖性差，电池漏电流大，光电转换效率低。2012 年，Lee 等[15]采用了 $PbCl_2$ 作为钙钛矿成分的铅源，他们发现 $PbCl_2$ 和 MAI 的物质的量比为 1 : 3 时，获得的钙钛矿薄膜太阳能电池效果最好。他们开始认为 Cl 含量会嵌入钙钛矿结构中，最终形成 $MAPbI_{3-x}Cl_x$ 成分的薄膜，但是并没有很好地解释其余成分会以什么样的形式存在。人们进一步采用各种表征手段，包括 X 射线衍射（XRD），光电子能谱（XPS）等，发现 Cl 含量在退火完成的钙钛矿薄膜中几乎不存在，旋涂溶液中多余的 MA 和 Cl 成分会随着退火的进行而逐渐挥发。$PbCl_2$ 会与 MAI 形成一些中间化合物，但随着退火的推进，中间化合物逐渐分解，析出 Cl 成分，最终转变为 $MAPbI_3$ 成分的钙钛矿薄膜[39]。Cl 元素或者 MACl 在薄膜中充当络合的作用，可调节薄膜的反应速率，改善薄膜的形貌和结晶性。Cl 含量越高的样品，在同等条件下完成退火所需的时间越长。比如0.7 mol/L $PbCl_2$ 和 2.1 mol/L MAI 的钙钛矿溶液在 3 000 r/min 的旋涂条件下，需在 100℃的热板上退火 40 min，而 1 mol/L $PbCl_2$ 浓度的样品对应的退火时间可能需要 60 min。由于后退火过程中涉及材料的挥发，薄膜容易出现聚集和收缩，导致形貌难以控制。

受到 $PbCl_2$ 在钙钛矿薄膜太阳能电池成功应用的启发，人们尝试了更多的含铅化合物去替代 $PbCl_2$ 作为钙钛矿的前驱体材料，比如醋酸铅（$PbAc_2$），硝酸铅 $[Pb(NO_3)_2]$，乙酰丙酮铅 $[Pb(acac)_2]$ 等。为了保证 Pb 与卤素 I 的物质的量比为 1 : 3，配制溶液中铅源与 MAI 的合理比例也均为 1 : 3，相应的化学反应式也如 $PbCl_2$ 一样，如图 5-4 所示。在这些铅源当中，目前只有 $PbAc_2$ 的替代比较成功。图 5-5 给出了不同铅源获得钙钛矿薄膜的 SEM 结果，从中可以发现，PbAc$_2$ 获得的钙钛矿薄膜平面更加平整，覆盖率几乎为 100%。造成这种差别的原因与 MAX（X = Cl，I，Ac）的物化特性有关。热重研究分析发现，MAAc，MACl 和 MAI 分解时的起始温度分别为 97.4℃、226.7℃ 和 245.0℃，这说明 MAAc 受热后不稳定，在退火时比 MACl 和 MAI 更容易被排除。因而，在同等退火温度条件下，PbAc$_2$ 样品的形核密度更大，短时间内即可形成大量的小晶体，可更好地覆盖衬底表面。实时衍射结果显示，基于 PbCl$_2$ 和基于 PbAc$_2$ 的钙钛矿薄膜完成退火的时间分别为 43.8 min 和 2.5 min，说明采用 PbAc$_2$ 作为铅源，也可极大地降低钙钛矿薄膜的制备时间。

$$PbX_2 + 3CH_3NH_3I \xrightarrow[100℃]{DMF} CH_3NH_3PbI_3 + 2CH_3NH_3X$$

$$X = Cl^-，OAc^-，NO_3^-，acac^-$$

$$2CH_3NH_2 + 2HX$$

图 5-4　不同铅源作为前驱体制备钙钛矿薄膜的一般反应式[40]

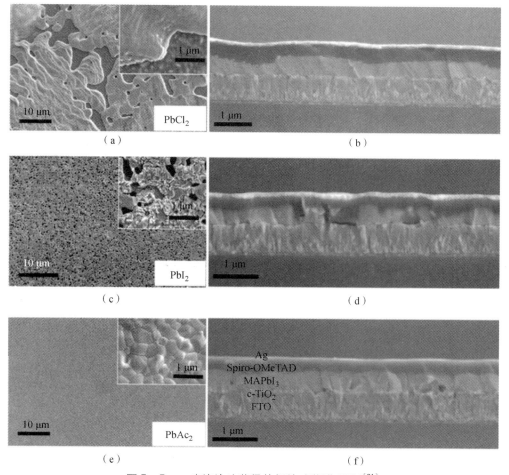

图 5-5　一步旋涂法获得的钙钛矿薄膜 SEM[21]

（a），（b）以 PbCl$_2$ 作为铅源；（c），（d）以 PbI$_2$ 作为铅源；（e），（f）以 PbAc$_2$ 作为铅源

除了更换铅源以外，在前驱体溶液中加入一些添加剂也可以调节薄膜的形核速率。一份 $PbCl_2$ 加三份 MAI 的钙钛矿溶液可看作在一份 PbI_2 和 MAI 的基础上添加两份 MACl 材料。人们尝试去直接合成 MACl 材料，然后将其作为添加剂加入 $MAPbI_3$ 钙钛矿溶液，该方法的优势是可以有效地控制 Cl 元素的添加量。2014 年，赵一新等[23] 将 MACl 加入 $MAPbI_3$ 钙钛矿前驱体溶液中，并详细研究了 MACl 对薄膜和电池性能的影响，发现 MACl 对 $MAPbI_3$ 的结晶过程具有强烈的影响，不仅改善了薄膜吸光度，也显著提高了薄膜的覆盖率，对于平面结构的太阳能电池，电池转换效率从传统的 $MAPbI_3$ 一步工艺的 2% 提升到 12%；对于多孔结构的太阳能电池器件，其转换效率从 8% 提升到 10%。类似地，Zuo 等[41] 发现在钙钛矿溶液中加入 NH_4Cl，也可以改善薄膜的形貌和结晶性，且电池转换效率从 0.04% 提升到 9.9%，填充因子高达 80%。Liang 等[42] 往钙钛矿溶液中加入少量 1,8 - 二碘辛烷（DIO），发现该添加剂可以调节薄膜结晶速率，质量百分比为 1% 的 DIO 的添加使得电池的转换效率从 9% 提高到将近 12%，这主要是因为双配位基的卤素添加剂可与二价铅临时螯合，调节界面能和改变薄膜形核动力，从而在薄膜生长中促成均匀形核。Eperon 等[43] 在 1∶1 物质的量比的 FAI 和 PbI_2 的钙钛矿溶液中添加少量的氢碘酸，发现可以获得极均匀且连续的薄膜。同样地，Wang 等[24] 在甲脒基钙钛矿材料体系中，发现采用 $HPbI_3$ 替代 PbI_2，可显著改善材料的溶解度，并改善薄膜的成型特性。

5.3.2 一步旋涂基础上的改进工艺

1. 热旋涂工艺

2014 年年底，Nie 等[26] 报道了一种热旋涂工艺，该方法的一个显著特点是可以获得毫米尺度的钙钛矿薄膜，如图 5 - 6 所示。他们采用 PbI_2 和 MACl（或 MAI）作为钙钛矿溶液，旋涂开始时，衬底温度保持在 180℃，70℃ 的旋涂溶液被快速滴在衬底上，并立即旋涂。在旋涂过程中，由于衬底温度保持在钙钛矿的形成温度之上，同时伴随着过量溶剂的存在，钙

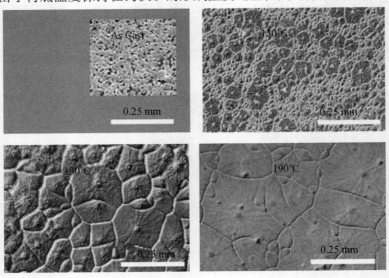

图 5 - 6 光学显微镜下不同衬底温度条件下热旋涂工艺制备的钙钛矿薄膜[26]

钛矿薄膜可充分结晶长大。采用高沸点溶剂可延长钙钛矿薄膜在溶剂中的生长时间，更有利于获得大尺寸晶粒的薄膜。基于该工艺，并利用 PEDOT 和 PCBM 作为电荷传输层，他们获得了最高 18% 的光电转换效率。大的晶粒尺寸可降低晶界区域和内部缺陷，因而抑制了界面复合和光电流回滞现象。模拟结果表明，对于小晶粒的电池器件，大部分复合（约 40%）源于体内缺陷，而对于大晶粒的电池器件，块体复合降低至总复合的 5%；同时吸收层的迁移率与光电转换效率息息相关，当薄膜表面晶粒尺寸达 170 μm 时，迁移率高达 20 cm²/(V·s)，相应地电池转换效率可达 18% 左右。

2. 溶剂清洗辅助

2014 年年初，韩国 Soek 研究组[18]报道了一种溶剂工程的方法制备钙钛矿薄膜，工艺流程如图 5-7 所示。在此之前的研究常采用 DMF 作为溶剂，而他们的方法采用 DMSO 和 GBL 作为复合溶剂。该方法按照一步旋涂法的步骤进行，最重要的关键点在于样品在高速旋涂大约 10 s 之后，非极性溶剂甲苯被迅速滴加在其表面。甲苯属于非极性溶剂，而钙钛矿薄膜不溶于甲苯之中，DMSO 和 GBL 溶剂可与甲苯互溶，在高速旋转过程中，多余的 DMSO 和 GBL 溶剂会被甲苯从钙钛矿溶液中吸取并被快速甩出。该方法的重要特点是 DMSO 溶剂的使用，DMSO 具有很强的配位能力，与 Pb²⁺ 的相互作用可阻止 PbI₂ 以及 MAPbI₃ 的结晶，从而形成中间化合物。在随后的退火过程中，DMSO 才逐渐从晶格中脱离，并最终形成极为平整的钙钛矿薄膜。

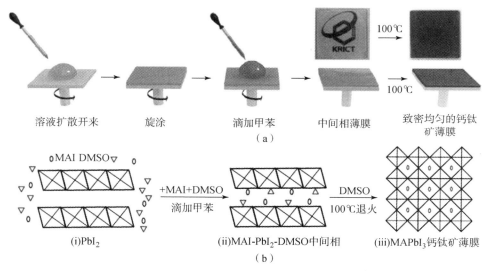

图 5-7　溶剂清洗快速结晶工艺制备钙钛矿薄膜[18]

(a) 流程图；(b) 化学反应过程

Xiao 等[27]采用 DMF 溶解钙钛矿薄膜，尝试了氯苯、苯、二甲苯、异丙醇、乙醇等 12 种溶剂作为清洗溶剂，结果发现采用氯苯等非极性溶剂均能产生良好的形貌，而乙醇等溶剂本身就能部分溶解钙钛矿薄膜，使得形成的薄膜表面不够平整。他们的结果表明对于 DMF 作为溶解溶剂的钙钛矿溶液，采用非极性溶剂清洗辅助的方法，同样可获得极为平整的钙钛矿薄膜。而若采用 GBL 作为溶解溶剂，旋涂时的非极性溶剂清洗过程对薄膜形貌则几乎没有帮助，最终形成的钙钛矿薄膜与 MAI-PbI₂ 材料一步旋涂的结果类似。各溶剂对钙钛矿材料的溶解实验可提供一些证据和解释，当向钙钛矿溶液直接滴加非极性溶剂氯苯时，GBL 溶解的钙钛矿溶液会直接析出黑色的钙钛矿材料，说明 GBL 不会参与到钙钛矿材料晶格中。而对于 DMF 和 DMSO 溶解的钙钛矿溶液，直接滴加氯苯并不会导致钙钛矿晶体的析出，而是产生黏稠状的近乎白色的沉淀，这是 DMF 或 DMSO 与 MAI – PbI$_2$ 形成的路易斯酸碱类型加合物，正是这种加合物的存在有效地调控了薄膜形核和形貌。该化合物经退火后，溶剂分子才会脱出，最终转变为钙钛矿结构化合物。当溶解溶剂为 DMF 时，滴加清洗溶剂的最佳时间为样品高速旋转 2~5 s 之后，与 DMSO 溶剂配方使用的清洗时间点不一样，该变化主要是由于两种溶剂的配位能力不同所造成的。PbI$_2$ 与 DMF 和 DMSO 溶剂之间的配位比例分别为 1:1 和 1:2，Pb—O 键的键长分别为 2.431 Å 和 2.386 Å，这说明 DMSO 比 DMF 具有更强的配位能力[44]。

无机材料 PbI$_2$ 在有机溶剂的溶解度取决于 Pb^{2+} 与溶剂分子电负性原子的配位能力。DMSO、DMF、GBL 是最常用的三种钙钛矿材料溶剂，均含有电负性的氧原子，均能溶解一定程度的 PbI$_2$ 材料，但溶解能力却有显著差别。溶解实验结果表明，常温下 PbI$_2$ 在 DMF 溶剂中的溶解度相对较低，加热至 60℃ 时，在 DMF 中的溶解度最高可达 30 %（质量分数）左右。GBL 溶剂在室温和加热条件下对 PbI$_2$ 的溶解度均非常低；DMSO 对 PbI$_2$ 具有最强的溶解能力（室温下可达 2 mol/L 以上）[44]，这也进一步表明亚砜原子（S═O）与 Pb^{2+} 具有最强的配位能力。钙钛矿材料的溶解度也与 MAI 的配位作用有关。当 PbI$_2$ 和 MAI 同时溶解时，溶解度可以获得巨大的提升。比如，GBL 几乎不能单独溶解 PbI$_2$，常温下却可以溶解 1 mol/L 的 PbI$_2$ 和 MAI 材料。

3. 真空辅助旋涂工艺

2016 年，Grätzel 研究组[45] 提出了一种真空辅助的一步旋涂工艺，如图 5 – 8 所示。该工

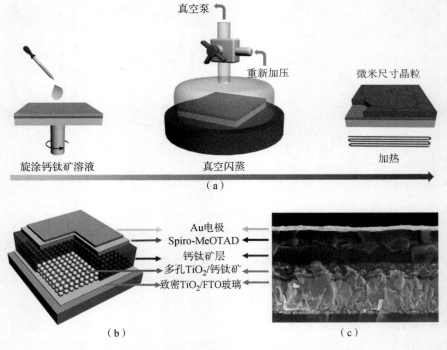

图 5 –8　真空闪蒸辅助旋涂工艺制备钙钛矿薄膜[45]

（a）工艺过程示意图；（b）电池器件结构示意图；（c）SEM 断面形貌

艺是在溶液旋涂过程中引入真空环境，使得钙钛矿溶剂迅速挥发。该方法可看作是非极性溶剂清洗的改进版，一种是非极性溶剂快速除溶剂，另一种是真空快速蒸发清除溶剂。该工艺的一个优势是可避免使用大量清洗溶剂，被认为非常适合工业化应用。采用该工艺，在超过 1 cm² 的电池器件尺寸上，研究者取得了 20.5% 的实验室转换效率和 19.6% 的认证效率，超过了之前报道的 15.6% 的认证效率记录。

5.3.3　二步连续工艺

1. 溶液浸泡

早在 20 世纪 90 年代，Mitzi 等[6] 为克服有机组分和无机组分在可溶性和热稳定性上的差异，发展过二步连续工艺去制备有机 – 无机杂化薄膜。在钙钛矿薄膜太阳能电池新领域，Burschka 等[16] 于 2013 年首次采用了二步连续工艺制备钙钛矿薄膜，他们将 PbI₂ 溶解在热的 DMF 溶剂中，通过旋涂获得致密的 PbI₂ 薄膜，然后再将样品置于低浓度的 MAI 异丙醇溶液中。当 PbI₂ 与 MAI 在异丙醇溶液中接触时，立刻形成黑色的钙钛矿相。这里必须提及的是，常温下钙钛矿成分在异丙醇溶液中是不溶解的，但在一定温度（约 100℃）条件下，异丙醇溶剂能部分溶解钙钛矿材料。因而，浸泡工艺环节通常都为常温条件，而且浸泡取出的钙钛矿样品一般先经自然风干或溶剂从样品表面流过后再经热板烘干。相比传统的 MAPbI₃ 一步法工艺，该方法可获得更好的钙钛矿薄膜形貌特性，初次报道即展示了 15% 的光电转换效率，创造了当时的转换效率记录，为之后的钙钛矿薄膜制备研究提供了新的方向和思路。

2. 二步旋涂

二步旋涂法主要由内布拉斯加大学黄劲松研究组[46,47] 提出并发展而来，工艺流程如图 5 – 9 所示。这种方法也是先旋涂获得 PbI₂ 薄膜，但与溶液浸泡法不同的是，研究者采用旋涂的方法在 PbI₂ 层上直接形成 MAI 薄膜，再通过后退火的过程实现两层薄膜的相互扩散和反应。该方法可独立控制两次旋涂溶液的浓度和旋涂速度来调控两种预制层的厚度和成分比例，有

图 5 – 9　两步旋涂工艺制备钙钛矿薄膜[46]

利于精确定量地控制薄膜成分。这种方法存在另外两个明显特点：一个是薄膜反应沿膜层界面垂直扩散进行，这比较适合平面结构的电池器件；另一个是薄膜在退火并晶粒长大过程中，没有溶剂气氛的参与，属于固相与固相的扩散反应，反应速度较慢，形成的晶粒尺寸也较小，通常需要较长的退火时间。为了改善薄膜结晶性，研究者提出了溶剂气氛退火工艺[48,49]，退火时，溶剂分子扩散到薄膜表面，形成类似液相烧结的重结晶环境。控制薄膜退火温度，使得溶剂局部溶解薄膜材料、促进晶粒相互扩散，而不是完全分解薄膜。

3. 蒸气辅助溶液法

2012 年，加州大学洛杉矶分校 Yang Yang 教授[35]的研究组首先使用该方法制备钙钛矿薄膜。在相对密闭的空间内，通过加热 MAI 粉末形成蒸气，并与 PbI₂ 薄膜即时反应形成致密的钙钛矿薄膜。该方法不同于当时报道的溶液法和真空沉积法，它充分利用了 MAI 组分高蒸汽压的特点，也避免使用真空条件，所获得的薄膜具有全覆盖和低粗糙度的优点，解决了当时溶液法工艺常面临的覆盖性差等问题。随着溶剂清洗辅助、二步旋涂等工艺的改进，研究者们已能使用简单的溶液法制备全覆盖性的钙钛矿薄膜。而该工艺在实际操作过程中，MAI 材料消耗过多，且薄膜质量易受加热温度、MAI 蒸发速率以及蒸发源与衬底距离等工艺参数的影响。因此，有关该方法的研究报道相对较少。

4. 分子内交换反应

分子内交换反应方法最初由韩国 Seok 研究组[37]提出。研究者通过先合成 PbI₂（DMSO）化合物，然后将其溶于 DMF 溶剂中，先旋涂制备 PbI₂（DMSO）薄膜层，再旋涂一层 FAI（或 MAI、MABr）薄膜，通过 FAI 与内嵌在 PbI₂ 结构中的 DMSO 进行直接分子间交换反应形成钙钛矿薄膜。图 5-10 是该方法的工艺原理图和一些实验结果，从图中可以看出，

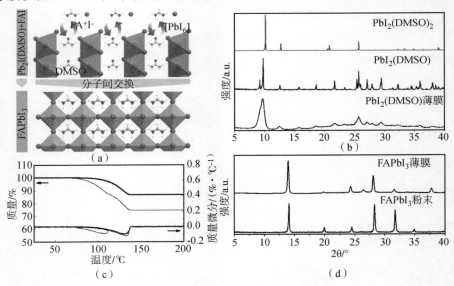

图 5-10　分子间交换反应工艺制备钙钛矿薄膜[37]

（a）化学反应示意；（b）中间配合物的 XRD；（c）PbI₂（DMSO）₂和 PbI₂（DMSO）的
热重分析；（d）制备的 FAPbI₃ 薄膜与 FAPbI₃ 粉末的 XRD 图谱比较

$PbI_2(DMSO)_2$ 配位物呈现二步分解的过程，每一阶段损失 12.6% 的质量，然而 $PbI_2(DMSO)$ 配位物，只出现一步分解，且两种化合物分解完成温度均在 138.6℃，这说明 $PbI_2(DMSO)$ 更加稳定，同时，控制好 $PbI_2(DMSO)$ 的合成温度可避免 $PbI_2(DMSO)$ 的分解。该方法可看作是溶剂清洗辅助和二步旋涂的综合，它利用了溶剂清洗辅助中采用的 PbI_2 与 DMSO 能够形成弱连接配位物的特点和二步旋涂法定量控制浓度的特点，同时具备溶剂退火方法的良好薄膜结晶性。不同于 FAI 和 PbI_2 的直接反应，分子间交换反应也不会引起大的体积膨胀，这是因为 DMSO 和 FAI 的分子尺寸非常接近。Seok 研究组利用该方法，初次报道展示了 20.1% 的认证效率，在工艺控制和改进后，进一步展示了 22.1% 的认证效率[19]。

5.3.4　真空蒸发法

　　真空蒸发法是沉积薄膜的一种常用方法，常用于制备薄膜太阳能电池的金属电极以及 CIGS 等其他薄膜吸收层，但直接用于制备钙钛矿薄膜活性层的研究相对较少，这主要是因为真空工艺相对复杂，耗能大，工艺周期长。2013 年，Snaith 研究组[17]率先采用该方法制备了平面结构钙钛矿薄膜太阳能电池，获得了 15.4% 的转换效率。如图 5-11 所示，他们采用 MAI 和 $PbCl_2$ 两源共蒸的方法获得钙钛矿薄膜，通过监测蒸发源的蒸发速率，控制两者的成分比例。相对传统溶液工艺，该方法可以获得极佳的表面覆盖性，但工艺控制难度大，耗时长，重复性不高。除此之外，Malinkiewicz 等[50]和 Lin 等[38]采用两源共蒸 MAI 和 PbI_2 材料，并利用有机电荷传输层分别获得了 12% 和 16.5% 的转换效率。Chen 等[51]提出了单源真空分步沉积法，分步沉积可避免双源共蒸复杂的工艺要求，他们先沉积获得 $PbCl_2$ 薄膜，再依次蒸发沉积 MAI 薄膜，通过两层的相互扩散退火形成钙钛矿薄膜。

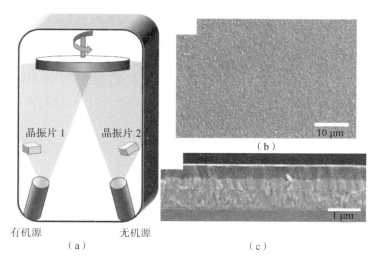

图 5-11　双源共蒸发法制备钙钛矿薄膜[17]

（a）示意图；（b）获得的钙钛矿薄膜表面 SEM 照片；

（c）蒸发法制备的器件断面 SEM 照片

■ 5.4 钙钛矿薄膜光电物理特性

5.4.1 钙钛矿薄膜的禁带宽度调控

优良的光伏吸收材料必须要具有强的光吸收能力。研究证明，有机无机杂化卤素钙钛矿材料是一种直接带隙的半导体材料，吸收系数非常高，达 10^5 cm^{-1}，这主要跟其为直接跃迁半导体材料有关。钙钛矿光活性层通常只需数百纳米即可充分吸收绝大部分可见光。以 MAPbI$_3$ 薄膜为例，它的光吸收范围覆盖可见光到近红外区域，吸收截止波长在 780 nm 左右。厚度为 300 nm 左右的薄膜在 500 nm 的吸光度可达 1.8，这对应 98.4% 的光吸收；在 700 nm 的吸光度可达 0.5，对应 70% 的光吸收[15]。这里需要说明的是，这仅仅是单次光路通过时的光吸收，而在实际电池器件中，入射光还会在金属电极侧进行一次反射，若按往复两次光路计算，700 nm 光照下，厚 300 nm 的 MAPbI$_3$ 薄膜的吸收率可达 91%。

ABX$_3$ 结构的有机无机杂化卤素钙钛矿材料的一个重要优势是可以采用同价 A 元素或同族的 B、X 元素的相互替换来调节半导体材料的禁带宽度，比如采用甲脒基（FA）或碱金属元素 Cs 替代最先报道的甲胺基（MA）。由于钙钛矿结构的晶格尺寸和原子类型的变化，其相应的禁带宽度也会发生变化。如图 5 − 12 所示，MAPbI$_3$、FAPbI$_3$ 和 CsPbI$_3$ 的禁带宽度分别为 1.57 eV、1.48 eV 和 1.73 eV。MA，FA 和 Cs 的离子半径分别为 217 pm①、253 pm 和 167 pm。我们可以发现，随着离子半径尺寸的逐渐增大，材料的禁带宽度逐渐降低。

在 AM1.5G 光谱下，吸收材料的最佳带隙应在 1.4 eV 左右。明显地，MAPbI$_3$ 材料的禁带宽度比最佳带隙偏大，所以研究者们一直在积极寻找更合适的单价离子去替换有机 MA 阳离子。Im 等[52]尝试合成了乙胺铅碘（（CH$_3$CH$_2$NH$_3$）PbI$_3$）材料，并报道了 2.2 eV 的光学带隙。由于乙胺离子比甲胺离子的尺寸大得多，难以形成三维的钙钛矿结构，只能产生二维层状的类钙钛矿结构，故相应的带隙也变得更高。韩宏伟研究组[53]尝试过采用5 − 氨基戊酸（HOOC（CH$_2$）$_4$NH$_3$）离子部分替换 MA 阳离子，由于替代比例有限，禁带宽度变化也非常小。2014 年，研究者们[43,54−56]采用了 FAI 去替换 MAI，获得了更低带隙的 FAPbI$_3$ 钙钛矿材料，吸收光谱范围被拓展到 830 nm。如图 5 − 12（e）所示，随着 FA 比例的增加，钙钛矿的荧光光谱逐渐红移。FAPbI$_3$ 材料的禁带宽度更接近电池吸收层的理想带隙，因而 FA 基的钙钛矿材料体系逐渐被更多研究者采用。

除采用有机离子以外，采用单价的碱金属元素进行替换也是研究者关注的方向。虽然在稳定的碱金属元素中，Cs 的原子半径最大，但仍比甲胺离子半径小。Cs 完全替代 MA 离子形成的 CsPbI$_3$ 在常温下转变为黄色的非钙钛矿相，仅当温度升高到 370℃ 以上，才能转变为黑色的钙钛矿相，其禁带宽度也高达 1.73 eV，自然地，CsPbI$_3$ 获得的电池性能也较差。由于 Cs 原子半径相对较小，所以经常被用来部分替换钙钛矿材料中的 MA 或 FA 位置，这可以进一步提高钙钛矿材料的稳定性。李祯等[2]研究了 Cs 在 FAPbI$_3$ 中的掺杂，获得 FA$_{1-x}$Cs$_x$PbI$_3$ 薄膜的禁带宽度为 $(1.50+0.28x)$ eV，并且当 x 的值大于 0.3 时，薄膜在室温下形成的是非钙钛矿结构的

---

① 1 pm = 1×10^{-12} m。

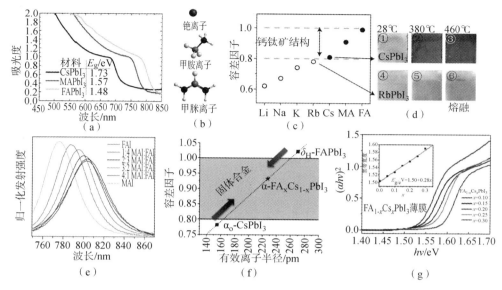

图 5-12　钙钛矿薄膜单价阳离子的调控[2,29,43,60]

(a) 典型的三种不同成分钙钛矿的吸收光谱；(b) Cs、MA、FA 离子的原子结构；(c) $APbI_3$ 结构的

容差因子；(d) 不同温度条件下 $CsPbI_3$ 和 $RbPbI_3$ 样品照片；(e) $FA_{1-x}MA_xPbI_3$ 薄膜的荧光光谱；

(f) 离子半径跟钙钛矿结构容差因子、稳定性之间的关系；

(g) $FA_{1-x}Cs_xPbI_3$ 合金的 Tauc 图，插图：从图中提取的禁带宽度值

黄色相。碱族元素 Rb 也可以被用来部分替换有机阳离子，由于 Rb 离子半径更小，因此能够掺入至钙钛矿结构中的 Rb 比例更低，一般物质的量百分比在 10% 以下。

　　理论计算[57-59]表明 $MAPbI_3$ 的导带底主要源于 Pb 元素的 p 轨道作用，价带顶主要源于 Pb 元素的 s 轨道与碘元素 p 轨道的反键作用。尽管元素 A 并没有影响到钙钛矿的导带底和价带顶，但是元素 A 的尺寸大小会使钙钛矿晶格膨胀或收缩，对 B—X 键长以及 B 元素和 X 元素的电子云叠加具有重要的影响，进而影响材料的结构稳定性和光电性能。

　　从上文可知，单价阳离子对钙钛矿禁带宽度的调控范围非常有限。为获得更宽泛的禁带宽度，研究者通常通过控制卤族元素的比例来实现。如图 5-13 所示，随着 Br 元素比例的增加，$MAPb(I_{1-x}Br_x)_3$ 薄膜的禁带宽度从 1.57 eV 逐步提升到 2.29 eV，薄膜颜色也从黑色、棕色逐渐转变为橙色。采用二次方程对 $MAPb(I_{1-x}Br_x)_3$ 薄膜禁带宽度结果与 Br 成分比例的关系进行曲线拟合，得到 $E_g(x) = 1.57 + 0.39x + 0.33x^2$，这里的弯曲系数为 0.33。在该材料体系中，I 和 Br 几乎可以以任意比例在钙钛矿结构中进行互换。Noh 等[61]发现在常温下 $MAPbI_3$ 薄膜为扭曲的四方结构，$MAPbBr_3$ 薄膜为立方结构；当 Br/(Br + I) 比例超过 0.2 时，$MAPb(I_{1-x}Br_x)_3$ 薄膜开始转变为立方结构，同时薄膜的环境稳定性也显著提升。由于带隙连续可调，这为多结太阳能电池的能带结构设计提供了极大的便利。禁带宽度的覆盖范围深入到可见光区域，也有利于钙钛矿材料在发光二极管中的应用。2015 年，黄劲松课题组[62]合成了 $MAPb(Cl_xI_{1-x})_3$ 晶体，发现 Cl 元素与 Br 元素也可以以混合比例存在钙钛矿结构中，随着 Br/(Cl + Br) 比例的增加，晶体颜色从透明经黄色再转变为橙色。获得的禁带

宽度经验公式为 $E_g[MAPb(Cl_xBr_{1-x})_3] = E_g[MAPbBr_3] + (E_g[MAPbCl_3] - E_g[MAPbBr_3] - b)x + bx^2$，这里弯曲系数 b 为 0.088 eV，属于非常小的值，拟合曲线近似于线性。早期研究者通过 $3PbCl_2$ 和 MAI 合成 $MAPb(Cl_xBr_{1-x})_3$ 薄膜，并错误地得到在最终的钙钛矿薄膜里 I/Cl 元素物质的量比为 2/1 的结论。随着研究的深入，大家普遍发现 Cl 元素在最终形成的 $MAPb(Cl_xI_{1-x})_3$ 薄膜里的浓度非常低，这说明 Cl 元素难以掺入到 $MAPbI_3$ 钙钛矿晶格中。综合得出，Cl 跟 Br 以及 Br 跟 I 可以分别形成混合卤素钙钛矿薄膜，然而 Cl 跟 I 却不能，其主要原因是氯离子跟碘离子的尺寸相差太大。

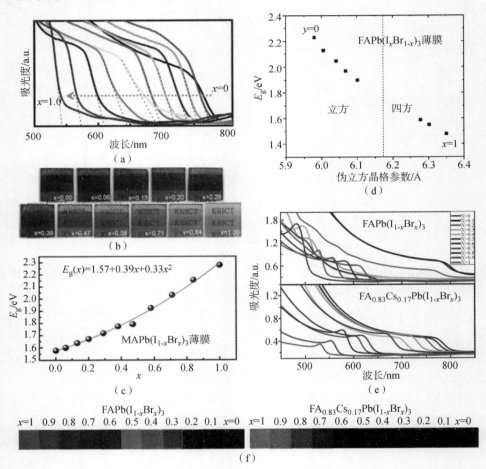

图 5 - 13　钙钛矿薄膜卤族元素的调控[43,61,63]
（a）MAPb（$I_{1-x}Br_x$）$_3$ 薄膜吸收光谱；（b）MAPb（$I_{1-x}Br_x$）$_3$ 薄膜样品照片；
（c）MAPb（$I_{1-x}Br_x$）$_3$ 薄膜禁带宽度与 Br 比例的关系；
（d）FAPb（I_xBr_{1-x}）$_3$ 薄膜晶格常数与禁带宽度的关系；
（e）FAPb（$I_{1-x}Br_x$）$_3$ 和 $FA_{0.83}Cs_{0.17}Pb$（$I_{1-x}Br_x$）$_3$ 合金的吸收光谱；
（f）FAPb（$I_{1-x}Br_x$）$_3$ 和 $FA_{0.83}Cs_{0.17}Pb$（$I_{1-x}Br_x$）$_3$ 薄膜样品照片

Eperon 等[43]研究了 $FAPb(I_xBr_{1-x})_3$ 薄膜的禁带宽度变化，如图 5 - 13（d）所示，发现了它与 $MAPb(I_{1-x}Br_x)_3$ 材料体系存在不一样的地方，即当碘的掺杂比例 x 为 0.5 ~ 0.7 时，薄膜无法形成钙钛矿结构。仅当少量碘掺入基于 FAPbBr$_3$ 的结构中，或者少量 Br 掺入基于 FAPbI$_3$ 的结构中，方能形成稳定的钙钛矿结构。McMeekin 等[63]进一步验证了上述结论，图 5-13（e）展示了 FAPb(I$_{1-x}$Br$_x$)$_3$ 薄膜的吸收光谱，当碘的掺杂比例为 0.5~0.7 时，吸收光谱突然变得非常低，并且没有明显的吸收台阶。但是当掺入少量 Cs 时，FA$_{0.83}$Cs$_{0.17}$Pb(I$_{1-x}$Br$_x$)$_3$ 薄膜呈现禁带宽度的连续变化，说明低离子尺寸 Cs 的掺入稳定了 FA 基的钙钛矿结构。

对于 ABX$_3$ 钙钛矿结构，晶格 B 的位置开展成分调控具有显著的意义，一方面可以代替有毒金属铅，提高电池环境友好性；另一方面，可获得更低禁带宽度的吸收层活性材料。替代 Pb 位置最可行的元素应该是同族的 Sn 和 Ge。目前 Ge 直接取代 Pb 位置的结果尚未有报道，文献报道的 MASnI$_3$ 和 FASnI$_3$ 的禁带宽度分别为 1.15~1.3 eV 和 1.4 eV[64-68]，与最佳带隙非常接近。这里需要说明的是，MASnI$_3$ 材料可能由于空气稳定性较差，各文献对其禁带宽度的报道结果差别较大。Noel 等[64]制得 MASnI$_3$ 薄膜的禁带宽度为 1.23 eV，而 Kanatzidis 研究组[68]报道的结果为 1.30 eV。党洋洋等[69]报道漫反射光谱测量新鲜的 MASnI$_3$ 晶体的禁带宽度为 1.15 eV，然而样品在空气中放置一个月后，其禁带宽度变为 1.4 eV，这可能是二价 Sn 氧化成四价 Sn 的缘故；而 FASnI$_3$ 的稳定性似乎好一些，禁带宽度变化不大。如图 5-14 所示，荧光光谱、吸收光谱和电池量子效率结果都指出铅锡混合薄膜的禁带宽度

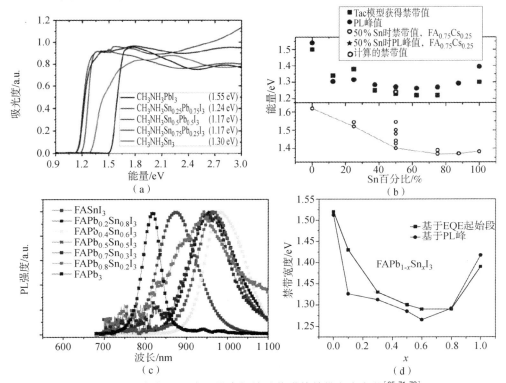

图 5-14 铅锡二元金属混合钙钛矿薄膜的禁带宽度变化[65,71,72]

（a）MAPb$_{1-x}$Sn$_x$I$_3$ 钙钛矿薄膜的吸收光谱；

（b）FA$_{0.75}$Cs$_{0.25}$Pb$_{1-x}$Sn$_x$I$_3$ 钙钛矿薄膜禁带宽度的实验结果与计算结果的比较；

（c）FAPb$_{1-x}$Sn$_x$I$_3$ 钙钛矿薄膜的荧光光谱；（d）FAPb$_{1-x}$Sn$_x$I$_3$ 钙钛矿薄膜太阳能电池的禁带宽度

随着 Sn 含量的变化出现先降低再升高的现象。这样一个异常现象偏离正常的预期，当物质的量百分比为 50% 的 Sn 掺入 MA 基钙钛矿结构中后，禁带宽度甚至能低至 1.17 eV。在 FA 基以及 $FA_{0.75}Cs_{0.25}$ 基钙钛矿薄膜中，这一异常现象同样存在。Im 等[70]认为该异常的带隙变化趋势是自旋 - 轨道耦合与晶格扭曲相互竞争所造成的。Eperon 等[71]采用第一性原理对这个异常现象进行了理论计算，假设 Sn 以随机无序的形式占据晶格 Pb 的位置，计算得到的禁带宽度应该是单调下降的；若将八面体 Sn 或 Pb 有序地放置在钙钛矿超晶格中，则每种 Sn/（Sn + Pb）成分下计算得到的最低禁带宽度就会呈现出带有最低点的抛物线变化规律，这就跟实验结果比较一致。如果这样，那么制备得到的 $FAPb_{1-x}Sn_xI_3$ 材料应是由多种不同有序结构的钙钛矿薄膜混合组成，且每种有序结构有不同的禁带宽度，实验结果测得的应是其中最低的值。

很多文献计算了多结太阳能电池的最佳带隙，为了进行上下电池的电流匹配，通常上电池的带隙 $E_{g1} = 1.65 \sim 1.8$ eV，下电池的带隙 $E_{g2} = 1.0 \sim 1.15$ eV[73]。而 Sn 的添加，带隙可以显著降低。研究者利用这样一个特点，可以制备 Pb - Sn 钙钛矿太阳能电池作为下电池，调控 I - Br 比例制备适合上电池的钙钛矿器件，从而获得全钙钛矿的多结太阳能电池[71,74]。另外，由于 Sn^{2+} 比 Pb^{2+} 体积小，少量 Sn 掺入 $FAPbI_3$ 结构中后，可显著降低薄膜生成钙钛矿的退火温度，比如纯 $FAPbI_3$ 薄膜需要在 150℃ 下进行退火，而 $FAPb_{0.9}Sn_{0.1}I_3$ 薄膜只需在 100℃ 下进行退火[72]。尽管含 Sn^{2+} 的钙钛矿材料对空气非常敏感，但研究者发现少量 Sn 的添加可以显著提升器件电流，并且器件在无水无氧的环境下仍具有不错的稳定性[72]。无水无氧的环境可通过严格的制备和封装工艺来获得，因而 Sn 元素的调控对钙钛矿电池器件的应用可能仍具有一定的实际意义。

5.4.2　钙钛矿薄膜的激子特性

对于无机薄膜半导体，价带电子在受到激发跃迁到导带后，通常即形成自由电荷，可以以扩散的形式被电极收集。而对于很多有机半导体材料，价带电子在受到激发后，可能仍然受到空穴的库伦场作用，受激电子和空穴仍然互相束缚而结合在一起成为激子。激子在运动过程中面临两种结果[75]：一种是通过热激发或其他能量的激发使激子进一步分离成为自由电荷；另一种可能就是激子中的电子和空穴复合而湮灭。由于强激子特性的存在，有机半导体材料的电荷传输通常都不好。对于有机无机杂化钙钛矿薄膜，由于材料本身具有有机与无机成分，其光电特性是更接近于无机半导体，还是更倾向于激子结合的有机激子半导体，是研究者们需要考虑的问题[76]。

材料的介电常数决定了激子结合能，并具有如下关系[76]：

$$E_B = \frac{\mu}{m_o} \frac{1}{\varepsilon^2} \frac{m_o e^4}{2(4\pi\varepsilon_o)^2} \qquad (5-1)$$

式中，μ 是激子有效质量；m_o 是电子质量；e 为单位电荷；ε 是相对介电常数；ε_o 是真空介电常数。为了获得激子结合能，需要测量钙钛矿材料的介电常数。报道的测量方法包括光吸收法、磁吸收法和阻抗分析仪方法等。Lin 等[38]报道了钙钛矿薄膜在千赫兹频率范围内的介电常数在 35 左右，在低频范围（20 Hz ~ 3 kHz）内大约为 70，如图 5 - 15（a）、（b）所示。在高频区域内，他们采用光谱椭偏仪、总透光率和近似正态分布入射反射率等方法获得折射率（n）和消光系数（k），再利用公式 $\varepsilon = (n + ik)^2$，得到介电常数值；在低频区域内，他们采用阻抗分析和线性压升电荷提取的方法获得介电常数。对于许多无机半导体（如 Si、GaAs 和 CdTe 等）而言，低频（静态）与高频（光学）结果之间的差值并不大，因而采用高频数值来计算激子结合能是没有什么问题的，但是根据图 5 - 15 的数据，同样的方法可能并不合适于钙钛矿材料。在 Wannier - Mott 模型中采用静态介电常数，而不是光学介电常数，在一些文献中仍然是有争议的一个问题[77]。但是，考虑激子半径的大小，Lin 等[38]认为必须采用静态介电常数来计算激子结合能。采用基于磁光方法，并令 $\varepsilon'_{static} = 70$，他们计算获得的激子结合能 E_B 为 1.7 ~ 2.1 meV。

除实验测量外，研究者也可通过理论计算的方法来分析钙钛矿材料的激子结合能。D'Innocenzo 等[78]针对混合卤素钙钛矿晶体计算的 E_B 值上限为 50 meV，Hirasawa 等人[79]基于 $\varepsilon' = 6.5$ 计算的 E_B 值等于 38 meV。Frost 等[80]预测的 E_B 值更低，仅为 0.7 meV。总体而言，这些结果的数值都是非常低的，有些甚至低于常温下的热动能（约 26 meV）。根据文献结果[81]，无机半导体材料 Si、GaAs 和 CdTe 的激子结合能 E_B 分别为 15.0 meV、4.2 meV 和 10.5 meV。因此，从激子结合能的角度上考虑，钙钛矿光伏材料应与无机半导体的特性更相似。

在热力学平衡条件下，电池器件中会同时存在自由电荷和激子以及两者的相互转变。自由电荷与激子数的比例不仅跟激子结合能有关，也跟激发强度有关。在电池工作状态下，电池吸收的光子数和激发寿命决定了总激发数。D'Innocenzo 等[78]模拟了在不同激子结合能条件下自由电荷数与总激发数的比例结果，如图 5 - 15（c）、（d）所示。从图中可以看出，即使设定激子结合能为 75 meV，钙钛矿薄膜太阳能电池在正常光伏条件下的自由电荷数仍占据主导地位。但是，若工作温度逐渐降低，激子数目比例将逐渐上升。这些结果都足以说明，钙钛矿材料在常温状态下不是激子型半导体，也暗示着钙钛矿薄膜太阳能电池可具有更低的复合损失和更长电荷输运寿命。

5.4.3 载流子输运特性

半导体在热平衡条件下，载流子浓度是一定的。当能量大于半导体禁带宽度的光子照射在半导体表面时，半导体内部会产生非平衡载流子。光照停止后，光生载流子并不会立刻消失，而是随着时间的变化逐渐减少，这些非平衡载流子的平均生存时间即为非平衡载流子寿命，与半导体材料内部的电学质量息息相关。在载流子（电子或空穴）的扩散系数 D 一定的情况下，载流子寿命 τ 越长，相应地扩散长度 L_D 也越长，相互关系式为 $L_D = \sqrt{D\tau}$。吸收层的载流子扩散长度是判断能否获得高效电池性能的一个重要指标。若扩散长度远大于电池吸收层的厚度，则说明光生载流子能被大部分收集；而若扩散长度小于吸收层厚度，则可能导致光生载流子难以被充分收集，如果这样，那么进一步提高吸收层厚度非但不能提高光的利用率，反而降低器件性能。因此，获得电池吸收层的电荷扩散长度，可了解材料的光伏性能潜力，并帮助电池器件优化结构。

2013 年，牛津大学的 Snaith 团队利用时间分辨荧光光谱（TRPL）测量和估算了钙钛矿薄膜载流子的寿命和扩散系数，进而获得了载流子扩散长度。如图 5 - 16 所示，在没有电荷传输层覆盖的情况下，钙钛矿薄膜 $MAPbI_{3-x}Cl_x$ 和 $MAPbI_3$ 的荧光光谱寿命分别为

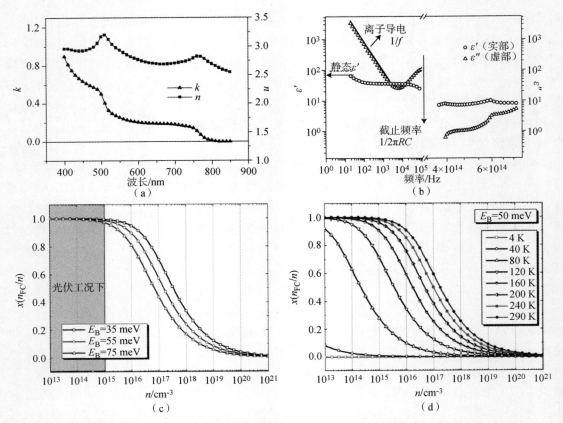

图 5 − 15　钙钛矿薄膜的光学和介电特性，以及自由电荷与激子数数值模拟

（a）MAPbI$_3$ 薄膜的折射率（n）和消光系数（k）；（b）MAPbI$_3$ 薄膜介电常数的实部和虚部[38]；

（c）热平衡条件下自由电荷数（n）相对总激发密度（x）的模拟；

（d）不同温度条件下自由电荷数（n）相对总激发密度（x）的模拟[78]

272.7 ns 和 9.6 ns。这里需要说明的是，文中 MAPbI$_3$ 薄膜的荧光寿命非常短可能是由于一步法制得的薄膜形貌差所导致。载流子的一维扩散方程可用于模拟载流子寿命和分布，方程如下：

$$\frac{\partial n(x,t)}{\partial t} = D\frac{\partial^2 n(x,t)}{\partial x^2} - k(t)n(x,t) \tag{5-2}$$

式中，$n(x,t)$ 为薄膜厚度 x 处激发光停止时间 t 后的载流子数；D 为载流子扩散系数；$k(t)$ 为在没有淬灭层条件下的荧光衰减。荧光衰减率 $k(t)$ 可通过指数拟合玻璃/钙钛矿/PMMA 样品的 TRPL 光谱数据获得。设定钙钛矿薄膜厚度为 h，并假设光生载流子在电荷传输层界面处被完全淬灭，这时的边界条件是：在 $x = h$ 处，任意时刻，$n(h,t) = 0$。激发光经玻璃侧照射至钙钛矿薄膜活性层，在 $t = 0$ 时刻，沿厚度方向上产生的非平衡载流子满足关系式 $n(x,0) = n_0 e^{-\alpha x}$，式中 α 为薄膜吸收系数。利用上述方程和边界条件，对玻璃/钙钛矿/PMMA 和玻璃/钙钛矿/PCBM 两个样品的荧光光谱进行数值拟合，可获得载流子电子的扩散系数。同样地，采用 Spiro − OMeTAD 覆盖的样品结果可获得载流子空穴的扩散系数。

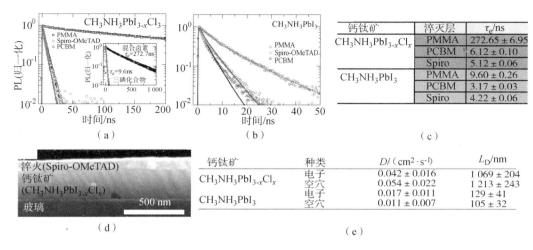

图 5－16　钙钛矿薄膜载流子输运特性

（a），（b）钙钛矿薄膜 $MAPbI_{3-x}Cl_x$ 和 $MAPbI_3$ 的时间分辨荧光光谱；

（c）从峰值强度 $1/e$ 处提取的少子寿命；（d）测试的样品断面 SEM；

（e）计算得到的载流子扩散系数和扩散长度[82]

结果表明，$MAPbI_{3-x}Cl_x$ 薄膜的载流子扩散长度高达 1 000 nm 以上，远高于电池中钙钛矿薄膜的厚度。

与 Snaith 团队的报道几乎在同一时间，新加坡南洋理工大学 Xing 和 Mathews 等报道了采用时间分辨光致发光和飞秒瞬态光谱研究钙钛矿薄膜的载流子动力学过程，他们的结果显示溶液法加工的 $MAPbI_3$ 薄膜电子空穴的扩散长度至少在 100 nm 以上。相比之下，溶液加工的有机共轭材料典型的扩散长度为大约 10 nm，热沉积的有机分子的扩散长度在 10～50 nm 左右，有机交联和混合表面钝化的胶体量子点的扩散长度在 30 nm 和 80 nm 左右。很显然，相对那些新型光伏器件，钙钛矿薄膜太阳能电池具有极好的电荷传输性能，这也侧面证实了为什么钙钛矿薄膜太阳能电池能具有超高的光伏性能。

除时间分辨荧光光谱外，研究钙钛矿材料载流子输运性质（含载流子寿命、漂移速度、扩散距离等）的方法还有很多种，包含霍尔效应（Hall－effect）、空间电荷限制电流（SCLC）、飞行时间（ToF）、瞬态光电压（TPV）、瞬态吸收光谱（TAS）、阻抗测试（IS）等，这里简要介绍几种常用方法以及采用这些方法获得的钙钛矿薄膜载流子输运参数结果。

霍尔效应测试是测量实际半导体材料电导率和迁移率的一种常用方法，但是很多低迁移率的薄膜材料，尤其是高阻薄膜材料的霍尔效应并不显著。为了解决这个问题，研究者可通过制备钙钛矿晶体，然后切片的方法获得测试样品，由于样品厚度显著增加，因此霍尔效应也变得更加明显。2013 年，Stoumpos 等采用霍尔效应获得的 $MAPbI_3$ 晶体的电子迁移率为 66 $cm^2/(V \cdot s)$，获得的 $MASnI_3$ 的电子迁移率高达 2 320 $cm^2/(V \cdot s)$，这与 He 等计算的 $MASnI_3$ 的理论电子迁移率比较接近。尽管 $MAPbI_3$ 晶体的霍尔迁移率并不高，但在实际薄膜器件中，其光电性能却是非常好的。由于霍尔效应测试时，样品没有嵌入实际器件当中，也并不处于光照响应条件下，因而这可能是难以充分显示 $MAPbI_3$ 优良光伏性能的原因。

　　另一种表征材料迁移率的常用方法是飞行时间测试（ToF），该方法利用材料在瞬态吸收光子能量后会产生额外载流子的特点，通过测量内部载流子在电场条件下定向移动的速度，获得相应的迁移率，如图 5 - 17（a）、（b）所示。ToF 比霍尔效应更适合测量低迁移率的材料，用来做 ToF 检测的样品通常为三明治结构，中间层为待测样品，一侧为透明电极，以便激发光穿透，另一侧为电荷收集电极。电极收集侧的电荷选择性决定了所测电荷的类型，即通过改变对电极电荷选择层的类型，可分别测量电子和空穴迁移率。待测样品的厚度也必须远大于激发光的入射深度，否则激发产生的载流子还未进行漂移即可被对电极收集。如图 5 - 17（a）所示，激发光经过薄的金电极照射在钙钛矿样品内，产生的空穴迅速被金电极收集，而电子需经电场漂移后到达 PCBM: C_{60}/Ga 电极，数据处理可得到 $MAPbI_3$ 晶体的电子迁移率为（24.0 ± 6.8）$cm^2/(V \cdot s)$。

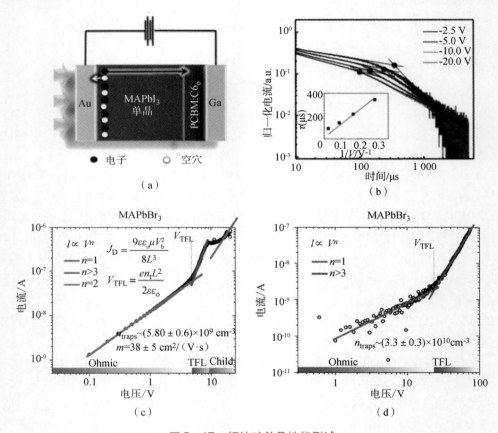

图 5 - 17　钙钛矿单晶性能测试
（a）飞行时间测试器件示意图；（b）不同偏压条件下的飞行时间瞬态电流，插图：
电荷输送时间与偏压倒数的关系，根据斜率可确定电荷迁移率[83]；
（c），（d）钙钛矿晶体空间电荷限制电流测试，可获得材料的陷阱密度和迁移率[84]

　　空间电荷限制电流法是另一种简单易行的方法。当向介质中注入过量载流子时（通常要大于平衡载流子浓度和掺杂浓度），电荷会在电极附近堆积，出现空间电荷效应。在空间电荷效应作用下，电流以载流子的漂移电流为主，整个空间电荷及其产生的电场分布由载流子来控制，此时的电流密度与外加电压不再遵循欧姆定律，而是满足以下基本关系式：

$$J_D = \frac{9\varepsilon\varepsilon_r\mu V_b^2}{8L^3} \tag{5-3}$$

其中，L 为介质材料的厚度，V_b 为施加电压，J_D 为电流密度，当半导体材料中存在大量杂质和缺陷时，空间电荷限制电流会出现一个陷阱填充区，测得的 $I-V$ 曲线可能会出现三个区间：欧姆区、陷阱填充限制区（TFL）、Mott-Gurrey 区（满足 Child 定律），通过陷阱填充区极限电压 V_{TFL} 可计算得到材料中的陷阱浓度 n_t，二者关系满足：

$$V_{TFL} = \frac{en_t L^2}{2\varepsilon\varepsilon_o} \tag{5-4}$$

另外，根据爱因斯坦关系，载流子迁移率和扩散系数满足如下关系：

$$\frac{D}{\mu} = \frac{k_o T}{e} \tag{5-5}$$

再利用公式 $L = \sqrt{D\tau}$，即可根据测量获得的迁移率和载流子寿命，计算得到扩散长度 $L = \sqrt{k_o T\mu\tau/e}$。

2014 年，黄劲松团队[83]合成了大尺寸的钙钛矿 MAPbI$_3$ 单晶体，并采用了大量表征手段分析了钙钛矿材料的电学性能。他们发现溶液生长获得的钙钛矿晶体具有非常低的陷阱密度，大约在 $10^{10}\,cm^{-3}$ 量级，远低于多晶薄膜材料。为获得两种电荷陷阱密度和迁移率，他们采用高功函数 Au 和低功函数 PCBM：C$_{60}$/Ga 分别制备了空穴型和电子型对称器件，SCLC 测试获得的缺陷陷阱密度分别为 $3.6\times10^{10}\,cm^{-3}$ 和 $4.5\times10^{10}\,cm^{-3}$。相比较，钙钛矿多晶薄膜的空穴陷阱密度为 $2.0\times10^{15}\,cm^{-3}$，比单晶材料高五个数量级。霍尔效应测试结果显示晶体是弱 p 型半导体，具有空穴浓度 $(9\pm2)\times10^9\,cm^{-3}$ 量级，空穴迁移率为 $105\pm35\,cm^2/(V\cdot s)$，与 SCLC 的测量结果比较接近，如表 5-2 所示。采用瞬态光电压和交流阻抗方法获得 MAPbI$_3$ 晶体在 1 个太阳光条件下的寿命分别为 $(82\pm5)\,\mu s$ 和 $(95\pm8)\,\mu s$，降低太阳光强度至 0.1 个太阳，载流子寿命能进一步提高至 234 μs 和 198 μs。经过计算，在一个模拟太阳光照射下，MAPbI$_3$ 晶体的电子空穴扩散距离超过 175 μm，并且在较弱的光照条件下，扩散长度可高达 3 mm。如此长的扩散长度来自于载流子较强的迁移能力、更长的光生寿命以及更低的捕获密度。

Shi 等[84]采用反溶剂溶液法合成了钙钛矿单晶，针对 1.5 mm 的 MAPbBr$_3$ 晶体获得的 ToF 空穴迁移率为 115 $cm^2/(V\cdot s)$，霍尔效应测得的空穴浓度在 $5\times10^9\sim5\times10^{10}\,cm^{-3}$ 之间，相应地空穴迁移率估计在 $20\sim60\,cm^2/(V\cdot s)$。瞬态吸收谱和荧光光谱获得的载流子寿命在纳秒至微秒之间，利用双指数拟合，前者获得 MAPbI$_3$ 的快衰减寿命为 74 ns，慢衰减寿命为 978 ns；后者获得的 MAPbBr$_3$ 载流子寿命为（快）41 ns 和（慢）357 ns，MAPbI$_3$ 为（快）22 ns 和（慢）1 032 ns。结合迁移率和载流子寿命结果，得到 MAPbBr$_3$ 材料具有最长 17 μm、最短 3 μm，MAPbI$_3$ 材料具有最长 8 μm、最短 2 μm 的载流子扩散长度。通过 SCLC 方法 $I-V$ 曲线获得的 MAPbI$_3$ 电导率为 $\sigma = 1\times10^{-8}$（ohm·cm）$^{-1}$，载流子浓度为 $2\times10^{10}\,cm^{-3}$，迁移率为 2.5 $cm^2/(V\cdot s)$，陷阱密度为 $(3.3\pm0.3)\times10^{10}\,cm^{-3}$；MAPbBr$_3$ 的迁移率为 $(38\pm5)\,cm^2/(V\cdot s)$，陷阱密度为 $(5.8\pm0.6)\times10^9\,cm^{-3}$。相对常用的半导

体材料，比如多晶 Si（$n_{traps} \approx 10^{13} \sim 10^{14}\ cm^{-3}$），CdTe/CdS（$n_{traps} \approx 10^{11} \sim 10^{13}\ cm^{-3}$），CIGS 薄膜（$n_{traps} \approx 10^{11} \sim 10^{13}\ cm^{-3}$）以及有机单晶红荧烯（$n_{traps} \approx 10^{16}\ cm^{-3}$）和并五苯（$n_{traps} \approx 10^{14} \sim 10^{15}\ cm^{-3}$）等材料，合成的钙钛矿晶体具有非常低的陷阱密度。

Saidaminov 等[85]发现并利用了钙钛矿材料在高温下溶解度降低的特点，并借此可以更快速的制备钙钛矿单晶。他们采用瞬态吸光光谱测得 $MAPbBr_3$ 晶体的载流子寿命为（快）28 ns 和（慢）300 ns，$MAPbI_3$ 为（快）18 ns 和（慢）570 ns。作者认为载流子快速衰减部分与样品表面的快速复合有关，而慢复合参量显示的是样品体内复合信息。SCLC 测试获得的两种晶体缺陷陷阱密度分别为 3.0×10^{10} 和 $1.4 \times 10^{10}\ cm^{-3}$，迁移率分别为 24 $cm^2/(V \cdot s)$ 和 67.2 $cm^2/(V \cdot s)$。由于他们采用蒸发的 Au 薄膜作为 SCLC 测试电极，所以，这里报道的结果对应于 Dong 等工作中的空穴陷阱密度和空穴迁移率。

表 5－2　钙钛矿 $MAPbI_3$ 和 $MAPbBr_3$ 材料主要电学性能参数

材料	载流子寿命 /ns	载流子浓度 /cm^{-3}	迁移率 μ /$[cm^2 \cdot (V \cdot s)^{-1}]$	陷阱密度 n_{trap} /cm^{-3}	扩散长度 /μm	文献
$MAPbI_3$	$(82 \pm 5) \times 10^3$ （TPV），$(95 \pm 8) \times 10^3$ （IS）	$(9 \pm 2) \times 10^9$ （Hall－e）	$24.8 \pm 4.1\ (\mu_e)$，$164 \pm 25\ (\mu_h)$，105 ± 35 （Hall－μ_e）	4.5×10^{10}（e），3.6×10^{10}（h）	175 ± 25	[83]
$MAPbI_3$	22 ± 6 （快），1032 ± 150 （慢）	2×10^{10} （SCLC）	2.5	$(3.3 \pm 0.3) \times 10^{10}$	8（最佳），2（最短）	[84]
$MAPbI_3$	18 ± 6 （快），570 ± 69 （慢）		67.2	1.4×10^{10}	10（最佳），1.8（最短）	[85]
$MAPbBr_3$	41 ± 2 （快），357 ± 11 （慢）	$5 \times 10^9 \sim 5 \times 10^{10}$ （Hall－h）	38 ± 5，$20 \sim 60$ （Hall－μ_h）	$(5.8 \pm 0.6) \times 10^9$	17（最佳），3（最短）	[84]
$MAPbBr_3$	28 ± 5 （快），300 ± 26 （慢）		24	3×10^{10}	14.3（最佳），1.3（最短）	[85]

载流子迁移率是光电材料中最重要的参数之一，它有时决定了光伏材料的光电响应能力，是器件性能的重要参数。表 5－3 列出了通过多种方法获得的钙钛矿材料迁移率。Wehrenfennig 等[86]采用瞬态太赫兹光谱测得 $MAPbI_{3-x}Cl_x$ 和 $MAPbI_3$ 薄膜的迁移率分为 11.6 $cm^2/(V \cdot s)$ 和 8.1 $\sim$ 8.2 $cm^2/(V \cdot s)$。该方法的主要原理是，材料电导率变化会导致太赫兹透过率的变化，在进行定量光子流照射后，获得的太赫兹的变化与光照产生的额外载流子数和迁移率成正比。由于入射光子数与光生载流子数的量子产率 Φ 未知，可通过有效迁移率 $\mu_{eff} = \Phi\mu$ 来弥补。He 等[87]计算了 $MAPbI_3$ 材料的电子和空穴迁移率分别在 $800 \sim 1\,500$ $cm^2/(V \cdot s)$ 和 $1\,500 \sim 3\,100$ $cm^2/(V \cdot s)$，$MASnI_3$ 材料的电子和空穴迁移率也高达 $1\,400 \sim 3\,100$ $cm^2/(V \cdot s)$ 和 $1\,300 \sim 2\,700$ $cm^2/(V \cdot s)$。Wang 等人[88]计算的 $MAPbI_3$ 材料的电子和空穴迁移率高达 $1\,500 \sim 5\,500$ $cm^2/(V \cdot s)$ 和 $7\,000 \sim 3\,000$ $cm^2/(V \cdot s)$。与传统的无机半导体材料相比（如 Si 的电子和空穴迁移率分别为 $1\,350$ 和 600 $cm^2/(V \cdot s)$，GaAs 的电子和空穴迁移率分

别为 8 000 和 400 $cm^2/(V \cdot s)$，InP 的电子和空穴迁移率分别为 5 400 $cm^2/(V \cdot s)$ 和 200 $cm^2/(V \cdot s)$)，有机无机杂化钙钛矿材料在理论迁移率上仍然具有很好的优势。

表 5 - 3　钙钛矿材料迁移率[76]

材料	迁移率 $\mu/[cm^2 \cdot (V \cdot s)^{-1}]$		测量方法
	空穴	电子	
CsSnI$_3$	585[89]（SC）	536[90]（SC）	霍尔效应
FASnI$_3$		103[90]（SC）	霍尔效应
MASnI$_3$	1 400 ~ 3 100[87]	1 300 ~ 2 700[87]	理论计算
	1.6[64]		瞬态光电导
	200[91]（SC），322[90]（SC），2 000[91]（50 K）	2320[90]（SC）	霍尔效应
MASn$_{0.5}$Pb$_{0.5}$I$_3$		270[90]（SC）	霍尔效应
MAPbI$_3$	800 ~ 1 500[87]，1 500 ~ 5 500[88]	1 500 ~ 3 100[87]，7 000 ~ 30 000[88]	理论计算
	8.1 ~ 8.2[86]		瞬态光电导
	~ 1[92]（RT），0.01[93]（78 K）	~ 1[92]（RT），0.07[93]（78 K）	场效应
		24[83]（SC）	飞行时间
MAPbI$_{3-x}$Cl$_x$	11.6[86]		瞬态光电导
MAPbBr$_3$	115[84]（SC）	115[84]（SC）	飞行时间
（PEA）$_2$SnI$_4$	0.62[7]，1.7[94]		场效应

说明：太赫兹光电导测试结果难以区分两种电荷迁移率的贡献结果，所以显示结果为电子和空穴有效迁移率之和；PEA 代表苯乙胺，SC 代表单晶样品。

5.4.4　晶界作用

相比多晶材料，基于单晶半导体材料的光电器件通常具有最优良的性能，因为晶界通常伴随着更多缺陷的存在，所以会导致载流子的复合，抑或对载流子运动形成阻碍或散射，从而降低载流子迁移率。但是，一些多晶薄膜材料在光电性能上却可能优于相应的单晶器件，比如多晶 CIGS 和 CdTe 薄膜太阳能电池。几种可能的原因可加以解释[95-100]：一方面，一些缺陷和杂质可通过聚集在晶界处而减少晶粒内部的缺陷密度；另一方面，薄膜器件本身的电荷传输主要沿着薄膜厚度方向，而薄膜厚度为纳米和亚微米尺寸，薄膜晶粒尺寸与薄膜厚度相当，平行于薄膜表面的晶界很少，而垂直于表面的晶界对电荷传输的影响可忽略不计。其他可能的解释还包括：晶界附近的能带弯曲，形成局部电场和耗尽区，促进了少数载流子的分离；晶界本身是良性的或者已被钝化。钙钛矿光伏器件是从染料敏化太阳能电池中演化而来，但随着固态电荷传输层的使用、钙钛矿活性材料的平坦化等，目前高效率的钙钛矿光伏器件在器件结构上已近似于层层结构的薄膜器件。器件中的钙钛矿薄膜材料是以多晶形式存在的，而钙钛矿薄膜晶界的影响和作用机制等问题是一个新兴的问题，也是值得深入探讨的一个问题。

对于薄膜光伏器件，其光生载流子的产生、传输与复合均发生在纳米尺度下，宏观下的电池器件可看作是无数个纳米器件的并联，其性能也是各个子电池均衡后展现的结果。有研究者[101,102]认为钙钛矿薄膜中的晶界并不会严重损害甚至可能有利于电荷的收集，但同时也有研究报道[26,33,83]，改善钙钛矿薄膜晶粒，可提高器件光伏性能，抑制离子迁移。

2015 年，deQuilettes 等[103]采用可与扫描电镜（SEM）关联使用的共聚焦荧光显微镜表征手段，将钙钛矿薄膜的微观形貌与微区荧光光谱直接地联系起来，如图 5-18 所示。他们发现钙钛矿薄膜的二维微观荧光光谱图存在很大的不均匀性，这说明各晶粒在非辐射复合特性上存在明显的差异。除此之外，他们发现晶界处的荧光强度要弱得多，晶界对荧光扮演着淬灭的作用。当沿晶界线横向扫描时，荧光强度曲线在晶界处出现一个凹陷，而且晶界区域的荧光光谱寿命比晶粒区域的寿命短。采用吡啶对钙钛矿薄膜进行处理后，薄膜表面荧光光谱变得更亮更均匀，原暗区（图中方块标识）荧光强度的增加幅度比原亮区（图中圆形标识）的增加量大 180%，晶界区域的荧光强度相对周边提升了 11%，宽度下降了 25%。荧光发射光谱整体蓝移了约 3 nm，也变得更窄，这可能跟浅层陷阱密度减少有关。他们的结果表明晶界扮演着载流子复合中心的作用，而吡啶处理能钝化晶粒表面和晶界的部分非辐射缺陷。2017 年，Yang 等[104]采用了同样的表征手段，再配合电荷传输与复合的动力学模型，研究了晶界与非晶界区域（含晶粒表面和晶粒内部）的性能差别。不同于 deQuilettes 等的结果，他们认为尽管晶界处荧光强度偏低，但晶界处载流子寿命并不比晶粒内部与表面处的寿命差，说明晶界在非辐射复合损失中并不占支配地位。

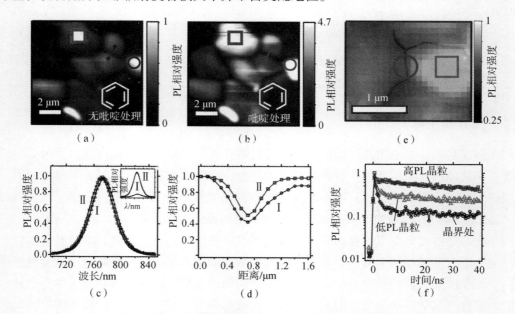

图 5-18　钙钛矿 MAPbI$_3$（Cl）薄膜的荧光显微分析

（a）吡啶处理前；（b）吡啶处理后；（c）块体薄膜归一化稳态 PL 谱，

插图：PL 相对强度图谱，Ⅰ代表处理前，Ⅱ代表处理后的样品；

（d）沿晶界线性扫描 PL 图谱；（e），（f）晶界和晶粒表面区域时间分辨荧光光谱[103]

扫描探针在获得微观电学性能的同时，可获得样品表面的微观形貌，因而，利用该技术手段独特的优势，可在样品形貌特征和光电特性之间建立直接的联系。其针尖曲率（<10 nm）远小于通常所制备得到钙钛矿薄膜晶粒尺寸（>200 nm），研究者们可以通过控制针尖的位置，使其处于单个晶粒表面或晶界附近区域，进而获得晶界与晶粒之间的差异。2015年初，Yun等[101]报道了采用开尔文力显微镜（KPFM）晶界对MAPbI$_3$/TiO$_2$/FTO样品的电荷传输和收集的影响并对其进行了研究。如图5－19所示，暗态条件下，晶界处的接触电势差（CPD）值相对较低，说明晶粒与晶界之间存在一定的电荷势垒。光照后，表面平均接触电势差逐步升高，升高规律类似于无空穴器件的开压与光照强度的关系。对比薄膜表面不同位置点的光电压（SPV，等于光照CPD减去暗态CPD值），我们可以发现，光照后晶界1－3处的SPV值明显比晶粒处更高。2015年底，中国科学研究院化学研究所Li等人[105]依据这一表征方法进行了跟进报道，对于MAPbI$_3$/PEDOT：PSS/ITO样品，光照后钙钛矿薄膜表面电子积累，薄膜表面CPD值升高；而对于MAPbI$_3$/m－TiO$_2$/c－TiO$_2$/FTO样品，光照导致CPD值降低。

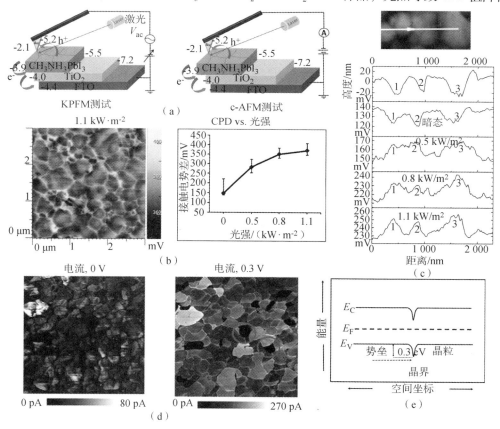

图5－19　钙钛矿薄膜晶界特性

（a）KPFM和c－AFM测试示意图；（b）1.1 kW·m^{-2}激光光照强度下MAPbI$_3$/TiO$_2$/FTO样品接触电势差图谱以及不同强度下电势差随光强的变化；（c）沿晶界区域形貌（高度）、接触电势差（暗态）和表面光电压（光照）线性扫描图谱[101]；（d）MAPbI$_3$/m－TiO$_2$/c－TiO$_2$/FTO器件的c－AFM图谱；

（e）晶界区域能带排列[105]

对于这两种具有不同电荷传输层的样品，钙钛矿薄膜晶界在光照后的 SPV 绝对值均大于晶粒处的 SPV 值。另外，这两份报道采用的导电性原子力显微术（c - AFM）均发现晶界处具有更高的光生短路电流。因而，他们得出结论：钙钛矿薄膜晶界处存在能带弯曲，有利于电荷的收集，具有更高的光电流，晶界是有效的电荷分离界面，而不是复合中心。

除此之外，Yin 等[102]采用第一性原理计算并报道 MAPbI$_3$ 材料的晶界属于良性的，$\Sigma 5$（310）和 $\Sigma 3$（111）等晶界在禁带内不会产生深能级缺陷。2016 年，MacDonald 等[106]发现薄膜表面的晶界处具有很高的高阻，且晶界处的光生电流也比较低，横向导电率测试显示各晶界之间的电阻存在差异，他们认为晶界电阻与它的深度有关，在薄膜表层下面，存在更多晶粒间的低阻通道，晶界处的光电流收集对于高效率器件的获得并不是必要条件。Edri 等[107,108]采用电子束诱导电流（EBIC）手段对钙钛矿器件断面进行了扫描，发现钙钛矿薄膜晶界区域采集到的电流很低，说明晶界处电荷分离能力差复合强，KPFM 结果显示暗态条件下晶界区域比晶粒处的接触电势高约 40 mV，电势高意味着更高的功函数，导带能级向上弯曲，这说明晶界区域存在一定电荷势垒；而光照后，接触电势差又降低，他们进而又认为晶界势垒对光伏性能的影响微不足道。Chen 等[109]发现，常规制备的 MAPbI$_3$ 薄膜的晶界与晶粒之间存在 50 mV 的电势差，而样品在经 150℃，60 min 退火后，PbI$_2$ 在晶界的析出导致晶界被钝化，晶界电势降低，比晶粒电势甚至还低 30 mV。Bi 等[28]从电池性能的角度上验证了残留 PbI$_2$ 相的存在可改善电池性能，当 PbI$_2$/FAI 比例为 1∶16 时，电池 V_{OC} 最佳，PbI$_2$/FAI 比例为 1.05 时，电池整体性能 PCE 最佳，PbI$_2$/FAI 比例小于 1 时，电池性能开始显著降低。

5.4.5　光电流迟滞与离子迁移

转换效率是衡量太阳能电池性能好坏的重要参数，其定义为在一定光照条件下，太阳能电池最大输出功率与入射光功率之比，电池输出功率等于输出电流乘以输出电压。测量电池转换效率的通常方法是获得电池器件在光照下电流 - 电压（$I - V$）特性，然后根据曲线计算得到最大输出功率点 P_m。对于传统的光伏器件，其电池转换效率的确定已不是什么问题，严格地，只要遵照国际电工委员会 IEC 60904 标准即可。但是对于钙钛矿薄膜太阳能电池器件，电池 $I - V$ 曲线存在着反常的光电流迟滞（Hysteresis）现象。如图 5 - 20 所示，获得的正向 $I - V$ 曲线（从短路电流 J_{SC} 扫描至开路电压 V_{OC}）与反向 $I - V$ 曲线（从 V_{OC} 扫描至 J_{SC}）存在很大的差异，而且测试曲线形状依赖于扫描速度、扫描起点、起始光照强度和时间等[110]。对于一些 $I - V$ 回线严重的电池器件，电流输出甚至需要数百秒才可保持稳定[111]，这严重影响了电池的稳定测试和正常的功率输出，也导致很多报道的反向扫描测试下的电池转换效率数值存在高估[112]。钙钛矿薄膜太阳能电池的转换效率在高速增长的时候，同时面临着稳定性和 $I - V$ 迟滞问题，再加上很多研究组对电池转换效率的报道和测试并不严谨，引起了很多专家和学者的质疑[112 - 115]。

在 2013 年的美国材料研究学会（MRS）秋季会议上，Snaith 等报道了这一现象，2014 年初，他们发表了相关论文，详细阐述了这一现象，并提出了其内在机理的几种假设：（1）钙钛矿吸收层表面或界面存在大量的缺陷，这些缺陷在正向偏压条件下捕获电子

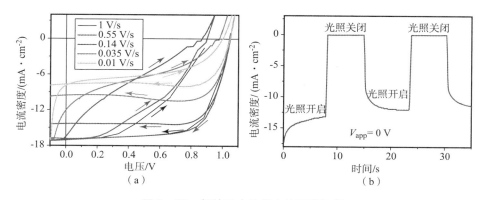

图 5 -20　钙钛矿电池光电流迟滞问题
（a）在不同扫描速度条件下 TiO$_2$/Perovskite/Spiro - OMeTAD 电池器件的正向和反向 $I-V$ 曲线；
（b）在短路电流状态下，电流输出随持续时间和光照状态的变化

或空穴，短路条件下又将其缓慢释放出来；（2）有机无机杂化卤素钙钛矿材料具有铁电特性，在偏压条件下，材料发生缓慢极化；（3）钙钛矿材料中存在过量间隙缺陷的离子，这些离子能够发生迁移，改变器件的内建电场。Snaith 等人[111]也怀疑过电池器件可能存在电容充放电效应，但进一步认为简单的电容充放电不能解释钙钛矿薄膜太阳能电池在测试扫描速度降低后迟滞现象反而变得更为严重的现象；同时 W. Tress 等人[116]对电容可能引起的曲线偏差进行了粗略的计算，发现在 10 mV/s 的扫描速度下，所需的电荷存储密度高达 $10^{22}/cm^2$，并认为这是不可能出现的。

Shao 等[117]发现基于富勒烯电子传输层的平面结构钙钛矿薄膜太阳能电池并没有明显的光电流迟滞现象，他们认为器件的迟滞问题跟钙钛矿吸收层表界面的陷阱密度有关，而 PCBM 层经热退火后可扩散至吸收层内对高密度的电荷陷阱进行钝化。如图 5 - 21 所示，在没有 PCBM 层（仅 BCP）的条件下，钙钛矿薄膜太阳能电池的正反扫曲线差别很大，陷阱态密度也显著高于其他器件；采用 PCBM 层并经 45 min 退火后，器件性能获得改善，缺陷密度降低，迟滞现象消失。研究者们逐渐发现迟滞程度跟工艺条件和器件结构有关，TiO$_2$ 平面结构的钙钛矿薄膜太阳能电池总是出现很强的迟滞现象，而采用多孔结构的 TiO$_2$ 层可获得结晶性和形貌更好的钙钛矿层，采用其他金属氧化物纳米颗粒层、界面钝化等方法可以抑制器件的光电流迟滞。

表面和界面的陷阱态密度一度被认为是钙钛矿器件迟滞问题的元凶。然而 Tress 等认为，陷阱态对电荷的捕获与释放的速度应该是非常快的，要远远高于迟滞现象呈现的数秒级别，他们同时认为铁电效应也不是问题所在，铁电效应虽会引起极化滞后，影响材料内部位移场和电极表面电荷，但铁电纳米微畴不可能影响光电流；他们认为离子迁移才是最可能的答案，改变器件结构、多孔层、界面钝化等方法都可以在一定程度抑制离子迁移，从而抑制了迟滞问题，离子并不是从电极中完全移出，而是偏移或堆积产生额外空间电场，进而影响电荷收集。Tress 等提出了离子迁移是迟滞问题的潜在机制，但他们并没有实际的证据。

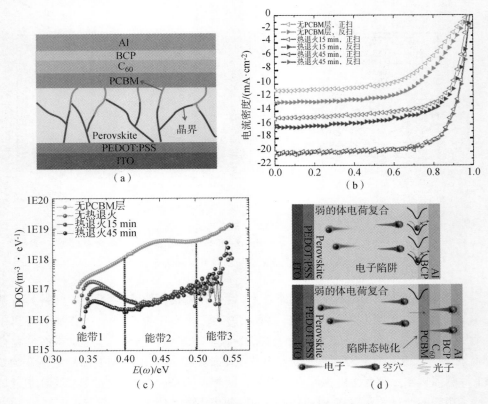

图 5-21   富勒烯电子传输层抑制光电流迟滞

（a）基于富勒烯电子传输层的平面结构钙钛矿器件结构；

（b）不同 PCBM 条件下钙钛矿器件电流－电压正反扫曲线对比；

（c）热导纳谱获得的陷阱态密度；（d）钙钛矿吸收层陷阱态钝化示意图[117]

  2015 年，Xiao 等[118]发现钙钛矿薄膜太阳能电池器件在电场极化下，光电流方向能够进行反复切换。如图 5-22 所示，在正向极化下，电池器件转变为 p-i-n 结构，反向极化后，电池器件转变为 n-i-p 结构。极化转变后的器件光电流甚至能达到约 20 mA/cm²。作者认为，这是因为 MAPbI$_3$ 中存在 Pb 和 MA 空位（V$_{Pb}$ 和 V$_{MA}$），能够导致 p 型自掺杂，同时存在 I 空位（V$_I$），会导致 n 型掺杂，在电场条件下，这些空位缺陷将定向偏移引起材料内部掺杂浓度和功函数的变化，从而引起器件光电流的转变。他们将钙钛矿器件故意极化很长时间，比如 2 h，随后发现了钙钛矿薄膜出现成分和形貌的变化。Xiao 等的工作提供了离子迁移的证据，将光电流迟滞问题的根源明确地指向了钙钛矿薄膜中的离子迁移。

  离子迁移的首要问题是哪些离子会迁移以及如何迁移。对于 MAPbI$_3$ 薄膜，构成薄膜成分的所有离子（包含 I⁻、Pb²⁺、MA⁺）都有可能迁移[120]，除此之外，一些参与薄膜分解和污染的粒子，如 H⁺，也可能在薄膜中进行迁移[121,122]。离子迁移的能力可用如下公式表示：

$$r_{m} \propto \exp\left(-\frac{E_{A}}{k_{B}T}\right) \tag{5-6}$$

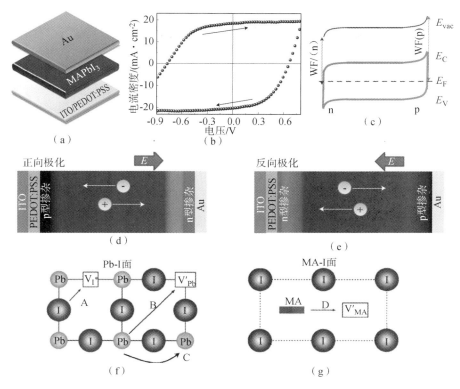

图 5－22　钙钛矿薄膜内部离子迁移证据和路径分析

（a）ITO/PEDOT: PSS/Perovskite/Au 器件结构；（b）钙钛矿器件在 －2.5 V 和 2.5 V 之间
连续扫描的光电流迟滞曲线，扫描速率为 0.14 V/s，箭头代表扫描方向；
（c）电压极化后器件能带结构；（d），（e）正极和负极极化后离子漂移和自掺杂示意图[118]；
（f），（g）离子迁移路径示意图[119]

式中，r_m 为离子迁移速率；$k_B T$ 为玻尔兹曼常量与温度乘积；E_A 为激活能。激活能跟材料的晶体结构、离子半径、离子跳跃距离、离子电荷有关。通常间隙位置越多越大或离子半径越小，电荷越小，离子迁移速率越快。ABO_3 氧化物钙钛矿材料中 O^{2-} 是主要的迁移离子，我们自然想到，在卤素钙钛矿材料中，I^- 可能是一种主要的迁移离子。I^- 位于 $[PbI_6]$ 八面体边缘，I^- 与 I^- 之间的距离也最短，因而 I^- 被认为是 $MAPbI_3$ 材料中是最可能迁移的离子。图 5－22（f）、（g）显示了 $MAPbI_3$ 材料中几种肖特基缺陷的迁移示意图。基于这种模型，Eames 等计算了 I^-、Pb^{2+}、MA^+ 的迁移激活能分别为 0.58 eV［图 5－22（f）路径 A］、2.31 eV［图 5－22（f）路径 B］、0.84 eV［图 5－22（g）路径 D］，从理论层面上证实了 I^- 是最易迁移的。Azpiroz 等[123]开展了类似的计算工作，获得的激活能分别为 0.08 eV（I^-）、0.80 eV（Pb^{2+}，沿路径 C）和 0.46 eV（MA^+）。I^- 的激活能非常小，Azpiroz 等估计其迁移响应时间在 1 μs 以内。由于 I^- 迁移速度太快，反而难以解释电池器件的迟滞现象和光伏开关速率问题，因而他们认为 Pb^{2+} 和 MA^+ 才是造成光电流迟滞的主要离子。

▨ 5.5　钙钛矿薄膜太阳能电池结构及电极材料

5.5.1　钙钛矿薄膜太阳能电池结构演变

钙钛矿薄膜太阳能电池最初是由染料敏化电池演化而来的，为更好地理解钙钛矿太阳能电池结构，这里先简要介绍染料敏化太阳能电池的器件结构。如图 5 – 23（a）所示，传统染料敏化太阳能电池主要由以下几部分组成：透明导电基底材料、纳米多孔 TiO_2 层、吸附在 TiO_2 上的染料、电解质和对电极。入射光经透明导电玻璃照射在吸光的染料上后，染料分子成为激发态，产生电子注入 TiO_2 导带，导带电子经多孔 TiO_2 层传输至透明电极，形成外电流，而氧化态电解质在对电极处得到电子被还原，还原态电解质在染料界面处还原被激发的染料分子。TiO_2 多孔层在其中的作用是吸附染料光敏化剂和进行电子传输，染料分子几乎是以单层的形式吸附在 TiO_2 颗粒表面，这也是为了能更有效地将电子注入 TiO_2 层。为了尽可能地吸附多的染料分子又不至于导致界面复合显著增大，TiO_2 层的厚度通常在数微米至数十微米。

早期钙钛矿太阳能电池器件的结构是完全参照染料敏化太阳能电池，唯一不同的是，染料敏化剂（如 N719）被替换成钙钛矿（$MAPbI_3$ 或 $MAPbBr_3$）材料。随着研究的推进，研究者发现，相比常用的染料 N719，钙钛矿吸收层具有更宽的吸收光谱和比其高一个数量级的吸收系数。由于钙钛矿材料良好的吸光性，故从理论上考虑，优化的电池器件结构应该不再需要数微米厚的 TiO_2 层，因为 TiO_2 层或钙钛矿层越厚，电荷传输的距离就越长，电荷复合的可能性就越大。2011 年，Im 等发现，TiO_2 层的厚度越低（从 8.6 μm 降低至 5.5 μm 和 3.6 μm），钙钛矿电池器件的光电流密度反而越高。

2012 年，Kim 和 Lee 等[125]将液体电解质替换成固态空穴传输层 Spiro – OMeTAD，同时大大降低了多孔 TiO_2 层的厚度，制备出了高效率的全固态钙钛矿太阳能电池。在 Kim 等的报道中，TiO_2 层的厚度被设定在 0.6 ~ 1.4 μm，钙钛矿电池器件越来越薄膜化，器件功能层总厚度仅在 2 μm 左右，即使这样，他们仍然发现随着 TiO_2 厚度的增加，电池 V_{OC}，FF 和 PCE 逐渐下降。在 Kim 等制备的电池器件结构中，钙钛矿材料是完全渗透在多孔 TiO_2 层里，因为他们期待钙钛矿吸收层与 TiO_2 尽可能地保持表面接触，这样可确保光生载流子更快地被分离。在几乎同一时间，Lee 等提出了新的电池器件结构［图 5 – 23（c）］，他们尝试将多孔 TiO_2 层替换成 Al_2O_3，获得了更好的器件效果。研究者们将拥有这种骨架器件结构的电池命名为介观超结构（Meso – superstructured）太阳能电池，但介观超结构的实际作用究竟是什么直到现在都不是十分清楚。由于 Al_2O_3 具有非常大的禁带宽度，属于绝缘体材料，因而不能参与电子的传输，只能作为吸收层的介孔骨架，他们的结果表明钙钛矿材料本身具有电荷传输性能。在这之前的工作，研究者们仅利用了钙钛矿材料的高吸收性，并没有发现它具有良好的电荷传输性能。既然多孔 Al_2O_3 骨架对器件的电荷输运并没有帮助，而钙钛矿材料本身又具有很好的光电性能，那么 Al_2O_3 的作用究竟是什么，器件结构中是不是可以不需要多孔层，采用平面结构的器件性能是否会更好，都成为研究者们开始思考的问题。

在 CIGS、CdTe 等薄膜太阳能电池中，器件各功能层就是以平面结构相互接触的，吸收层应尽可能致密化和具备高结晶性，以降低界面复合损失。对于平面结构的薄膜太阳能电池，吸收层需要具备良好的薄膜覆盖性，否则已经薄膜化后的器件容易产生短路。2013 年，Liu 等[17]采用蒸发法制备了高覆盖性平整致密的钙钛矿薄膜，避免了当时溶液法制钙钛矿薄膜形貌差的问题，获得了创纪录的电池效率，他们的工作印证了平面结构钙钛矿太阳能电池的可行性。随着钙钛矿太阳能电池的发展，TiO₂ 介孔结构和平面结构已成为最主要的两种钙钛矿器件结构，如图 5 - 23（g）、（h）、（i）所示。根据钙钛矿电荷传输材料的叠放顺序，平面结构又可分为正向结构和反向结构，前者是在衬底上依次沉积 n - i - p 型半导体层，后者则与之相反。

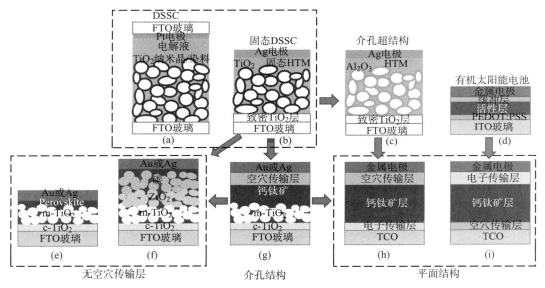

图 5 - 23　钙钛矿器件结构演变过程

（a）TiO₂ 电解液染料敏化太阳能电池；（b）全固态染料敏化太阳能电池，有机 p 型半导体替代电解液；

（c）Al₂O₃ 介孔超结构钙钛矿太阳能电池，多孔 Al₂O₃ 绝缘骨架替代 n 型 TiO₂ 层[124]；（d）典型有机光伏器件；

（e）基于介孔 TiO₂ 的无空穴传输层钙钛矿太阳能电池结构；

（f）TiO₂/ZrO₂ 双骨架无空穴传输层钙钛矿太阳能电池结构；

（g）典型 TiO₂ 多孔结构钙钛矿太阳能电池；（h）正向平面结构；（i）反向平面结构

5.5.2　基于 TiO₂ 介孔结构的薄膜太阳能电池

这种电池器件目前是钙钛矿薄膜太阳能电池中最常用的一种，获得了超过 22% 的转换效率。电池器件结构如图 5 - 23（g）所示，涉及导电玻璃、致密 TiO₂ 层、介孔 TiO₂ 层、钙钛矿层、空穴传输层（HTL）和背电极。由于 TiO₂ 层制备环节需要高温烧结，因此器件所采用的衬底通常都为 FTO 导电玻璃，因为相比 ITO，FTO 玻璃的耐温性更好一些。高温实验结果显示，500℃高温煅烧后，ITO 玻璃方阻提高了三倍，而 FTO 玻璃方阻几乎不变。正如前文所说，钙钛矿吸光材料不再需要以超薄层的形式嵌入在多孔 TiO₂ 层中，多孔结构似乎在变得越来越不重要。在该结构电池中，TiO₂ 层的优化厚度已大大降低，目前高转换效率电池的多孔 TiO₂ 层的典型厚度在 150 nm 左右[45,126,127]，钙钛矿吸光层的最优厚度在 400 ~ 500 nm，可看作两层：一层渗透在介孔 TiO₂ 结构内；另一层为致密平面层。多孔 TiO₂ 层的作用主要是抑制钙钛矿太阳能电池特有的迟滞问题，另一方面，也可以为钙钛矿层提供良好的电子抽取界面。

在钙钛矿吸收层上面通常是一层 Spiro – OMeTAD 材料，这是一种螺环有机小分子化合物，它的最高已占轨道（HOMO，或者称为价带）位置比较低，非常适合抽取空穴，能级排列如图 5 – 24 所示。类似的这种螺环（Spiro – linked）化合物最早被用于有机发光二极管中[128,129]，1998 年，Grätzel 教授开始将这种材料应用在染料敏化太阳能电池中替代液体电解质[130]。由于早期钙钛矿太阳能电池与染料敏化电池的亲近关系，很自然地，Spiro – OMeTAD 材料被借鉴应用于钙钛矿器件结构中。本征态的 Spiro – OMeTAD 的迁移率和导电性都非常差[131]，它的旋涂溶液或薄膜层在暴露空气后会发生氧化，颜色会变得稍深，薄膜导电性会获得提升，但即使这样，薄膜导电性仍然不够满意。为了解决这一问题，研究者需要在其中添加一些掺杂剂，主要为 Li 盐［二（三氟甲基磺酰）锂（Li – TFSI）］和 tBP（4 – 叔丁基吡啶）。Li 盐的添加可以促进 Spiro – OMeTAD 的氧化，tBP 可用来防止 Li 盐与 Spiro – OMeTAD 的相分离[132]。Li 盐掺杂后的 Spiro – OMeTAD 层需要暴露在空气后才能发挥掺杂作用，有研究者发现 Spiro 掺杂后的电池在暴露空气约 1 h 后，电池即可发挥最佳性能。但是，很多课题组通常还会将钙钛矿电池放置在干燥空气中一晚上，以确保电池性能获得稳定的改善。除 Li 盐掺杂后，一些 Co（Ⅲ）盐[133]，如 FK209、FK102 等材料，也可以用于对 Spiro 材料进行掺杂，在 Co（Ⅲ）盐掺杂的辅助下，Spiro 层可以具有更好的导电性和更低的表面电势，更有利于发挥空穴传输的作用，另一方面，Co 盐化学掺杂的电池器件无须空气暴露的环节即可具备良好的光伏性能。

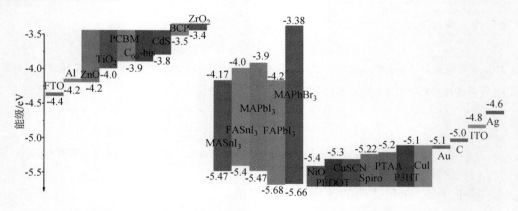

图 5 – 24　钙钛矿光伏材料和一些常用电荷传输材料的能带排列

Spiro – OMeTAD 这种材料的合成工艺比较复杂，提纯时需要经过多次升华步骤，所以价格比较昂贵。针对这个问题，研究者也采用了很多新的替代材料，比如 Saliba 等采用非对称的芴 – 二噻吩（FDT）核取代甲氧基苯基氨基，获得了 20.2% 的电池转换效率[134]。一些其他有机材料[135–138]，如聚合物 P3HT、PCPDTBT、PTAA 等，小分子 PDI、TPD 以及 Spiro – OMeTAD 的衍生物等，也可以用作钙钛矿薄膜太阳能电池的空穴传输层，其中 PTAA 材料似乎是最成功的，它的电池转换效率已超过了 20%。小分子材料具有确定的分子结构和分子式，确保合成工艺的纯度和产率，就可以获得良好的工艺和性能重复性；而大分子聚合物材料在分子量和聚合度上存在不确定性，因而被认为可能不适合商业化。

5.5.3　正向平面结构薄膜太阳能电池

在基底上先沉积 n 型材料，再依次沉积钙钛矿和 p 型材料的器件，被称为正向结构薄膜太阳能电池。TiO_2 介孔结构钙钛矿薄膜太阳能电池也可看作是一种正向结构薄膜太阳能电池，只不过它的钙钛矿层与 n 型材料存在一定的交叉。在去除介孔层后，介孔结构器件就变成了平面结构器件，最早的平面结构钙钛矿薄膜太阳能电池就是基于 TiO_2 致密层。钙钛矿层内激发的载流子分离方向和能力依赖于钙钛矿层上下两侧的电势，如图 5-24 所示，列出了钙钛矿光伏材料和一些常用电荷传输材料的能带图谱。通过比较材料的能带位置，我们能够判断材料是否能作为电子或空穴传输层（ETL 或 HTL）。除了 TiO_2 外，ZnO、SnO_2、PCBM、C_{60}、CdS 等已被报道可以应用于钙钛矿薄膜太阳能电池器件中作 ETL。对于正向结构器件，ETL 会先于钙钛矿层被沉积，所以它的制备工艺可以采用高温烧结，也可以使用水溶液法。在钙钛矿层上沉积 HTL 时则需要考虑工艺兼容性，通常采用非极性溶剂溶液法或者非溶液工艺。表 5-4 总结了一些典型正向结构钙钛矿薄膜太阳能电池性能。正向平面结构钙钛矿薄膜太阳能电池一直存在着严重的光电流迟滞问题，为了解决这个问题，研究者报道了采用 C_{60} 作为电子传输层（ETL），或者对 ETL 进行 C_{60} 界面修饰，发现可以大大降低迟滞程度。2017 年，Tan 等报道了采用 Cl 配体的 TiO_2 纳米晶薄膜（TiO）可以抑制钙钛矿器件的迟滞效应。

表 5-4　基于 TiO_2 介孔结构和正向平面结构的钙钛矿薄膜太阳能电池总结

衬底与 ETL	钙钛矿吸收层	HTL 与背电极	器件性能	主要特点	文献
$FTO/c-TiO_2/$ $m-TiO_2$	$MAPbI_3$	Spiro/Au	17.01%	多孔结构	[32]
$FTO/c-TiO_2$	$MAPbI_{3-x}Cl_x$	Spiro/Ag	15%	首次平面结构	[17]
FTO/TiO_2/Graphene	$m-Al_2O_3/$ $MAPbI_{3-x}Cl_x$	Spiro/Au	15.60%	低温工艺	[142]
$FTO/c-TiO_2$	$m-Al_2O_3/$ $MAPbI_{3-x}Cl_x$	P3HT/SWNTs / PMMA/Ag	15.30%	复合材料结构 做空穴传输层	[143]
FTO/TiO_2	$MAPbI_3$	MoO_x/Al	11.40%	无须贵重金属	[144]
ITO/PEIE/Y: TiO_2	$MAPbI_{3-x}Cl_x$	Spiro/Au	19.3%	界面工程	[20]
$FTO/c-TiO_2/$ $m-TiO_2$	$(FAPbI_3)_{1-x}$ $(MAPbBr_3)_x$	PTAA/Au	*20.1%	成分工程	[37]
ITO/SnO_2	$(FAPbI_3)_{0.97}$ $(MAPbBr_3)_{0.03}$	Spiro/Au	*19.9%，20.5%	SnO_2 纳米颗粒层， 无迟滞	[34]
FTO/SnO_2/PCBM	$FA_{0.83}Cs_{0.17}Pb$ $(I_{0.6}Br_{0.4})_3$	Spiro/Ag	17%	可用于多结电池	[63]
$FTO/c-TiO_2/$ $C_{60}-SAM$	$MAPbI_{3-x}Cl_x$	Spiro/Au	17.30%	富勒烯界面修饰	[145]
ITO/C_{60}	$MAPbI_3$	Spiro/Au	19.10%	$I-V$ 曲线无迟滞	[146]

续表

衬底与 ETL	钙钛矿吸收层	HTL 与背电极	器件性能	主要特点	文献
$FTO/c-TiO_2/$ $m-TiO_2$	$(FAPbI_3)_{1-x}$ $(MAPbBr_3)_x$	FDT/Au	20.20%	新型空穴传输层	[134]
$FTO/c-TiO_2/$ $m-TiO_2$	(RbCsMAFA) $Pb(IBr)_3$	Spiro/Au	21.60%	Rb 掺入改善 稳定性	[29]
ITO/TiO_2-Cl	(CsMAFA) $PbI_{2.55}Br_{0.45}$	Spiro/Au	21.4%，*20.1%， *19.5%（1.1 cm²）	界面钝化抑制 光电流迟滞	[147]
ITO/ZnO	$MAPbI_3$	Spiro/Ag	15.70%	低温工艺	[139]
ITO/ZnO NRs.	$MAPbI_3$	Spiro/Ag	16.10%	低温工艺	[140]
ITO/CdS（或 ZnS）	$MAPbI_3$	Spiro/Au	11.20%	低温工艺	[148]
$FTO/c-TiO_2/$ $m-TiO_2$	$MAPbI_3$	CuSCN （或 CuI）/Au	12.4%，6%	无机电荷层	[149, 150]
$FTO/c-TiO_2/$ $m-TiO_2$	$m-ZrO_2/$ $(5-AVA)_x$ $(MA)_{1-x}PbI_3$	Carbon	*12.80%， 14.02%	无空穴传输层	[53, 151]
$FTO/c-TiO_2$	$MAPbI_3$	Au	10.49%	无空穴传输层	[152]
ITO	$MAPbI_3$	P3HT （或 Spiro）/Ag	11.6% （或 13.5%）	无电子传输层	[153]
*代表认证效率，$MAPbI_{3-x}Cl_x$ 代表有 $PbCl_2$ 参与反应的钙钛矿薄膜。					

ZnO 是一种已经被广泛研究的 n 型半导体材料，制备 ZnO 的方法非常多样，也容易通过外元素掺杂来调控 ZnO 材料的导电性。相比 TiO_2，ZnO 材料通常不需要高温工艺即可获得良好的电学性能，因而可以用于制备柔性器件[139]，如图 5-25 所示。ZnO 可以制备成平整薄膜，也可以加工成纳米晶、纳米棒等[140]形态用于钙钛矿薄膜太阳能电池器件中，但是基于 ZnO 的钙钛矿薄膜太阳能电池面临着一个致命问题——器件稳定性非常差。我们发现

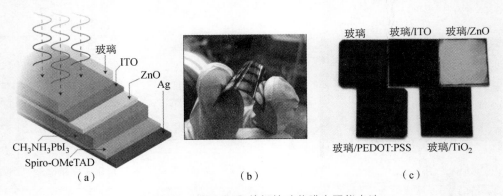

图 5-25 基于 ZnO 的钙钛矿薄膜太阳能电池

（a）基于 ZnO 的平面结构器件示意图；（b）柔性 PET 衬底 ZnO/Perovskite/Spiro-OMeTAD 太阳能电池[139]；
（c）不同衬底上经 100℃，20 min 退火后的钙钛矿薄膜样品[141]

ZnO 薄膜能够直接溶解在 $PbCl_2 - 3MAI$ 钙钛矿溶液中，采用 $PbI_2 - MAI$ 溶液虽然可以避免 ZnO 的溶解，但钙钛矿薄膜的热稳定性变得非常差。ZnO 衬底上沉积的钙钛矿薄膜在经过退火后，会从黑色很快转变为黄色，这意味着在制备钙钛矿薄膜时，ZnO 层会被破坏，钙钛矿吸收层也会被污染。Yang 等[141] 提出 ZnO 与钙钛矿薄膜表面接触时会发生质子转移反应，造成钙钛矿薄膜的分解，他们进一步发现薄膜表面羟基或醋酸根配体的存在会加速钙钛矿的分解。虽然对 ZnO 层进行煅烧可以改善热稳定性，但会降低器件效率。

5.5.4　反向平面结构薄膜太阳能电池

反向平面结构钙钛矿薄膜太阳能电池最初主要借鉴于有机光伏领域。典型的反向器件结构采用 PEDOT: PSS 作为空穴传输层、PCBM 作为电子传输层，这两种电荷传输材料都是以往有机太阳能电池常用材料，它们的制备工艺简单、成膜性好且不需高温烧结，非常适合柔性化器件。能够用作电荷传输层的有机半导体材料非常多，比如三苯胺类小分子及其衍生物、噻吩类小分子等。有机电荷材料可以通过分子结构设计来调控其能带位置，这也给电池结构设计提供了很大的调整空间。有机材料的电荷迁移率都比较低，但它们在钙钛矿器件中的应用仅仅是作为电荷传输层，采用的薄膜厚度也比较薄。除有机空穴材料外，NiO、CuSCN、CuI 等无机材料也常被用于反向平面结构电池中，并已经显示出了很好的应用效果。

我们发现 PEDOT/Perovskite/PCBM/Ag 器件的 $I-V$ 曲线总是出现 S 形状[154]，相应的 FF 也就比较低，这主要是因为电子传输界面存在电荷势垒，Ag 与 PCBM 层之间不能形成欧姆接触。对 PCBM 层进行掺杂、在 PCBM/Ag 界面插入合适的界面层或者采用低功函数背电极被认为可以改善电荷传输，消除 S 形曲线。当在 PCBM/Ag 界面插入薄的 BCP 层（通常 < 10 nm）时，电池性能 FF 能显著提升到 75%。BCP 材料的带隙很大，导电性也很低，同时，它的最低未占轨道（LUMO）非常高。理论上，BCP 层并不适合作为电子传输材料，但是它具有非常低的 HOMO 值，能够阻挡逆流的空穴，降低载流子在界面附近的复合，而薄的 BCP 层也不会阻抗电子隧穿传输。

表 5-5 总结了一些反向平面结构钙钛矿薄膜太阳能电池性能。2014 年，黄劲松团队采用三层 $PCBM/C_{60}/BCP$ 结构作 ETL，获得了超 80% 的 FF 和 15% 以上的电池转换效率[47,48]。限制这种简单反向结构器件性能进一步提升的主要原因在于 V_{OC} 偏低，多数研究者报道的太阳能电池 V_{OC} 也普遍在 1 V 以内，为了进一步提高 V_{OC}，研究者需要采用新的电荷传输层或对电荷传输层进行修饰。2015 年，黄劲松等采用 PTAA 作 HTL，再加上具有更大横向晶粒尺寸的钙钛矿层，最终获得了 18.1% 的转换效率（V_{OC} 达到了 1.07 V）；2017 年，他们通过降低 PCBM 层的能量无序度，获得了 19.4% 的转换效率（V_{OC} 达 1.13 V）。2015 年，陈炜等采用 Li 掺杂的 $Ni_xMg_{1-x}O$ 作为 HTL，Nb 掺杂的 TiO_2 与 PCBM 共同作为 ETL，在尺寸为 $1.02 cm^2$ 的太阳能电池上获得了 15% 的认证效率，在 70 mV/step 的快速反扫条件下有电池显示出 V_{OC} 达到了惊人的 1.273 V 同时转换效率达 22.35%，虽然这个数值在很大程度是虚高，但电池平均转换效率也达 18% 以上，开压接近 1.1 V。因而，改进后的反向结构薄膜太阳能电池在转换效率上基本达到了正向结构相同的性能水平。

反向结构太阳能电池通常采用低功函数的 Ag 或 Al，甚至 Ca 作为背电极。虽然金属 Ca 具有显著低的功函数，但在空气中本身不稳定，所以被较少采用。研究发现 Al 电极在潮湿空气环境下能穿透 PCBM 层与钙钛矿层很快地发生反应而失效，You 等[155]发现采用金属氧化物替代 PCBM 层，可提高器件环境稳定性，Kaltenbrunner 等[156]发现在电极和 ETL 之间插入薄的 $Cr_2O_3 - Cr$ 层可保护钙钛矿层免于背电极的侵蚀。

表 5 - 5　反向结构钙钛矿太阳能电池总结

衬底与空穴传输材料	钙钛矿吸收层	电子传输材料与背电极	器件性能	主要特点	文献
ITO/PEDOT: PSS	$MAPbI_{3-x}Cl_x$	PCBM/PFN/Al	17.10%	空气湿度辅助退火	[157]
ITO/PEDOT: PSS	$MAPbI_{3-x}Cl_x$	PTEG - 1/Al	15.70%	富勒烯衍生物作 ETL	[158]
ITO/PEDOT: PSS	$MAPbI_{3-x}Cl_x$	PCBM/Al	18.0%	毫米级晶粒	[26]
ITO/PEDOT: PSS	$MAPbI_3$	PCBM/Au	18.10%		[25]
ITO/PEDOT: PSS	$MAPbI_{3-x}Br_x$	PCBM/BCP/Ag	18.3%	基于醋酸铅溶液	[22]
PET/Ag - mesh/PH1000/PEDOT: PSS	$MAPbI_3$	PCBM/Al	14.0%	超薄柔性衬底，比功率 1.96 W/g	[159]
PET/PEDOT: PSS	$MAPbI_{3-x}Cl_x$	$PTCDI/Cr_2O_3/$ Cr/Au	12.5%	3 μm 超薄 PET 衬底，比功率达 23 W/g，Cr 提升稳定性	[156]
ITO/PTAA （或 c - OTPD）	$MAPbI_3$	$PCBM/C_{60}/$ BCP/Al	18.3% （或 17.8%），19.4%	非浸润衬底，PCBM 有序排列	[33, 160]
FTO/NiMgLiO	$MAPbI_3$，$(FAPbI_3)_{0.85}$ $(MAPbBr_3)_{0.15}$	PCBM/Ti (Nb)O_x/Ag	*15%，*18.21%	掺杂的无机传输层，面积 >1 cm^2	[127, 161]
ITO/NiO_x	$MAPbI_3$	ZnO/Al	16.1%	金属氧化物传输层，稳定性佳	[155]
ITO/Cu: NiO_x	$MAPbI_3$	$PCBM/C_{60} - bis$ /Ag	15.40%	NiO 掺杂	[162]
ITO/NiO NPs	$MAPbI_3$	PCBM/LiF/Al	17.30%	NiO 纳米颗粒作 HTL	[163]
FTO/CuI	$MAPbI_3$	PCBM/Al	13.58%	Cu 基化合物作 HTL	[164]
ITO/CuS NPs （或 CuSCN）	$MAPbI_3$	C_{60}/BCP/Ag	16.2%，16.6%		[165 - 167]
ITO/CuO_x	$MAPbI_{3-x}Cl_x$	$PCBM/C_{60}/$ BCP/Ag	19.00%		[168]

5.5.5　无空穴传输层钙钛矿薄膜太阳能电池

除了前面介绍的三种常用电池器件结构外，钙钛矿领域还有一类器件结构——无空穴传输层钙钛矿太阳能电池如图 5 - 23 （e）、（f）所示，也非常值得关注。若按照多孔 TiO_2 层是否存在或电荷传输的方向性，广义上讲，则这种器件结构也可归到前面三类中去。2012

年，Etgar 等[169,170] 报道了基于多孔 TiO$_2$ 的无空穴传输层钙钛矿薄膜太阳能电池，如图 5 - 26（a）、（b）、（c）所示，背电极金属 Au 直接沉积在钙钛矿层表面，在高功函数 Au 的辅助下，钙钛矿吸收层能够承担空穴传输的作用，吸收层的导带和价带位置也允许电子和空穴分别注入 TiO$_2$ 和 Au 电极处。在没有 HTL 的情况下，他们获得的电池转换效率为 5.5%（一个太阳光照下），对应器件的 J_{sc}、V_{oc} 和 FF 分别为 16.1 mA/cm^2、0.631 V 和 0.57。2014 年，孟庆波课题组构建了 TiO$_2$/MAPbI$_3$/Au 平面异质结薄膜太阳能电池，获得了 10.49% 的器件效率。华中科技大学的韩宏伟课题组[53,171] 提出了采用打印法制备无空穴传输层的钙钛矿薄膜太阳能电池，如图 5 - 26（c）、（d）所示，他们在 FTO 玻璃上依次沉积致密 TiO$_2$ 层、多孔 TiO$_2$ 层、多孔 ZrO$_2$ 骨架层以及炭黑/石墨对电极，最后让钙钛矿溶液从电极表面直接渗透至器件内部，介孔 ZrO$_2$ 层在其中仅作为绝缘骨架以防止上下两层接触产生强的漏电流。尽管并没有空穴传输层，但由于钙钛矿层被限制在多孔结构内，这种电池具有非常小的光电流迟滞效应。在 2014 年，他们获得了 12.4% 的认证效率[53]，同时发现器件在空气环境下全光谱照射 1 000 h 以上仍保持性能稳定。

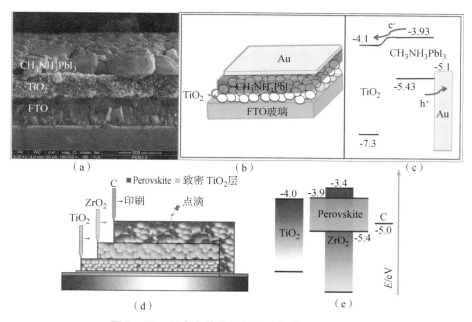

图 5 - 26　无空穴传输层钙钛矿薄膜太阳能电池

（a）MAPbI$_3$/TiO$_2$ 异质结钙钛矿薄膜太阳能电池断面；（b）电池示意图；（c）相应的能带[170]；

（d）全打印成型、无空穴传输层的钙钛矿电池示意图；（e）电池材料能带[53]

5.6　钙钛矿薄膜太阳能电池稳定性

钙钛矿薄膜太阳能电池在工作原理、光生载流子分离、界面复合等方面与传统硅太阳能电池相比通常具有明显的不同。不管怎样，钙钛矿薄膜太阳能电池在器件性能上已取得了巨大的进步，但要在应用上取得突破，还要需要克服一些自身缺点，其中最关键的是钙钛矿薄膜太阳能电池的稳定性。该问题自从钙钛矿器件问世以来，就一直伴随着它。近几年，研究者在改进电池器件的稳定性方面已取得了很大进展，但是它的长期稳定性仍然需要进一步获得验证。

5.6.1　钙钛矿材料空气稳定性

空气中包含水蒸气和氧气，这两种组分都可能造成钙钛矿材料发生化学变化。尽管很多实验室可以在手套箱环境下完成钙钛矿薄膜太阳能电池的制备与表征工作，但是从实验操作性以及未来产业化的角度考虑，钙钛矿材料在空气中的稳定性好坏至关重要。2013 年，Kanatzidis 课题组合成了 MASnI$_3$、FASnI$_3$、MAPbI$_3$、FAPbI$_3$、CsSnI$_3$ 和 CsPbI$_3$ 等几种钙钛矿材料，他们在实验过程中发现新鲜的 MASnI$_3$ 和 FASnI$_3$ 晶体表面呈明亮的黑色，但暴露空气仅几分钟后，表面光泽开始暗淡，并逐渐转变为黑/绿色的暗色固体；CsSnI$_3$ 材料在 24 h 后由黄色晶体完全转变为 Cs$_2$SnI$_6$ 黑色固体；MAPbI$_3$ 材料对空气不那么敏感，数周后表面光泽才逐渐褪去，并且仍保持晶体完整性；黑色 FAPbI$_3$ 材料暴露空气后逐渐转变为黄色的非钙钛矿相。这些结果都说明含 Sn 钙钛矿材料的空气稳定性非常差，主要是因为二价 Sn 暴露空气后被迅速氧化为四价 Sn。所有这些钙钛矿材料都遇到一个问题，就是沾水后易水解，水解化学公式也非常简单，以 MAPbI$_3$ 材料为例：

$$CH_3NH_3PbI_3(s) \rightleftharpoons CH_3NH_3I(aq) + PbI_2(s) \qquad (5-7)$$

在水解过程中，MAI 溶于水中，而 PbI$_2$ 几乎难溶于水，由于 MAI 在水中的溶解能力要大于 MAI 在钙钛矿晶格中的结合力，水分子将有机组分从材料结构中抽取出来，造成钙钛矿结构瓦解。

2014 年，清华大学王立铎课题组研究了钙钛矿材料 MAPbI$_3$ 的衰退过程，如图 5-27 所示。在潮湿空气环境下，MAPbI$_3$ 可分解为 PbI$_2$ 和 MAI，而 MAI 材料可进一步分解为甲胺（CH$_3$NH$_2$）和 HI。HI 遇氧气或经光照易转变为 I$_2$ 单质，经计算，前者反应的吉布斯自由能为 −481.058 kJ/mol，说明反应能够自发进行，后者在光照条件下也能轻易发生。当 MAI 材料暴露在空气和紫外辐照下时，白色 MAI 材料转变为棕色，这是生成 I$_2$ 的缘故；在氩气保护或没有紫外辐照条件下，MAI 材料并没有发生颜色变化，这个现象说明空气和光照的共同作用导致了钙钛矿材料的分解。Frost 等[80]提出了类似的钙钛矿材料分解机制，他们认为水分子可先与钙钛矿材料形成中间络合物 [(MA$^+$)$_{n-1}$(CH$_3$NH$_2$)PbI$_3$][H$_3$O$^+$]，再逐步发生分解。Christians 等[172]则提出了有点不一样的机制，他们认为水不会简单地造成 MAPbI$_3$ 分解为 PbI$_2$，而是会与钙钛矿材料形成含水的络合物，这种络合物为淡黄色固体，可能具有分子式 MA$_4$PbI$_6 \cdot$2H$_2$O。Yang 等[173]采用原位的吸收光谱和掠射 XRD 手段进一步证实了 Christians 等的结论。

钙钛矿材料的水解过程本身是可逆的，在水分子没有大幅度侵蚀钙钛矿材料之前，通过加热等方式使水分子蒸发，PbI$_2$ 与 MAI 可重新反应生成 MAPbI$_3$ 材料。利用这个过程，我们甚至可以将钙钛矿薄膜在空气中进行退火，以提升薄膜结晶性。在完成钙钛矿器件的制备后，水汽或氧气的影响可通过严格的封装工艺尽可能地避免，但是在室外更恶劣的环境下，空气水分子的扩散或者样品中的残留水分对钙钛矿薄膜太阳能电池的长期稳定性仍然是有害的。

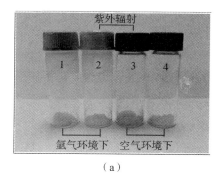

$$CH_3NH_3PbI_3(s) \underset{H_2O}{\rightleftharpoons} CH_3NH_3I(aq) + PbI_2(s)$$

$$CH_3NH_3I(aq) \rightleftharpoons CH_3NH_2(aq) + HI(aq)$$

$$4HI(aq) + O_2 \rightleftharpoons 2I_2(s) + 2H_2O$$

$$2HI(aq) \xrightarrow{hv} H_2\uparrow + I_2(s)$$

（a）　　　　　　　　　　　　　　　　　（b）

图 5-27　钙钛矿材料的空气稳定性和降解过程

（a）在氩气和紫外辐照交叉环境下 MAI 材料的颜色变化；（b）钙钛矿材料衰退反应过程[174]

5.6.2　钙钛矿材料热电转换稳定性

钙钛矿光伏材料能够简单地通过有机卤化物跟卤化铅反应生成，反应过程涉及的热量释放或吸收也非常小，MAPbI₃ 薄膜甚至可以在常温下完成结晶成形[175]。从化学反应的难易程度得出，越容易生成的化合物也可能越容易分解，尽管这个结论并不是严谨的，但是钙钛矿材料确实面临着容易分解的问题。在夏日户外环境下电池表面温度可能达到 60℃ 以上，电池封装工艺也需要施加短时间的高温工艺，商业化的光伏组件更是需要接受 85℃ 和 85% 相对湿度（俗称双 85 试验）条件下的稳定性质量认证，因此解决钙钛矿薄膜太阳能电池的热稳定性问题是当前该领域的一个巨大的挑战。

Conings 等[176]研究了 MAPbI₃ 钙钛矿薄膜在 85℃ 下的热稳定性能，他们发现薄膜纵使在氮气环境下也出现了衰退现象，他们的结果表明纵使完美封装的 MAPbI₃ 钙钛矿薄膜器件也不能承受高温加速实验，这种钙钛矿薄膜在本质上是热不稳定的。幸运的是，从 2014 年开始，研究者逐渐发现采用 FA 或 Cs 离子替换 MA 离子可以显著提升钙钛矿材料的热稳定性，比如 MAPbI₃ 薄膜在 150℃ 退火 10 min 后即发生明显地分解，样品开始呈现黄色，而 FAPbI₃ 薄膜在 150℃ 退火 60 min 后仍几乎保持不变。钙钛矿材料的热稳定也涉及其晶格稳定性，表 5-6 列出了一些钙钛矿材料的结构数据。室温下，MAPbBr₃ 和 MAPbCl₃ 材料均为立方结构，而 MAPbI₃ 为四方结构；当温度超过 54℃ 时，MAPbI₃ 材料开始转变为立方结构，这意味着 MAPbI₃ 钙钛矿薄膜太阳能电池在户外运行过程中可能会出现反复的相变。尽管相变对器件性能的影响还不完全清晰，但这对认识钙钛矿器件热稳定性的衰退机制非常重要。

表 5-6　钙钛矿 MAPbX₃（X = I，Br，Cl）的结构性能数据[177]

X	相变温度/K	晶体结构	空间群	晶格常数/Å		
				a	b	c
Cl	>178.8	立方	Pm3m	5.675		
	172.9 ~ 178.8	四方	P4/mmm	5.656		5.630
	<172.9	斜方	P222₁	5.673	5.656	11.182

续表

X	相变温度/K	晶体结构	空间群	晶格常数/Å		
				a	b	c
Br	>236.9	立方	Pm3m	5.901	5.628	
	155.1～236.9	四方	I4/mmm	8.322		11.832
	149.5～155.1	四方	P4/mmm	5.894		5.861
	<144.5	斜方	Pna2₁	7.979	8.58	11.849
I	>327.4	立方	Pm3m	6.329		
	162.2～327.4	四方	I4/mcm *	8.855		12.659
	<162.2	斜方	Pna2₁	8.861	8.581	12.620
* 有更多文献提及 MAPbI₃ 材料在常温下的空间群应该为 I4cm[90,178]。						

太阳光照可分为三个部分：紫外、可见和红外区域。紫外光所占比例较小，对钙钛矿太阳能电池电流输出的贡献也较少，但是一定强度的紫外线会直接造成钙钛矿材料的分解。钙钛矿薄膜太阳能电池几乎不吸收红外辐射光，但是红外辐射会造成器件温度的升高，进而影响电池的稳定性。可见光是钙钛矿薄膜太阳能电池主要利用的光谱区域，它的辐照是否会影响钙钛矿薄膜太阳能电池的稳定性，也是研究者值得讨论的问题。2014 年，Law 等[179] 采用高强度（50 倍太阳光强）可见光照射钙钛矿器件，由于剔除了红外辐射，电池温升相对较低（不到 80℃），研究者发现封装的m – TiO₂/MAPbI₃/Spiro 器件的性能损失与一个太阳光照条件下的损失差不多，说明可见光对钙钛矿薄膜太阳能电池稳定性的影响相对较少。Misra 等报道了在 100 倍聚光条件下，MAPbI₃ 电池（经热电制冷冷却）在 25℃ 时仍然是稳定的，但是在 50℃ 时出现光褪色的现象，而 MAPbBr₃ 薄膜太阳能电池在更高的温度下都是稳定的。这说明 Br 基钙钛矿材料具有更好的光稳定性，这可能的原因是 Br 跟 Pb 或 MA 具有更强的化学键，抑或是 MAPbI₃ 与 MAPbBr₃ 具有不同的晶体结构。2015 年，Hoke 等[180] 发现 MAPb(Br₁₋ₓIₓ)₃ 化合物在激光光照下是不稳定的，当 Br 的比例超过 20% 时，荧光光谱显示在 1.68 eV 位置处出现一个新的峰，在激发状态该峰持续升高并跟 Br 掺杂比例无关，这主要是因为在光照下 MAPb(Br₁₋ₓIₓ)₃ 薄膜出现了相分离。

5.6.3 稳定性主要影响因素和改进手段

1. 成分调控

对钙钛矿材料进行成分调控可以改变晶体结构的容忍因子，从而影响材料的结构稳定性。已有大量的研究结果证实，钙钛矿材料的结构稳定性跟它的环境稳定性息息相关。典型的钙钛矿材料 MAPbI₃ 在常温下保持一种略微扭曲的四方结构，而加入少量 Br（物质的量百分比约 20%）后，材料的晶体结构转变为立方结构，这降低了晶格应力，也提升了钙钛矿器件的环境稳定性。如图 5 – 28（a）所示，MAPbI₃ 器件在承受了 55% 的湿度后，器件性能开始快速下降，而 MAPb(I₁₋ₓBrₓ)₃（x = 0.20，0.29）器件的性能仍然保持平稳。

FAPbI₃ 材料具有更好的热稳定性，相比 MAPbI₃ 材料，它的钙钛矿相形成温度也较高，一般需要在 130℃ 以上的温度退火才能形成钙钛矿相（三角晶系，空间群 P3m1）[181]，但在常温空气环境下，$FAPbI_3$ 薄膜容易转变为非钙钛矿相（空间群 $P6_3mc$）。采用 MA 或 Cs 离子部分替换 FA，均可调整材料晶格容差因子，从而提高材料的常温稳定性。Binek 等[181]发现当把 15% 的 MA 加入 $FAPbI_3$ 材料后，XRD 结果显示样品在 25～250℃ 温度区间均呈现稳定的钙钛矿相。

　　为了更利于保持 FA 基钙钛矿材料的热稳定性，更多的研究者采用 Cs 去替换 FA。如图 5-28（b）所示，$FAPbI_3$ 薄膜在相对湿度为 90% 的环境下，经过 2 h 后出现了明显的分解，当 15% 的 Cs 加入后，样品具备了更好的环境稳定性。图 5-28（d）显示 $FA_{0.83}Cs_{0.17}Pb(I_{0.6}Br_{0.4})_3$ 薄膜经 130℃、6 h 退火后，其吸收光谱几乎保持不变，比 $MAPb(I_{0.6}Br_{0.4})_3$ 薄膜具有更好的热稳定性。若钙钛矿薄膜太阳能电池器件最核心的吸收层能够承受长时间 85℃ 以上的热稳定性实验，意味着钙钛矿薄膜太阳能电池器件将可能经受商业化标准的考验，进而挑战传统的光伏市场。

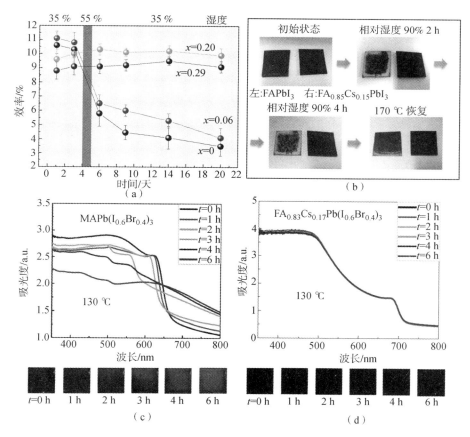

图 5-28　成分调控对钙钛矿薄膜太阳能电池稳定性的影响

（a）$MAPb(I_{1-x}Br_x)_3$（$x=0$，0.06，0.20，0.29）电池器件在常温下随存储时间的性能变化[61]；

（b）$FAPbI_3$ 和 $FA_{0.85}Cs_{0.15}PbI_3$ 薄膜在高湿度条件下的样品照片[2]；

（c）$MAPb(I_{0.6}Br_{0.4})_3$ 薄膜在 130℃ 热板上退火后的吸收光谱和样品照片；

（d）$FA_{0.83}Cs_{0.17}Pb(I_{0.6}Br_{0.4})_3$ 薄膜在 130℃ 热板上退火后的吸收光谱和样品照片[63]

2. 钙钛矿层化学交联

2015年，Michael Grätzel研究组[182]提出了采用四丁基磷酸4－氯化铵（4－ABPACl）化合物对钙钛矿薄膜进行化学修饰，发现其可以显著改善电池器件的性能和稳定性，XRD和EDX结果均显示4－ABPACl在钙钛矿薄膜中充当交联剂的作用。如图5－29所示，4－ABPACl具有一个磷酸根和氨基，可以分别与钙钛矿薄膜［PbI_6］八面体的碘形成键合。4－ABPACl添加剂具有多重作用：一方面有利于钙钛矿晶粒在多孔骨架内的生长；另一方面可促进形成平整而覆盖良好的钙钛矿层。掺入4－ABPACl后，钙钛矿器件的转换效率从8.8%提升到16.7%，更重要的是，钙钛矿器件对湿度和高温的稳定性均大幅提升。如图5－29（d）所示，一个未掺杂交联剂的电池器件在第一个星期内从约7%的效率迅速衰减到1%，而MAPbI_3－ABPA器件衰减速率要慢得多。在85℃的高温环境下，MAPbI_3－ABPA器件的光伏参数经350 h后仍保持在原值80%以上，J_{SC}在开始的一段升高后逐渐保持平稳，这都说明交联剂的加入抑制了钙钛矿吸收层的热降解。对钙钛矿层进行化学交联可为解决电池器件的热稳定性问题提供一个新的思路和方向。

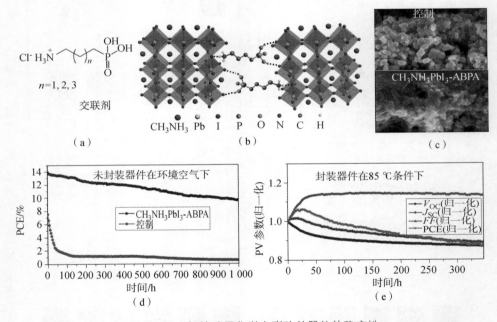

图5－29　钙钛矿层化学交联改善器件的稳定性

（a）烷基磷酸ω－氯化铵交联剂化学结构；（b）两个邻近钙钛矿晶粒相互交联的示意图；
（c）4－ABPACl添加剂对钙钛矿薄膜的影响；（d）未封装的钙钛矿器件随时间的性能变化，
环境湿度约为55%；（d）封装的钙钛矿器件在LED光照和85℃下的性能变化[182]

3. 具有骨架的器件结构

由于多孔骨架可限制钙钛矿材料的离子迁移、相变和分解，因而与钙钛矿电池的稳定性具有强烈的联系。一个典型的例子是华中科技大学韩宏伟课题组采用的三层多孔结构钙钛矿薄膜太阳能电池。该结构电池没有使用空穴传输层，钙钛矿材料经碳电极渗透在介孔 TiO_2

和介孔 ZrO$_2$ 层中。由于钙钛矿层完全渗透在多孔的骨架中，再加上厚厚的碳电极可以保护钙钛矿层免于环境的侵蚀，这种器件最终展现出了非常出色的稳定性。2014 年，他们报道了这种未封装的器件在 1 000 h 全光谱光照下一直保持性能稳定[53]。2015 年，他们展示了更多的稳定性结果[183]，如图 5 – 30 所示，电池在户外条件下保持性能总体平稳，中间略有波动可能跟太阳光照变化有关。更重要的是，这种结构的电池能够承受更加恶劣的湿热试验，结果显示电池在 85℃ 的烤炉中经 90 天后，仅出现了 10% 的损失。国际电工委员会（IEC）湿热试验标准是在 85℃，85% 相对湿度条件下，1 000 h（41 天左右）内光伏组件最大效率损失不超过 10%。若按线性推算和 20% 的效率损失为寿命截点，那么该电池的寿命高达 180 天，已能到达 IEC 对光伏组件湿热实验的要求。

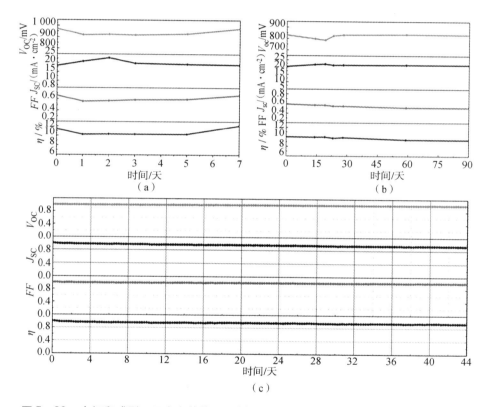

图 5 – 30　全打印成型、无空穴传输层（封装后）的钙钛矿薄膜太阳能电池稳定性能
（a）户外老化实验，测试地点为沙特阿拉伯吉达；（b）室内热应力实验，器件放置在 80～85℃炉中 3 个月，测试时电池先从高温炉中取出待冷却整晚后再采集性能参数；（c）氢气 45℃ 环境下的光老化实验，器件放置在 100 mW/cm^2 的 LED 持续光源下，每 6 h 采集一次数据[183]

　　2016 年，北京大学赵清课题组采用一种聚合物骨架结构，发现未封装的器件在高湿环境能够保持 300 h 的高性能。这种器件结构具有很强的耐湿性，并且具有自我修复功能，钙钛矿薄膜或器件接触水蒸气时出现明显的分解，但当蒸气移开后，样品重新恢复黑色状，如图 5 – 31 所示。他们将长链绝缘聚合物（PEG，聚乙二醇）直接溶解在钙钛矿旋涂溶液中，PEG 以旋涂方式直接植入在钙钛矿层内。聚合物骨架钙钛矿薄膜太阳能电池的自我修复机

制可描述为：水先吸附在钙钛矿层上，造成钙钛矿水解为 PbI_2 和 $MAI \cdot H_2O$，PEG 聚合物与 MAI 相互作用，可阻止 MAI 蒸发或流失，待水蒸发后，被限制在骨架内的 MAI 与邻近的 PbI_2 重新反应生成钙钛矿。

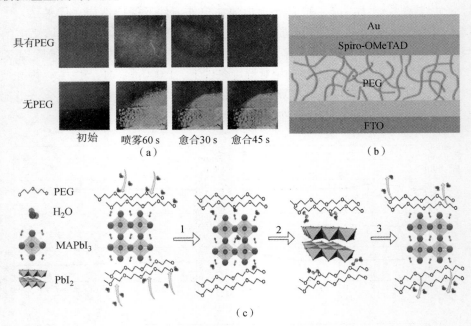

图 5-31　聚合物骨架钙钛矿薄膜太阳能电池

（a）有和没有 PEG 骨架的钙钛矿薄膜样品照片；（b）聚合物骨架钙钛矿电池结构示意图；
（c）聚合物骨架钙钛矿薄膜太阳能电池的自我修复机制[184]

　　研究者采用的骨架通常为绝缘物，在化学上不会参与钙钛矿层的反应，但是骨架在物理空间上将钙钛矿层分成无数个小区域，所以也会影响钙钛矿薄膜的形核、结晶性以及钙钛矿层内的电荷传输平均路径。从报道的结果来看，骨架结构对提升钙钛矿薄膜太阳能电池的稳定性具有巨大的帮助，但是骨架结构的钙钛矿薄膜太阳能电池的转换效率还不是特别高，需要更多的研究工作去找到其中最佳的平衡点。TiO_2 多孔结构薄膜太阳能电池也可看作是一种具有骨架结构的薄膜太阳能电池，但高效率薄膜太阳能电池的 TiO_2 层较薄，钙钛矿层中的平面致密部分可能占据了主导部分。

4. 界面修饰

　　钙钛矿材料具有一定的亲水性，这也造成它容易吸湿而降低了器件整体的环境稳定性。为了解决这一问题，一种方法是对钙钛矿薄膜太阳能电池的电荷传输层进行替换，采用疏水性或致密的电荷传输材料，尽可能地切断湿度与钙钛矿层的接触，从而提高器件的湿度稳定性；另一种方法是对钙钛矿层进行表界面修饰，提高钙钛矿薄膜的疏水性能。2014 年，北京大学课题组[185]采用低聚噻吩衍生物替换 Li 盐掺杂的 Spiro 材料作 HTL，发现可以改善钙钛矿器件的稳定性。2016 年，华东师范大学 Yang 与格里菲斯大学 Wang 等[186]采用几种疏水的烷基铵盐对钙钛矿薄膜进行修饰，发现这些氨基阳离子可吸附在钙钛矿层表面，形成防水层，提高器件的耐湿性。

在钙钛矿与空穴传输层之间加入一层薄的致密绝缘层也可阻止湿气的侵入并提高器件的环境稳定性。比如，Xu 等[187]报道了在 Spiro/Perovskite 之间沉积一层 Al_2O_3 材料后，电池在 50% 相对湿度环境下 24 天后，仍具有 90% 的初始性能。

钙钛矿器件作为一个整体，器件中任何一层都可能影响电池的功率输出，同样地，器件中任何一层都可能影响到器件的稳定性。在钙钛矿薄膜太阳能电池的研究初期，电池稳定性就曾经受到电解液的影响。本节前面已提及，通过成分调控钙钛矿层本身的热稳定性已获得了巨大的改善，但是相应的电池器件还一直面临着热稳定性差的问题。2016 年，Domanski 等[188]发现典型的 TiO_2/Perovskite/Spiro 器件在高温（70℃ 以上）环境时，性能迅速衰减，其主要原因不在钙钛矿层，而在 Spiro – OMeTAD 材料或 Au 电极。Spiro – OMeTAD 层中存在很多空洞，导致 Au 电极容易扩散穿过而到达钙钛矿层引发电池失效。如图 5 – 32（a）、（b）、（c）所示，经 70℃ 实验后，Au 元素在 Perovskite/Spiro 界面出现了明显的富集。当在 Spiro/Au 界面加入薄的 Al_2O_3 或 Cr 层后，电池衰退速率变得更加平缓。基于这样一个认识，Saliba 等[29]采用另一种常用空穴传输材料 PTAA 去替换 Spiro – OMeTAD 层，发现尽管 PTAA 层更薄（30 ~ 50 nm），但是抗衰退能力更好。如图 5 – 32（d）所示，掺 Rb 的钙钛矿器件具有 >17% 的初始效率，在 85℃ 下经 500 h 持续光照后，仍然具有 95% 的初始性能。

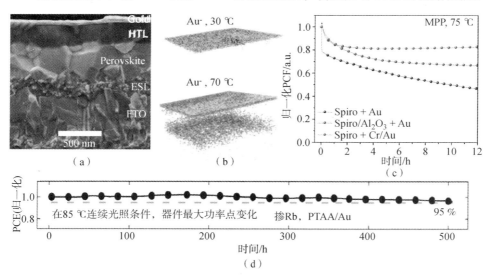

图 5 – 32　器件热稳定性失效机制及改进手段

（a）器件断面 SEM；（b）在 30℃ 和 70℃ 温度条件下，Au 元素在电池断面的分布；

（c）三种结构的钙钛矿器件在 75℃ 氮气环境下的性能变化[188]；

（d）采用 PTAA 作 HTL 的掺 Rb 钙钛矿器件高温环境性能实验[29]

5.6.4　评价标准

光伏电池是将光转换为电，光照不一样，所获得的电功率输出就不一样。为了便于对各研究机构获得的性能参数进行比较，相关机构已建立了标准测试条件（STC），标准测试温度为 25℃，标准总辐照度为 1 000 W/m^2，标准光谱分布可参照国际电工委员会（IEC）标准 IEC 60904 – 3，我国参照这一标准，也制定了国标 GB/T 6495.3—1996。为了在实验室模拟太阳光照，业界普遍采用氙灯作为辐照光源，光辐照的光谱分布、均匀性和强度作为衡量光辐照质量的重要参数，在三个级别上都满足 A 级匹配要求的光模拟器被称为 AAA 级光源。

　　光伏电池要实现商业化应用，仅靠标准测试条件下的性能表征是远远不够的，还需要经受一系列的稳定性测试评价，比如室外曝露实验、紫外实验、热循环实验等。对于晶体硅太阳能电池，人们对它的期望是组件能够在室外环境运行 20 年，并且也已有很多示例证实了硅太阳能电池能够达到要求，国际电工委员会为晶体硅太阳能电池组件制定了相应的标准 IEC 61215，而美国制定了另一个重要的标准 IEEE1262。薄膜太阳能电池的吸收层和半导体电极层都非常薄，对环境因素的侵蚀也更敏感，为了充分验证薄膜太阳能电池组件的稳定性和可靠性，还需要补充其他的测试。国际电工委员会（IEC）在 1996 年时颁布了针对地面薄膜光伏组件设计鉴定和定型的标准——IEC 61646。我们国家参照 IEC 这一标准，也颁布了国标 GB/T 18911—2002，相关的实验条件如表 5 – 7 所示。该标准设计的针对对象是非晶硅太阳能电池，相对标准 IEC 61215，它尤其增加了组件在不同辐照和温度条件下的响应测试。

表 5 – 7　地面用薄膜光伏组件实验条件（GB/T 18911—2002 或 IEC 61646 – 1）

条款	项目	测试/测量设备/所需材料
10.1	外观检查	在不低于 1 000 lx 照度下，检查组件，对任何裂纹、气泡等缺陷进行记录
10.2	标准测试条件下的性能	电池温度：25℃；辐照度：1 000 W/ m^2，标准太阳光谱辐照度分布符合 GB/T 6495.3—1996（或 IEC 60904 – 3）
10.3	绝缘实验	直流 1 000 V 加上两倍系统在标准测试条件下开路电压，持续 1 min；直流 500 V 时的绝缘电阻不小于 50 MΩ
10.4	温度系数的测量	测量电流温度系数和电压温度系数
10.5	标称工作温度的测量	总太阳辐照度：800 W/ m^2；环境温度：20℃；风速：1 m/s
10.6	标称工作温度下的性能	电池温度：标称工作温度；辐照度：800 W/ m^2，标准太阳光谱辐照度分布符合 GB/T 6495.3—1996
10.7	低辐照度下的性能	电池温度：25℃；辐照度：200 W/ m^2，标准太阳光谱辐照度分布符合 GB/T 6495.3—1996
10.8	室外曝露实验	太阳总辐射量：60 kWh/ m^2
10.9	热斑耐久实验	在最坏热斑条件下，1 000 W/ m^2 辐照度照射 1 h，共 5 次
10.10	紫外实验	参照 IEC 61345
10.11	热循环实验	从 – 40℃ 到 + 85℃，50 和 200 次
10.12	湿冻实验	从 + 85℃，85% 相对湿度到 – 40℃，10 次
10.13	湿热实验	从 + 85℃，85% 相对湿度下 1 000 h
10.14	引出端强度实验	同 GB 2423.29—1999（或 IEC 60068 – 2 – 21）
10.15	扭曲实验	扭曲角度：1.2°

续表

条款	项目	测试/测量设备/所需材料
10.16	机械载荷实验	2 400 Pa 的均匀载荷依次加到前和后表面 1 h，循环 2 次
10.17	冰雹实验	25 mm 直径的冰球以 23.0 m/s 的速度撞击 11 个位置
10.18	光老化实验	曝露于 800 W/m² 到 1000 W/m² 的光强下，直至 P_{max} 稳定在 2% 内
10.19	退火实验	置于 85℃ 下热老炼，直至 P_{max} 稳定在 2% 内
10.20	试漏电流实验	加直流 500 V 时，水喷淋引出端和边缘浸入水中，确定漏电流

　　新一代的光伏器件，比如有机光伏（OPV）、染料敏化太阳能电池（DSSC）以及钙钛矿薄膜太阳能电池，一直缺乏单独的工业质量测试标准。2011 年，有机光伏（OPV）器件领域根据三次国际峰会（2008—2010 年）的讨论结果，提出了针对 OPV 稳定性的 ISOS 协议——有机光伏材料与器件稳定性测试协议共识[189]。钙钛矿薄膜太阳能电池的稳定性评价还没有单独的测试标准，但是我们可以参照已有的薄膜太阳能电池组件标准，即 IEC 61646。钙钛矿薄膜太阳能电池目前面临的最大挑战是其能否承受湿热实验、紫外实验以及热循环实验，因为这些实验跟器件核心心区域的稳定性息息相关。如果钙钛矿太阳能电池在实验室被证明具有长期的稳定性，那么它进入国际商业市场的最终屏障就是 IEC 测试，该测试不仅体现了器件的耐久性，还有光伏组件整体的安全性和可靠性。

参考资料

[1] Kim H – S, Im S H, Park N – G. Organolead halide perovskite: new horizons in solar cell research. J. Phys. Chem. C, 2014: 118, 5615 – 5625.

[2] Li Z, Yang M, Park J – S, et al. Stabilizing perovskite structures by tuning tolerance factor: formation of formamidinium and cesium lead iodide solid – state alloys. Chem. Mater. , 2016: 28, 284 – 292.

[3] 肖立新, 邹德春. 钙钛矿太阳能电池[M]. 北京: 北京大学出版社, 2016.

[4] Green M A, Ho-Baillie A, Snaith H J. The emergence of perovskite solar cells. Nat. Photonics, 2014: 8, 506 – 514.

[5] Mitzi D B, Chondroudis K, Kagan C R. Organic – inorganic electronics. IBM Journal of Research and Development, 2001: 45, 29 – 45.

[6] Mitzi D B. Thin – Film Deposition of Organic – Inorganic Hybrid Materials. Chem. Mater. , 2001: 13, 3283 – 3298.

[7] Kagan C R, Mitzi D B, Dimitrakopoulos C D. Organic – inorganic hybrid materials as semiconducting channels in thin – film field – effect transistors. Science, 1999: 286, 945 – 947.

[8] Mitzi D B, Wang S, Feild C A, et al. Conducting layered organic – inorganic halides containing <110> – oriented perovskite sheets. Science, 1995: 267, 1473 – 1476.

[9] Mitzi D B, Feild C A, Harrison W T A, et al. Conducting tin halides with a layered organic-

based perovskite structure. Nature,1994:369,467 – 469.

[10] O'Regan B,Grätzel M. A low-cost,high-efficiency solar cell based on dye – sensitized colloidal TiO₂ films. Nature,1991:353,737 – 740.

[11] Yella A,Lee H W,Tsao H N,et al. Porphyrin – sensitized solar cells with cobalt (II/III) – based redox electrolyte exceed 12 percent efficiency. Science,2011:334,629 – 634.

[12] Kojima A, Teshima K, Miyasaka T, et al. Novel photoelectrochemical cell with mesoscopic electrodes sensitized by lead – halide compounds (2). Meeting Abstracts:The Electrochemical Society,2006,397.

[13] Kojima A, Teshima K, Shirai Y, et al. Organometal halide perovskites as visible – light sensitizers for photovoltaic cells. J. Am. Chem. Soc. ,2009:131,6050 – 6051.

[14] Im J H,Lee C R,Lee J W,et al. 6. 5% efficient perovskite quantum – dot – sensitized solar cell. Nanoscale,2011:3,4088 – 4093.

[15] Lee M M, Teuscher J, Miyasaka T, et al. Efficient hybrid solar cells based on meso – superstructured organometal halide perovskites. Science,2012:338,643 – 647.

[16] Burschka J,Pellet N,Moon S J,et al. Sequential deposition as a route to high – performance perovskite – sensitized solar cells. Nature,2013:499,316 – 319.

[17] Liu M,Johnston M B,Snaith H J. Efficient planar heterojunction perovskite solar cells by vapour deposition. Nature,2013:501,395 – 398.

[18] Jeon N J,Noh J H,Kim Y C,et al. Solvent engineering for high – performance inorganic – organic hybrid perovskite solar cells. Nat. Mater. ,2014:13,897 – 903.

[19] Green M A, Emery K, Hishikawa Y, et al. Solar cell efficiency tables (version 48). Prog. Photovoltaics,2016:24,905 – 913.

[20] Zhou H,Chen Q,Li G,et al. Photovoltaics. Interface engineering of highly efficient perovskite solar cells. Science,2014:345,542 – 546.

[21] Zhang W,Saliba M,Moore D T,et al. Ultrasmooth organic – inorganic perovskite thin – film formation and crystallization for efficient planar heterojunction solar cells. Nat. Commun. , 2015:6,6142.

[22] Zhao L,Luo D,Wu J,et al. High – performance inverted planar heterojunction perovskite solar cells based on lead acetate precursor with efficiency exceeding 18%. Adv. Funct. Mater. , 2016:26,3508 – 3514.

[23] Zhao Y,Zhu K. CH₃NH₃Cl – assisted one – step solution growth of CH₃NH₃PbI₃:structure, charge – carrier dynamics, and photovoltaic properties of perovskite solar cells. J. Phys. Chem. C,2014:118,9412 – 9418.

[24] Wang F,Yu H,Xu H,et al. HPbI₃:A new precursor compound for highly efficient solution – processed perovskite solar cells. Adv. Funct. Mater. ,2015:25,1120 – 1126.

[25] Heo J H,Han H J,Kim D,et al. Hysteresis – less inverted CH₃NH₃PbI₃ planar perovskite hybrid solar cells with 18. 1% power conversion efficiency. Energy environ. Sci. ,2015:8, 1602 – 1608.

[26] Nie W, Tsai H, Asadpour R, et al. Solar cells. High – efficiency solution – processed perovskite solar cells with millimeter – scale grains. Science, 2015: 347, 522 – 525.

[27] Xiao M, Huang F, Huang W, et al. A fast deposition – crystallization procedure for highly efficient lead iodide perovskite thin – film solar cells. Angew. Chem. Int. Ed. , 2014: 53, 9898 – 9903.

[28] Bi D, Tress W, Dar M I, et al. Efficient luminescent solar cells based on tailored mixed – cation perovskites. Sci. Adv. , 2016: 2, e1501170.

[29] Saliba M, Matsui T, Domanski K, et al. Incorporation of rubidium cations into perovskite solar cells improves photovoltaic performance. Science, 2016: 354, 206 – 209.

[30] Li H, Fu K, Hagfeldt A, et al. A simple 3,4 – ethylenedioxythiophene based hole – transporting material for perovskite solar cells. Angew. Chem. Int. Ed., 2014: 53, 4085 – 4088.

[31] Zhang T, Yang M, Zhao Y, et al. Controllable sequential deposition of planar $CH_3 NH_3 PbI_3$ perovskite films via adjustable volume expansion. Nano Lett. , 2015: 15, 3959 – 3963.

[32] Im J H, Jang I H, Pellet N, et al. Growth of $CH_3 NH_3 PbI_3$ cuboids with controlled size for high – efficiency perovskite solar cells. Nat. Nanotechnol. , 2014: 9, 927 – 932.

[33] Bi C, Wang Q, Shao Y, et al. Non – wetting surface – driven high – aspect – ratio crystalline grain growth for efficient hybrid perovskite solar cells. Nat. Commun. , 2015: 6, 7747.

[34] Jiang Q, Zhang L, Wang H, et al. Enhanced electron extraction using SnO_2 for high – efficiency planar – structure $HC(NH_2)_2 PbI_3$ – based perovskite solar cells. Nat. Energy, 2016: 1, 16177.

[35] Chen Q, Zhou H, Hong Z, et al. Planar heterojunction perovskite solar cells via vapor – assisted solution process. J. Am. Chem. Soc. , 2014: 136, 622 – 625.

[36] Chen J, Xu J, Xiao L, et al. Mixed – organic – Cation $(FA)_x (MA)_{1-x} PbI_3$ planar perovskite Solar Cells with 16.48% Efficiency via a Low – Pressure Vapor – Assisted solution process. ACS Appl. Mater. Interfaces, 2017: 9, 2449 – 2458.

[37] Yang W S, Noh J H, Jeon N J, et al. High – performance photovoltaic perovskite layers fabricated through intramolecular exchange. Science, 2015: 348, 1234 – 1237.

[38] Lin Q, Armin A, Nagiri R C R, et al. Electro-optics of perovskite solar cells. Nat. Photonics, 2014: 9, 106 – 112.

[39] Liu J, Lin J, Xue Q, et al. Growth and evolution of solution – processed $CH_3 NH_3 PbI_{3-x} Cl_x$ layer for highly efficient planar – heterojunction perovskite solar cells. J. Power Sources, 2016: 301, 242 – 250.

[40] Aldibaja F K, Badia L, Mas – Marzá E, et al. Effect of different lead precursors on perovskite solar cell performance and stability. J. Mater. Chem. A, 2015: 3, 9194 – 9200.

[41] Zuo C, Ding L. An 80% FF record achieved for perovskite solar cells by using $NH_4 Cl$ additive. Nanoscale, 2014: 6, 9935 – 9938.

[42] Liang P W, Liao C Y, Chueh C C, et al. Additive enhanced crystallization of solution – processed perovskite for highly efficient planar – heterojunction solar cells. Adv. Mater. , 2014: 26, 3748 – 3754.

[43] Eperon G E, Stranks S D, Menelaou C, et al. Formamidinium lead trihalide: a broadly tunable

perovskite for efficient planar heterojunction solar cells. Energy Environ. Sci. ,2014:7,982.

[44] Wu Y,Islam A,Yang X,et al. Retarding the crystallization of PbI$_2$ for highly reproducible planar – structured perovskite solar cells via sequential deposition. Energy Environ. Sci. , 2014:7,2934 – 2938.

[45] Li X,Bi D,Yi C,et al. A vacuum flash – assisted solution process for high – efficiency large – area perovskite solar cells. Science,2016:353,58 – 62.

[46] Bi C,Shao Y,Yuan Y,et al. Understanding the formation and evolution of interdiffusion grown organolead halide perovskite thin films by thermal annealing. J. Mater. Chem. A, 2014: 2, 18508 – 18514.

[47] Xiao Z,Bi C,Shao Y,et al. Efficient,high yield perovskite photovoltaic devices grown by interdiffusion of solution – processed precursor stacking layers. Energy Environ. Sci. ,2014: 7,2619.

[48] Xiao Z,Dong Q,Bi C,et al. Solvent annealing of perovskite – induced crystal growth for photovoltaic – device efficiency enhancement. Adv. Mater. ,2014:26,6503 – 6509.

[49] Liu J,Gao C,He X,et al. Improved crystallization of perovskite films by optimized solvent annealing for high efficiency solar cell. ACS Appl. Mater. Interfaces,2015:7,24008 – 24015.

[50] Malinkiewicz O,Roldán – Carmona C,Soriano A,et al. Metal – oxide – free methylammonium lead iodide perovskite – based solar cells: the influence of organic charge transport layers. Adv. Energy Mater. ,2014:4,1400345.

[51] Chen C W,Kang H W,Hsiao S Y,et al. Efficient and uniform planar – type perovskite solar cells by simple sequential vacuum deposition. Adv. Mater. ,2014:26,6647 – 6652.

[52] Im J H, Chung J, Kim S J, et al. Synthesis, structure, and photovoltaic property of a nanocrystalline 2H perovskite – type novel sensitizer (CH$_3$CH$_2$NH$_3$)PbI$_3$ Nanoscale. Res. Lett. , 2012:7,353.

[53] Mei A,Li X,Liu L,et al. A hole – conductor – free,fully printable mesoscopic perovskite solar cell with high stability. Science,2014:345,295 – 298.

[54] Koh T M,Fu K,Fang Y,et al. Formamidinium – containing metal – halide:an alternative material for near – IR absorption perovskite solar cells. J. Phys. Chem. C,2014:118,16458 – 16462.

[55] Lee J W,Seol D J,Cho A N,et al. High – efficiency perovskite solar cells based on the black polymorph of HC(NH$_2$)$_2$PbI$_3$. Adv. Mater. ,2014:26,4991 – 4998.

[56] Pang S,Hu H,Zhang J,et al. NH$_2$CH = NH$_2$PbI$_3$:An alternative organolead iodide perovskite sensitizer for mesoscopic solar cells. Chem. Mater. ,2014:26,1485 – 1491.

[57] Geng W, Zhang L, Zhang Y – N, et al. First – Principles Study of Lead Iodide Perovskite Tetragonal and Orthorhombic Phases for Photovoltaics. J. Phys. Chem. C, 2014: 118, 19565 – 19571.

[58] Yin W – J, Shi T, Yan Y. Unusual defect physics in CH$_3$NH$_3$PbI$_3$ perovskite solar cell absorber. Appl. Phys. Lett. ,2014:104,063903.

[59] Yin W – J,Yang J – H,Kang J,et al. Halide perovskite materials for solar cells:a theoretical

review. J. Mater. Chem. A,2015:3,8926 - 8942.

[60] Pellet N,Gao P,Gregori G,et al. Mixed - organic - cation perovskite photovoltaics for enhanced solar - light harvesting. Angew. Chem. Int. Ed. ,2014:53,3151 - 3157.

[61] Noh J H,Im S H,Heo J H,et al. Chemical management for colorful, efficient, and stable inorganic - organic hybrid nanostructured solar cells. Nano Lett. ,2013:13,1764 - 1769.

[62] Fang Y,Dong Q,Shao Y,et al. Highly narrowband perovskite single - crystal photodetectors enabled by surface - charge recombination. Nat. Photonics,2015:9,679 - 686.

[63] McMeekin D P,Sadoughi G,Rehman W,et al. A mixed - cation lead mixed - halide perovskite absorber for tandem solar cells. Science,2016:351,151 - 155.

[64] Noel N K,Stranks S D,Abate A,et al. Lead-free organic-inorganic tin halide perovskites for photovoltaic applications. Energy Environ. Sci. ,2014:7,3061.

[65] Hao F,Stoumpos C C,Chang R P,et al. Anomalous band gap behavior in mixed Sn and Pb perovskites enables broadening of absorption spectrum in solar cells. J. Am. Chem. Soc. , 2014:136,8094 - 8099.

[66] Lee S J,Shin S S,Kim Y C,et al. Fabrication of efficient formamidinium tin iodide perovskite solar cells through SnF_2 - pyrazine complex. J. Am. Chem. Soc. ,2016:138,3974 - 3977.

[67] Koh T M,Krishnamoorthy T,Yantara N,et al. Formamidinium tin - based perovskite with low Eg for photovoltaic applications. J. Mater. Chem. A,2015:3,14996 - 15000.

[68] Hao F,Kanatzidis M G,Stoumpos C C,et al. Lead - free solid - state organic - inorganic halide perovskite solar cells. Nat. Photonics,2014:8,489 - 494.

[69] Dang Y,Zhou Y,Liu X,et al. Formation of hybrid perovskite tin iodide single crystals by top - seeded solution growth. Angew. Chem. Int. Ed. ,2016:55,3447 - 3450.

[70] Im J,Stoumpos C C,Jin H,et al. Antagonism between spin - orbit coupling and steric effects causes anomalous band gap evolution in the perovskite photovoltaic materials $CH_3 NH_3 Sn_{1-x} Pb_x I_3$. J. Phys. Chem. Lett. ,2015:6,3503 - 3509.

[71] Eperon G E,Leijtens T,Bush K A,et al. Perovskite - perovskite tandem photovoltaics with optimized band gaps. Science,2016:354,861 - 865.

[72] Liu J,Wang G,Song Z,et al. $FAPb_{1-x}Sn_x I_3$ mixed metal halide perovskites with improved light harvesting and stability for efficient planar heterojunction solar cells. J. Mater. Chem. A,2017: 5,9097 - 9106.

[73] Markvart T,Castaner L. 太阳电池:材料、制备工艺及检测[M]. 梁骏吾,等译. 北京:机械工业出版社,2009.

[74] Zhao D,Yu Y,Wang C,et al. Low - bandgap mixed tin - lead iodide perovskite absorbers with long carrier lifetimes for all - perovskite tandem solar cells. Nat. Energy,2017:2,17018.

[75] 刘恩科,朱秉升,罗晋生. 半导体物理学[M].7 版. 北京:电子工业出版社,2008.

[76] Xiao Z,Yuan Y,Wang Q,et al. Thin - film semiconductor perspective of organometal trihalide perovskite materials for high - efficiency solar cells. Materials Science and Engineering:R: Reports,2016:101,1 - 38.

[77] Huang L – y, Lambrecht W R L. Electronic band structure, phonons, and exciton binding energies of halide perovskites $CsSnCl_3$, $CsSnBr_3$, and $CsSnI_3$. Physical Review B, 2013:88.

[78] D'Innocenzo V, Grancini G, Alcocer M J, et al. Excitons versus free charges in organo – lead tri – halide perovskites. Nat. Commun., 2014:5,3586.

[79] Hirasawa M, Ishihara T, Goto T, et al. Magnetoabsorption of the lowest exciton in perovskite-type compound $CH_3NH_3PbI_3$. Physica B:Condensed Matter, 1994:201,427 – 430.

[80] Frost J M, Butler K T, Brivio F, et al. Atomistic origins of high – performance in hybrid halide perovskite solar cells. Nano Lett., 2014:14,2584 – 2590.

[81] Pelant I, Valenta J. Luminescence spectroscopy of semiconductors. Oxford Univ. Press, 2012.

[82] Stranks S D, Eperon G E, Grancini G, et al. Electron – hole diffusion lengths exceeding 1 micrometer in an organometal trihalide perovskite absorber. Science, 2013:342,341 – 344.

[83] Dong Q, Fang Y, Shao Y, et al. Solar cells. Electron – hole diffusion lengths > 175 μm in solution – grown $CH_3NH_3PbI_3$ single crystals. Science, 2015:347,967 – 970.

[84] Shi D, Adinolfi V, Comin R, et al. Solar cells. Low trap – state density and long carrier diffusion in organolead trihalide perovskite single crystals. Science, 2015:347,519 – 522.

[85] Saidaminov M I, Abdelhady A L, Murali B, et al. High – quality bulk hybrid perovskite single crystals within minutes by inverse temperature crystallization. Nat. Commun., 2015:6,7586.

[86] Wehrenfennig C, Eperon G E, Johnston M B, et al. High charge carrier mobilities and lifetimes in organolead trihalide perovskites. Adv. Mater., 2014:26,1584 – 1589.

[87] He Y, Galli G. Perovskites for solar thermoelectric applications:a first principle study of $CH_3NH_3AI_3$(A = Pb and Sn). Chem. Mater., 2014:26,5394 – 5400.

[88] Wang Y, Zhang Y, Zhang P, et al. High intrinsic carrier mobility and photon absorption in the perovskite $CH_3NH_3PbI_3$. Phys. Chem. Chem. Phys., 2015:17,11516 – 11520.

[89] Chung I, Song J H, Im J, et al. $CsSnI_3$:semiconductor or metal? High electrical conductivity and strong near – infrared photoluminescence from a single material. High hole mobility and phase – transitions. J. Am. Chem. Soc., 2012:134,8579 – 8587.

[90] Stoumpos C C, Malliakas C D, Kanatzidis M G. Semiconducting tin and lead iodide perovskites with organic cations:phase transitions, high mobilities, and near – infrared photoluminescent properties. Inorg. Chem., 2013:52,9019 – 9038.

[91] Takahashi Y, Hasegawa H, Takahashi Y, et al. Hall mobility in tin iodide perovskite $CH_3NH_3SnI_3$:evidence for a doped semiconductor. J. Solid State Chem., 2013:205,39 – 43.

[92] Mei Y, Zhang C, Vardeny Z V, et al. Electrostatic gating of hybrid halide perovskite field – effect transistors:balanced ambipolar transport at room – temperature. MRS Communications, 2015:5,297 – 301.

[93] Chin X Y, Cortecchia D, Yin J, et al. Lead iodide perovskite light – emitting field – effect transistor. Nat. Commun., 2015:6,7383.

[94] Mitzi D B, Dimitrakopoulos C D, Rosner J, et al. Hybrid field-effect transistor based on a low-temperature melt-processed channel layer. Adv. Mater., 2002:14,1772 – 1776.

［95］ Jiang C S, Noufi R, AbuShama J A, et al. Local built – in potential on grain boundary of Cu (In, Ga) Se$_2$ thin films. Appl. Phys. Lett. ,2004:84,3477.

［96］ Jiang C S, Noufi R, Ramanathan K, et al. Does the local built – in potential on grain boundaries of Cu (In, Ga) Se$_2$ thin films benefit photovoltaic performance of the device? Appl. Phys. Lett. ,2004:85,2625.

［97］ Visoly-Fisher I, Cohen S R, Ruzin A, et al. How polycrystalline devices can outperform single – crystal ones:thin film CdTe/CdS solar cells. Adv. Mater. ,2004:16,879 – 883.

［98］ Visoly – Fisher I, Cohen S R, Gartsman K, et al. Understanding the beneficial role of grain boundaries in polycrystalline solar cells from single – grain – boundary scanning probe microscopy. Adv. Funct. Mater. ,2006:16,649 – 660.

［99］ Hafemeister M, Siebentritt S, Albert J, et al. Large neutral barrier at grain boundaries in chalcopyrite thin films. Phys. Rev. Lett. ,2010:104,196602.

［100］ Li J B, Chawla V, Clemens B M. Investigating the role of grain boundaries in CZTS and CZTSSe thin film solar cells with scanning probe microscopy. Adv. Mater. ,2012:24,720 – 723.

［101］ Yun J S, Ho – Baillie A, Huang S, et al. Benefit of grain boundaries in organic – inorganic halide planar perovskite solar cells. J. Phys. Chem. Lett. ,2015:6,875 – 880.

［102］ Yin W J, Shi T, Yan Y. Unique properties of halide perovskites as possible origins of the superior solar cell performance. Adv. Mater. ,2014:26,4653 – 4658.

［103］ deQuilettes D W, Vorpahl S M, Stranks S D, et al. Solar cells. Impact of microstructure on local carrier lifetime in perovskite solar cells. Science,2015:348,683 – 686.

［104］ Yang M, Zeng Y, Li Z, et al. Do grain boundaries dominate non – radiative recombination in CH$_3$NH$_3$PbI$_3$ perovskite thin films? Phys. Chem. Chem. Phys. ,2017:19,5043 – 5050.

［105］ Li J J, Ma J Y, Ge Q Q, et al. Microscopic investigation of grain boundaries in organolead halide perovskite solar cells. ACS Appl. Mater. Interfaces,2015:7,28518 – 28523.

［106］ MacDonald G A, Yang M, Berweger S, et al. Methylammonium lead iodide grain boundaries exhibit depth – dependent electrical properties. Energy Environ. Sci. ,2016:9,3642 – 3649.

［107］ Edri E, Kirmayer S, Henning A, et al. Why lead methylammonium tri-iodide perovskite-based solar cells require a mesoporous electron transporting scaffold (but not necessarily a hole conductor). Nano Lett. ,2014:14,1000 – 1004.

［108］ Edri E, Kirmayer S, Mukhopadhyay S, et al. Elucidating the charge carrier separation and working mechanism of CH$_3$NH$_3$PbI$_{3-x}$Cl$_x$ perovskite solar cells. Nat. Commun. , 2014: 5,3461.

［109］ Chen Q, Zhou H, Song T B, et al. Controllable self – induced passivation of hybrid lead iodide perovskites toward high performance solar cells. Nano Lett. ,2014:14,4158 – 4163.

［110］ Gratzel M. The light and shade of perovskite solar cells. Nat. Mater. ,2014:13,838 – 842.

［111］ Snaith H J, Abate A, Ball J M, et al. Anomalous hysteresis in perovskite solar cells. J. Phys. Chem. Lett. ,2014:5,1511 – 1515.

[112] Zimmermann E, Ehrenreich P, Pfadler T, et al. Erroneous efficiency reports harm organic solar cell research. Nat. Photonics,2014:8,669 – 672.

[113] Christians J A, Manser J S, Kamat P V. Best practices in perovskite solar cell efficiency measurements. Avoiding the Error of Making Bad Cells Look Good. J. Phys. Chem. Lett. , 2015:6,852 – 857.

[114] Editorial. Bringing solar cell efficiencies into the light. Nat. Nanotechnol. ,2014:9,657.

[115] Editorial. Perovskite fever. Nat. Mater. ,2014:13,837.

[116] Tress W, Marinova N, Moehl T, et al. Understanding the rate-dependent J-V hysteresis, slow time component, and aging in $CH_3NH_3PbI_3$ perovskite solar cells: the role of a compensated electric field. Energy Environ. Sci. ,2015:8,995 – 1004.

[117] Shao Y, Xiao Z, Bi C, et al. Origin and elimination of photocurrent hysteresis by fullerene passivation in $CH_3NH_3PbI_3$ planar heterojunction solar cells. Nat. Commun. ,2014:5,5784.

[118] Xiao Z, Yuan Y, Shao Y, et al. Giant switchable photovoltaic effect in organometal trihalide perovskite devices. Nat. Mater. ,2015:14,193 – 198.

[119] Eames C, Frost J M, Barnes P R, et al. Ionic transport in hybrid lead iodide perovskite solar cells. Nat. Commun. ,2015:6,7497.

[120] Yuan Y, Huang J. Ion migration in organometal trihalide perovskite and its impact on photovoltaic efficiency and stability. Acc. Chem. Res. ,2016:49,286 – 293.

[121] Egger D A, Kronik L, Rappe A M. Theory of hydrogen migration in organic – inorganic halide perovskites. Angew. Chem. Int. Ed. ,2015:127,12614 – 12618.

[122] Li Z, Xiao C, Yang Y, et al. Extrinsic ion migration in perovskite solar cells. Energy Environ. Sci. ,2017,10. 1039/c7ee00358g.

[123] Azpiroz J M, Mosconi E, Bisquert J, et al. Defect migration in methylammonium lead iodide and its role in perovskite solar cell operation. Energy Environ. Sci. ,2015:8,2118 – 2127.

[124] Snaith H J. Perovskites: The emergence of a new era for low – cost, high – efficiency solar cells. J. Phys. Chem. Lett. ,2013:4,3623 – 3630.

[125] Kim H S, Lee C R, Im J H, et al. Lead iodide perovskite sensitized all – solid – state submicron thin film mesoscopic solar cell with efficiency exceeding 9%. Sci. Rep. ,2012:2, 591.

[126] Bella F, Griffini G, Correa – Baena J P, et al. Improving efficiency and stability of perovskite solar cells with photocurable fluoropolymers. Science,2016:354,203 – 206.

[127] Chen W, Wu Y, Yue Y, et al. Efficient and stable large – area perovskite solar cells with inorganic charge extraction layers. Science,2015:350,944 – 948.

[128] Salbeck J, Weissörtel F, Bauer J. Spiro linked compounds for use as active materials in organic light emitting diodes. Macromolecular Symposia,1998:125,121 – 132.

[129] Salbeck J, Yu N, Bauer J, et al. Low molecular organic glasses for blue electroluminescence. Synthetic Metals,1997:91,209 – 215.

[130] Grätzel M, Bach U, Lupo D, et al. Solid – state dye – sensitized mesoporous TiO_2 solar cells

with high photon – to – electron conversion efficiencies. Nature,1998:395,583 – 585.

[131] Abate A, Leijtens T, Pathak S, et al. Lithium salts as "redox active" p – type dopants for organic semiconductors and their impact in solid – state dye – sensitized solar cells. Phys. Chem. Chem. Phys. ,2013:15,2572 – 2579.

[132] Juarez-Perez E J, Leyden M R, Wang S, et al. Role of the dopants on the morphological and transport properties of spiro – MeOTAD hole transport layer. Chem. Mater. ,2016:28,5702 – 5709.

[133] Koh T M, Dharani S, Li H, et al. Cobalt dopant with deep redox potential for organometal halide hybrid solar cells. ChemSusChem,2014:7,1909 – 1914.

[134] Saliba M, Orlandi S, Matsui T, et al. A molecularly engineered hole – transporting material for efficient perovskite solar cells. Nat. Energy,2016:1,15017.

[135] Jeon N J, Lee H G, Kim Y C, et al. o – Methoxy substituents in spiro – OMeTAD for efficient inorganic – organic hybrid perovskite solar cells. J. Am. Chem. Soc. , 2014: 136, 7837 – 7840.

[136] Dhingra P, Singh P, Rana P J S, et al. Hole – transporting materials for perovskite – sensitized solar cells. Energy Technology,2016:4,891 – 938.

[137] Heo J H, Im S H, Noh J H, et al. Efficient inorganic – organic hybrid heterojunction solar cells containing perovskite compound and polymeric hole conductors. Nat. Photonics,2013: 7,486 – 491.

[138] Ma S, Zhang H, Zhao N, et al. Spiro – thiophene derivatives as hole – transport materials for perovskite solar cells. J. Mater. Chem. A,2015:3,12139 – 12144.

[139] Liu D, Kelly T L. Perovskite solar cells with a planar heterojunction structure prepared using room – temperature solution processing techniques. Nat. Photonics,2014:8,133 – 138.

[140] Mahmood K, Swain B S, Amassian A. 16. 1% Efficient hysteresis – free mesostructured perovskite solar cells based on synergistically improved ZnO nanorod arrays. Adv. Energy Mater. ,2015:5,1500568.

[141] Yang J, Siempelkamp B D, Mosconi E, et al. Origin of the thermal instability in $CH_3NH_3PbI_3$ thin films deposited on ZnO. Chem. Mater. ,2015:27,4229 – 4236.

[142] Wang J T – W, Ball J M, Barea E M, et al. Low – temperature processed electron collection layers of graphene/TiO_2 nanocomposites in thin film perovskite solar cells. Nano Lett. , 2014:14,724 – 730.

[143] Habisreutinger S N, Leijtens T, Eperon G E, et al. Carbon nanotube/polymer composites as a highly stable hole collection layer in perovskite solar cells. Nano Lett. ,2014:14,5561 – 5568.

[144] Zhao Y, Nardes A M, Zhu K. Effective hole extraction using MoO_x – Al contact in perovskite $CH_3NH_3PbI_3$ solar cells. Appl. Phys. Lett. ,2014:104,213906.

[145] Wojciechowski K, Stranks S D, Abate A, et al. Heterojunction modification for highly efficient organic – inorganic perovskite solar cells. ACS nano,2014:8,12701 – 12709.

［146］ Yoon H，Kang S M，Lee J - K，et al. Hysteresis - free low - temperature - processed planar perovskite solar cells with 19. 1% efficiency. Energy Environ. Sci. ，2016：9，2262 - 2266.

［147］ Tan H，Jain A，Voznyy O，et al. Efficient and stable solution - processed planar perovskite solar cells via contact passivation. Science，2017：355，722 - 726.

［148］ Liu J，Gao C，Luo L，et al. Low - temperature，solution processed metal sulfide as an electron transport layer for efficient planar perovskite solar cells. J. Mater. Chem. A，2015：3，11750 - 11755.

［149］ Qin P，Tanaka S，Ito S，et al. Inorganic hole conductor - based lead halide perovskite solar cells with 12. 4% conversion efficiency. Nat. Commun. ，2014：5，3834.

［150］ Christians J A，Fung R C，Kamat P V. An inorganic hole conductor for organo - lead halide perovskite solar cells. Improved hole conductivity with copper iodide. J. Am. Chem. Soc. ，2014：136，758 - 764.

［151］ Hu Y，Si S，Mei A，et al. Stable large - area （10×10 cm^2） printable mesoscopic perovskite module exceeding 10% efficiency. Solar RRL，2017，10. 1002/solr. 201600019，1600019.

［152］ Shi J，Dong J，Lv S，et al. Hole - conductor - free perovskite organic lead iodide heterojunction thin - film solar cells：High efficiency and junction property. Appl. Phys. Lett. ，2014：104，063901.

［153］ Liu D，Yang J，Kelly T L. Compact layer free perovskite solar cells with 13. 5% efficiency. J. Am. Chem. Soc. ，2014：136，17116 - 17122.

［154］ Liu J，Wang G，Luo K，et al. Understanding the role of the electron - transport layer in highly efficient planar perovskite solar cells. Chemphyschem，2017：18，617 - 625.

［155］ You J，Meng L，Song T B，et al. Improved air stability of perovskite solar cells via solution- processed metal oxide transport layers. Nat. Nanotechnol. ，2016：11，75 - 81.

［156］ Kaltenbrunner M，Adam G，Glowacki E D，et al. Flexible high power - per - weight perovskite solar cells with chromium oxide - metal contacts for improved stability in air. Nat. Mater. ，2015：14，1032 - 1039.

［157］ You J，Yang Y，Hong Z，et al. Moisture assisted perovskite film growth for high performance solar cells. Appl. Phys. Lett. ，2014：105，183902.

［158］ Shao S，Abdu - Aguye M，Qiu L，et al. Elimination of the light soaking effect and performance enhancement in perovskite solar cells using a fullerene derivative. Energy Environ. Sci. ，2016：9，2444 - 2452.

［159］ Li Y，Meng L，Yang Y M，et al. High - efficiency robust perovskite solar cells on ultrathin flexible substrates. Nat. Commun. ，2016：7，10214.

［160］ Shao Y，Yuan Y，Huang J. Correlation of energy disorder and open - circuit voltage in hybrid perovskite solar cells. Nat. Energy，2016：1，15001.

［161］ Wu Y，Yang X，Chen W，et al. Perovskite solar cells with 18. 21% efficiency and area over 1 cm^2 fabricated by heterojunction engineering. Nat. Energy，2016：1，16148.

［162］ Kim J H，Liang P W，Williams S T，et al. High - performance and environmentally stable planar heterojunction perovskite solar cells based on a solution – processed copper – doped nickel oxide hole – transporting layer. Adv. Mater. ,2015:27,695 – 701.

[163] Park J H, Seo J, Park S, et al. Efficient $CH_3NH_3PbI_3$ perovskite solar cells employing nanostructured p – type NiO electrode formed by a pulsed laser deposition. Adv. Mater. , 2015:27,4013 – 4019.

[164] Chen W – Y, Deng L – L, Dai S – M, et al. Low – cost solution – processed copper iodide as an alternative to PEDOT:PSS hole transport layer for efficient and stable inverted planar heterojunction perovskite solar cells. J. Mater. Chem. A,2015:3,19353 – 19359.

[165] Ye S, Sun W, Li Y, et al. CuSCN – based inverted planar perovskite solar cell with an average PCE of 15.6%. Nano Lett. ,2015:15,3723 – 3728.

[166] Rao H, Sun W, Ye S, et al. Solution – processed CuS NPs as an inorganic hole – selective contact material for inverted planar perovskite solar cells. ACS Appl. Mater. Interfaces,2016: 8,7800 – 7805.

[167] Jung J W, Chueh C – C, Jen A K Y. High – performance semitransparent perovskite solar cells with 10% power conversion efficiency and 25% average visible transmittance based on transparent CuSCN as the hole – transporting material. Adv. Energy Mater. , 2015: 5,1500486.

[168] Rao H, Ye S, Sun W, et al. A 19.0% efficiency achieved in CuO_x – based inverted CH_3NH_3 $PbI_{3-x}Cl_x$ solar cells by an effective Cl doping method. Nano Energy,2016:27,51 – 57.

[169] Laban W A, Etgar L. Depleted hole conductor – free lead halide iodide heterojunction solar cells. Energy Environ. Sci. ,2013:6,3249 – 3253.

[170] Etgar L, Gao P, Xue Z, et al. Mesoscopic $CH_3NH_3PbI_3/TiO_2$ heterojunction solar cells. J. Am. Chem. Soc. ,2012:134,17396 – 17399.

[171] Ku Z, Rong Y, Xu M, et al. Full printable processed mesoscopic $CH_3NH_3PbI_3/TiO_2$ heterojunction solar cells with carbon counter electrode. Sci. Rep. ,2013:3,3132.

[172] Christians J A, Miranda Herrera P A, Kamat P V. Transformation of the excited state and photovoltaic efficiency of $CH_3NH_3PbI_3$ perovskite upon controlled exposure to humidified air. J. Am. Chem. Soc. ,2015:137,1530 – 1538.

[173] Yang J, Siempelkamp B D, Liu D, et al. Investigation of $CH_3NH_3PbI_3$ degradation rates and mechanisms in controlled humidity environments using in situ techniques. ACS nano,2015: 9,1955 – 1963.

[174] Niu G, Li W, Meng F, et al. Study on the stability of $CH_3NH_3PbI_3$ films and the effect of post-modification by aluminum oxide in all-solid-state hybrid solar cells. J. Mater. Chem. A, 2014:2,705 – 710.

[175] Zhou Y, Yang M, Wu W, et al. Room – temperature crystallization of hybrid-perovskite thin films via solvent-solvent extraction for high-performance solar cells. J. Mater. Chem. A,2015: 3,8178 – 8184.

[176] Conings B, Drijkoningen J, Gauquelin N, et al. Intrinsic Thermal Instability of

Methylammonium Lead Trihalide Perovskite. Adv. Energy Mater. ,2015:5,1500477.

[177] Leijtens T, Eperon G E, Noel N K, et al. Stability of metal halide perovskite solar cells. Adv. Energy Mater. ,2015:5,1500963.

[178] Dang Y,Liu Y,Sun Y,et al. Bulk crystal growth of hybrid perovskite material $CH_3NH_3PbI_3$. CrystEngComm,2015:17,665 – 670.

[179] Law C,Miseikis L,Dimitrov S,et al. Performance and stability of lead perovskite/TiO_2, polymer/PCBM,and dye sensitized solar cells at light intensities up to 70 suns. Adv. Mater. ,2014:26,6268 – 6273.

[180] Hoke E T,Slotcavage D J,Dohner E R,et al. Reversible photo-induced trap formation in mixed-halide hybrid perovskites for photovoltaics. Chem. Sci. ,2015:6,613 – 617.

[181] Binek A,Hanusch F C,Docampo P,et al. Stabilization of the trigonal high – temperature phase of formamidinium lead iodide. J. Phys. Chem. Lett. ,2015:6,1249 – 1253.

[182] Li X,Ibrahim Dar M,Yi C,et al. Improved performance and stability of perovskite solar cells by crystal crosslinking with alkylphosphonic acid omega – ammonium chlorides. Nat Chem, 2015:7,703 – 711.

[183] Li X,Tschumi M,Han H,et al. Outdoor Performance and stability under elevated temperatures and long – term light soaking of triple – layer mesoporous perovskite photovoltaics. Energy Technology,2015:3,551 – 555.

[184] Zhao Y,Wei J,Li H,et al. A polymer scaffold for self – healing perovskite solar cells. Nat. Commun. ,2016:7,10228.

[185] Zheng L,Chung Y – H,Ma Y,et al. A hydrophobic hole transporting oligothiophene for planar perovskite solar cells with improved stability. Chem. Commun. ,2014:50,11196.

[186] Yang S,Wang Y,Liu P,et al. Functionalization of perovskite thin films with moisture-tolerant molecules. Nat. Energy,2016:1,15016.

[187] Dong X,Fang X,Lv M,et al. Improvement of the humidity stability of organic-inorganic perovskite solar cells using ultrathin Al2O3layers prepared by atomic layer deposition. J. Mater. Chem. A,2015:3,5360 – 5367.

[188] Domanski K,Correa – Baena J P,Mine N,et al. Not all that glitters is gold:metal-migration-induced degradation in perovskite solar cells. ACS nano,2016:10,6306 – 6314.

[189] Reese M O,Gevorgyan S A,Jørgensen M,et al. Consensus stability testing protocols for organic photovoltaic materials and devices. Sol. Energy Mater. Sol. Cells, 2011: 95, 1253 – 1267.

第六章
薄膜化合物太阳能电池的未来

美国页岩气的开发，中东和俄罗斯石油的大量开采，同时全球经济放缓，导致传统的化石燃料价格大幅度降低，因此对新能源的发展带来了强烈的冲击。即使在新能源内部，这几年由于硅材料价格的大幅度下降，产业规模不断扩大和技术不断提高，使得单晶硅和多晶硅太阳能电池的价格也出现了大幅度下降。薄膜化合物太阳能电池相对晶硅太阳能电池价格方面的优势几乎丧失殆尽。并且，其工艺技术并没有得到大范围推广，也使得其竞争力表现得不够好。这是薄膜太阳能电池遇到的挑战，也是我们需要思考的问题，薄膜太阳能电池的未来在哪儿？在本书最后的章节，我们来讨论几个可能的方向。

6.1 柔性薄膜太阳能电池

相比较晶硅太阳能电池和Ⅲ－Ⅴ族太阳能电池，薄膜太阳能电池的一大特点是它可以制备在柔性基底上，不管是铜铟镓硒还是碲化镉，都有实际可行的产品。

柔性基底的好处包括以下几个方面：（1）柔性基底的选取比较广泛，有金属箔片，比如钼箔、钛箔、不锈钢片等，还有一些有机的基底，比如常见的聚酰胺乙酯薄膜；（2）柔性基底的柔韧性比较好，因此可以装备在各种形状的表面上，比如可穿戴设备；（3）柔性基底比玻璃轻，因此可以装备在对重量要求比较苛刻的地方，比如飞行器、探空气球等；（4）柔性基底拓展性比较好，以后可以和薄膜锂电池配合，提供连续供电的超薄电源，和柔性显示设备配合，制成超长续航时间的掌上电子设备等。

柔性薄膜太阳能电池目前需要克服的主要技术问题：（1）对于金属箔片，需要制备稳定的绝缘层来隔绝基底和电池的导电连接；（2）需要解决基底在制备过程中的稳定性问题。比如聚酰胺乙酯就不能经受过高的沉积温度，金属片在含有硒的环境中容易被硒化；（3）需要解决封装问题。传统薄膜太阳能电池和晶硅太阳能电池，都是采用玻璃封装的，可以有效避免水汽和氧的侵蚀，但是柔性太阳能电池显然没办法使用玻璃封装，因此需要采用同样可以阻挡水汽的薄膜材料；（4）需要解决电极连接的问题。薄膜太阳能电池一般采用刻线的方式进行内连接，但是柔性太阳能电池显然很难做成这种刻线，因为激光的功率很容易刻穿隔离层，从而导致电池与基底的漏电流，可行的办法也许是像晶硅那样，做表面印刷电极，印刷电极的设计可能需要根据电池的性能做仔细的设计。

6.2 超薄薄膜太阳能电池

由于铜铟镓硒薄膜太阳能电池和碲化镉薄膜太阳能电池都面临材料稀缺的问题，比如铟和碲，都是丰度不高的材料。因此，在大规模产业化时，会严重受限于材料丰度。尤其是铜铟镓硒薄膜太阳能电池，因为铟在电子工业中是应用非常广泛的一种金属，而单独的铟矿并不存在，只能从锌矿冶炼的副产物中提取，所以会更难获得，或者说价格浮动会比较大，受制于全球电子工业和锌工业。这样，一个可能的方向是制备超薄太阳能电池，以此来降低稀有元素的用量。

普通的薄膜太阳能电池，吸收层的厚度，铜铟镓硒约为 2 μm，碲化镉约为 3 μm。以铜铟镓硒薄膜太阳能电池为例，如图 6－1 所示，超薄太阳能电池的制备分两步：第一步是把吸收层降低到亚微米量级，也就是大概 0.5 μm 厚的水平。第二步是达到小于 100 nm 厚度的水平。第一步的实现路径稍微容易一些，主要是通过一些表面光学工程，比如绒面吸收散射，使得光能在吸收层中的有效路径变长，从而即使是厚度为 0.5 μm 的吸收层，也能吸收 99% 的能量大于带宽的光子，另外，设计合适的异质结和背电极，以减少异质结的复合，减少光生载流子向背电极扩散的概率，从而提高光电转换效率。可以说，第一步是在原有的半导体器件基础上，进行光吸收和电收集的各种优化；第二步更多的是采用新型的理念，如采用等离子体激元的概念。等离子体激元可以有效地吸收光，并且将光的能量耦合激发其附近的载流子，就好像将垂直入射的光变成水平传播的光的效果一样。有了等离子体激元，就不需要特别厚的光吸收层，大概 100 nm 就足够使用。此时，主要的问题就变成如何设计半导体器件结构，使得光生载流子能够有效地分离并进入外电路，而不是很快复合掉。

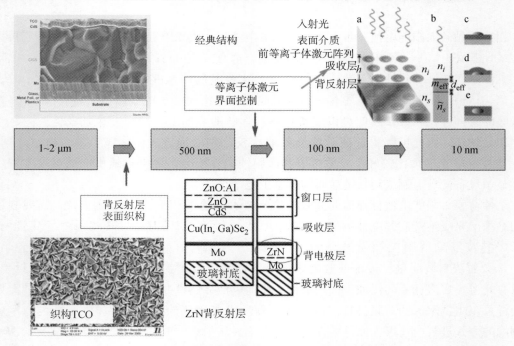

图 6－1 铜铟镓硒超薄太阳能电池的发展之路

超薄太阳能电池的优点主要是能尽可能减少对稀有矿物元素的使用，但是缺点也很明显，它的转换效率目前来说不够高，优化半导体结构、减少界面复合、有效分离光生载流子都是需要重点解决的问题。另外，从工业角度来看，大面积制备超薄材料，其均匀性面临着极大的挑战，包括厚度、结晶品质、载流子迁移率等重要参量的均匀性，直接影响整体电池的性能，这将是需要很大努力解决的问题。

6.3　高丰度材料薄膜太阳能电池

同样是为了解决现行薄膜太阳能电池材料稀缺的问题，另一个方案就是采用高丰度的材料来制备薄膜太阳能电池。铜锌锡硫当然是其中最重要的一种，研究得也相当多。除了铜锌锡硫，还有一系列可以使用的材料，包括硫化铜、氧化铜、硫化亚铁、硫化锡、铜锡硫、铜铋硫、铜锑硫等。图 6-2 给出了许多可能的高丰度材料，两条虚线分别代表世界能源消耗和美国能源消耗[1]。这些材料都需要满足这样一些特点：（1）光吸收系数足够高，1 μm 的厚度可以吸收能量高于其带宽的 99% 的光子；（2）带宽合适，围绕最优带宽 1.5 eV，从 1.0 eV 到 1.7 eV 都是比较合适的带宽范围；（3）能够进行适度的 p 型掺杂，这样才有可能做吸收层材料；（4）半导体载流子迁移率要足够高，在 1 μm 吸收层的厚度范围内，要能够有效地把光生载流子导出去。

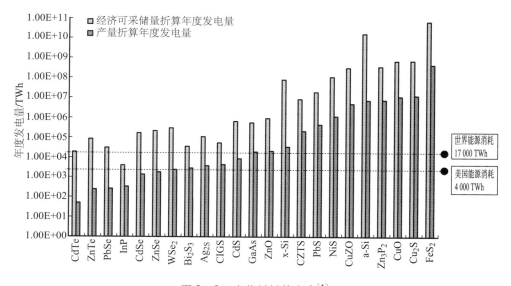

图 6-2　光伏材料的丰度[1]

虽然大家通过理论和实验的方法寻找到许多材料，但是能真正进入实用化，还有许多关键科学和技术问题需要解决：（1）如何制备高品质的薄膜材料？因为很多材料有多元相，单相形成的区间比较小，铜锌锡硫就是个典型的例子；（2）如何寻找合适的窗口层材料？虽然铜铟镓硒和碲化镉都采用的是硫化镉做窗口层，但是其他材料并非如此，故按照第一章所讲，应该是导带和晶格都要匹配的材料；（3）如何寻找合适的背电极材料？钼虽然经常被用于 p 型半导体的背电极，但不是每个材料都合适，有些材料在制备过程中对 Mo 可能有腐蚀作用，有的材料接触势垒可能会比较高，因此合适的背电极材料也是必需的。最后，还要考虑这些材料的稳定性问题，虽然无机材料电池要比有机材料电池的稳定性好很多。

■ 6.4 中间能带薄膜太阳能电池

　　单结薄膜太阳能电池的理论转换效率的上限只有30%，要突破理论上限，一个做法是制备多结薄膜太阳能电池，像Ⅲ－Ⅴ族太阳能电池一样。但是多结太阳能电池对材料的制备要求很高，因为涉及多个界面，所以界面复合对转换效率的影响会很大，只有制备高水平的材料，才有可能实现多结薄膜太阳能电池，否则界面的复合就已经将大部分光生载流子消耗。对于薄膜太阳能电池，还有一条道路可选，就是中间能带薄膜太阳能电池，如图6－3所示，通过在一个宽带隙材料中进行合适的掺杂，在带隙中形成一条杂质能带，可以吸收光的带宽包括原来材料的宽带隙，原来材料的导带与中间杂质能带所形成的一个新带隙，原来材料的价带与中间杂质能带所形成的另一个新带隙[2]，这样就等效成一个三结薄膜太阳能电池，理论转换效率也会达到45%以上。西班牙Antonio Luque[3]的一系列工作指出，现有的黄铜矿结构体系中就存在一些可能的中间能带薄膜太阳能电池吸收层材料，比如铜镓硫材料中掺Cr或者Fe，如图6－4所示。另外，ZnTe中掺O也是形成中间能带的一个候选材料。

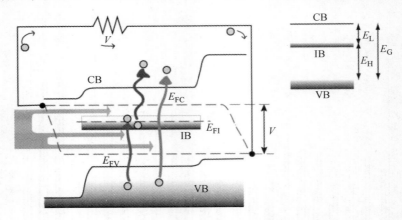

图6－3　中间能带薄膜太阳能电池原理示意图[2]

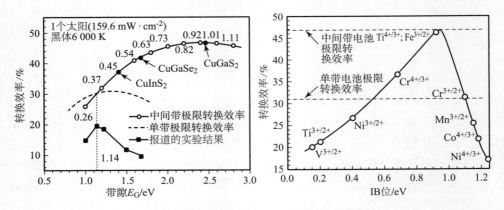

图6－4　基于黄铜矿材料的中间带薄膜太阳能电池的理论效率[3]

中间能带薄膜太阳能电池的挑战主要是吸收层材料很难制备，即如何实现中间能带。不合适的掺杂相当于引入大量深能级复合缺陷，考虑到深能级缺陷引起的 SRH 复合，这样的掺杂反而会大大降低电池的转换效率。另外，三个能级的吸收是否能匹配上太阳光，或者说是否能像真正的三结薄膜太阳能电池那样实现光生电流的匹配，并不确认，这需要中间杂质带上有足够多的电子和空穴，能够用于容纳光生载流子，同时又有一定的寿命，来减少可能的复合。这本身就是一个看起来比较矛盾的事情。

参考资料

［1］ Wadia C, Alivisatos A P, Kammen D M. Materials availability expands the opportunity for large - scale photovoltaics deployment. Environ. Sci. Technol. ,2009,43,2072 - 2077.

［2］ Martí A, Luque A. The intermediate band solar cell: progress toward the realization of an attractive concept. Advanced Materials,2010,22,160 - 174.

［3］ Luque A, Marti, A. & Stanley, C. Understanding intermediate - band solar cells. Nature Photonics,2012,6,146 - 152.

结　语

　　中国的环境污染问题日趋严重，全球的温室效应等问题也得到广泛关注。随着世界主要国家在节能减排方面的努力以及碳排放量达成的协议，化石燃料能源的使用，会因为征收碳排放税而逐渐变得昂贵，使用量也会逐渐减少，并逐渐被新能源所取代，这是大势所趋。光伏能源在未来将扮演一个非常重要的角色。

　　另外，由于互联网和电子工业的发展，便携式连续电源的需求会越来越大，移动充电将会有一个很大的发展机遇，薄膜太阳能电池由于轻便和性能优越，很可能在这里发挥重要作用。

　　这些是薄膜光伏的机遇，但是各种光伏技术和其他能源技术不断发展，互相竞争，对薄膜光伏也是一种挑战。只有保持自己的特色，能够适应未来社会，薄膜光伏才可能拥有一席之地。